H. J. Schmeck-Lindenau

Qualitätshandbuch der gastrointestinalen Endoskopie

H. J. Schmeck-Lindenau

Qualitätshandbuch der gastrointestinalen Endoskopie

Für Klinik und Praxis

Deutscher Ärzte-Verlag Köln

Dr. med. Hans Joachim Schmeck-Lindenau
Medizinische Klinik I Zentralkrankenhaus
Reinkenheide
Postbrookstr. 103
27574 Bremerhaven

Mit 48 Abbildungen und 58 Tabellen

ISBN: 3-7691-0427-7

Bestellservice
- Fax: 0049 (0)2234/70 11-476
- E-Mail: www.vsbh@aerzteverlag.de

Bibliografische Information Der Deutschen Bibliothek
Die Deutsche Bibliothek verzeichnet diese Publikation in der Deutschen Nationalbibliografie; detaillierte bibliografische Daten sind im Internet über http://dnb.ddb.de abrufbar.

Die Dosierangaben sind Empfehlungen. Sie müssen dem einzelnen Patienten und seinem Zustand angepasst werden. Die angegebenen Dosierungen wurden sorgfältig überprüft. Da wir jedoch für die Richtigkeit dieser Angaben keine Gewähr übernehmen können, bitten wir Sie dringend, insbesondere bei seltener verordneten Arzneimitteln, die Dosierungsempfehlungen des Herstellers zu beachten.

Umschlagkonzeption: Hans Peter Willberg und Ursula Steinhoff
Titelgrafik: Eva Kroll
Satz: Deutscher Ärzte-Verlag GmbH, Köln
Druck: kölnermedienfabrik kmf AG, Köln
Bindung: Buchbinderei Lottmann, Pulheim

5 4 3 2 1 0 / 614

Geleitwort

Qualitätsmanagement in der Gastroenterologie

Jede Leistungserbringung im Gesundheitswesen soll zweckmäßig und wirtschaftlich sein. In Zeiten selbstbewussterer Patienten, verknappter Ressourcen und damit stärker werdendem Wettbewerb reicht es heute nicht mehr, „nur“ gut zu sein. Man muss dieses auch inhaltlich und methodisch glaubwürdig darlegen können. Es gilt daher, sich regelmäßig zu vergewissern, ob und inwieweit das eigene Tun Qualität tatsächlich gewährleistet.

Die Norddeutsche Gesellschaft für Gastroenterologie (NGG) hat in Absprache mit der Zertifizierungsstelle TÜV Nord Cert einen eigenen Kriterienkatalog entwickelt, der ein „Mindestniveau“ an Indikatoren für ihre Mitglieder in Klinik und Praxis und darüber hinaus eine Methodik zur Zertifizierung definiert. Es werden dabei neben Fachspezifika ebenso Abschnitte allgemein gültiger Managementmethoden (z.B. DIN EN ISO 9001 „Qualitätsmanagementsysteme – Anforderungen“, EFQM – European Foundation for Quality Management, Brüssel) hinterfragt und jährlich durch eine externes Auditorenteam (Auditor der NGG und TÜV Nord Cert) bewertet.

Die Ergebnisse schaffen eine Grundlage für den heute notwendigen „Zufriedenheitsindex“ von Patienten und Mitarbeitern. Sie können so ein wirksames Instrument sein, sich sowohl den extern vorgegebenen Qualitätsanforderungen als auch den intern zu definierenden Qualitätszielen Erfolg versprechend zu stellen.

Diese fachspezifische Zertifizierungsmethode berücksichtigt bereits wichtige Aspekte gängiger Qualitätsmanagementmodelle (z.B. Zertifizierung auf der Grundlage einer DIN EN ISO 9001). Als „Einsteigermodell stellt das Verfahren eine kostengünstige und darüber hinaus fachlich anerkannte Alternative dar.

Für die Umsetzung von „gastroenterologischem“ Qualitätsmanagement finden sich in dem vorliegenden Werk von Herrn Dr. H. J. Schmeck-Lindenau sorgfältig recherchierte und umfassende Anregungen. Darüber hinaus kann ich jedem Leser empfehlen, sich den Kriterienkatalog der Norddeutschen Gesellschaft für Gastroenterologie zu beschaffen und die Zertifizierung selbst zu beantragen. Ich wünsche allen Interessierten Freude beim Lesen und Erfolg in der Umsetzung der Qualitätsphilosophie.

TÜV NORD CERT

TÜV NORD CERT (TN Cert)
Bereich Gesundheit & Soziales
Dr. Sabine Willer
Große Bahnstr. 31
22525 Hamburg
Tel.: 040/8557-2150
e-mail:info.tncert@tuev-nord.de
www.tuev-nord-cert.de

Vorwort

Die Medizin der Gegenwart ist geprägt durch große Umbrüche. Dazu gehört auch, dass die Qualität ärztlichen Handelns nicht mehr für selbstverständlich angesehen wird. Sie wird sich zum einen ständig beweisen müssen, damit die Befugnis zur weiteren Tätigkeit bestehen bleibt, zum anderen muss sie sich auch laufend neueren wissenschaftlichen Erkenntnissen bzw. Leitlinien der Fachgesellschaften anpassen. Dies gilt auch für die Endoskopie, in der wissenschaftliche Erkenntnis, handwerkliches Können, Kooperation zwischen Arzt, Assistenzpersonal und Patient und die Erfahrungen aller drei beteiligten Gruppen ein besonderes Verhältnis eingehen.

Dieses Buch entstand nach nunmehr gut sechs Jahren der Erarbeitung von Leitlinien für die Endoskopieabteilung unserer Klinik, dem Zentralkrankenhaus Reinkenheide in Bremerhaven, mit vielen Diskussionen in zahlreichen Qualitätszirkelsitzungen. Die Vorbereitung auf die Zertifizierung unserer Endoskopieabteilung durch die TÜV Nord Cert nach den Vorgaben der Norddeutschen Gesellschaft für Gastroenterologie hat dann die vielen einzelnen Leitlinien zu einem Handbuch zusammenschmelzen lassen. Ohne die vielen Anregungen der Mitarbeiter der Endoskopie, der Hygienefachkraft, der Medizintechniker, des Sicherheitsingenieurs, des Betriebsarztes, des Pflegepersonals und der Patienten wäre dies Buch nicht entstanden. Besonders danken möchte ich allen Mitarbeitern dafür, dass sie immer ein klares Engagement und offene Diskussionsbereitschaft für die Qualitätsarbeit gezeigt haben. Ein großer Dank gilt auch Herrn H. Mante für sein Engagement bei der Erstellung der Fotos in sehr kurzer Zeit.

Leitlinien oder Qualitätshandbücher jeder einzelnen Endoskopieabteilung müssen natürlich einen individuellen Charakter haben, passend zur Abteilung. Das Buch ist allerdings so verfasst, dass es kaum noch den ursprünglichen individuellen Charakter für das Zentralkrankenhaus Reinkenheide zeigt und somit auch für andere Abteilungen brauchbar sein sollte. Grundlage der in diesem Buch aufgeführten Leitlinien sind neben den hausinternen Entscheidungen im Wesentlichen die Leitlinien der DGVS, die Empfehlung der Bundesärztekammer vom Dezember 1999, Empfehlungen der American Society of Gastrointestinal Endoscopy (ASGE), der British Society of Gastroenterology (BSG), die Empfehlungen der ESGE/ESGENA und des Robert Koch-Institutes zur Geräteaufbereitung und wissenschaftliche Untersuchungen, soweit sie zu einzelnen Themen vorliegen. Grundlage sind aber auch Ratschläge von Experten und eigene Erfahrungen.

In den Literaturhinweisen finden sich einerseits Studien oder Empfehlungen von Fachgesellschaften, auf denen die vorliegenden Empfehlungen beruhen, andererseits sind es Hinweise auf Bücher oder Arbeiten, die zur Vertiefung der Problemstellung von Nutzen sind.

Im Anhang und auf der beiliegenden CD-ROM finden sich zitierte Empfehlungen von Fachgesellschaften und der Bundesärztekammer sowie Muster von Vordrucken für verschiedene Belange, die sich praktisch in jeder Endoskopieabteilung verwenden lassen.

Der Schwerpunkt des vorliegenden Buches liegt im Spannungsfeld zwischen Patientenkomfort einerseits und Patientensicherheit andererseits. Klare transparente Arbeitsabläufe gewährleisten beides zugleich. Dazu gehört auch ein gutes Zusammenspiel von Assistenzpersonal und endoskopierenden Ärzten. Das Buch ist deshalb so geschrieben, dass es auch für das Assistenzpersonal verständlich und hoffentlich von ihm zu gebrauchen ist.

Das Buch wendet sich aber auch an Ärzte und Assistenzpersonen, die neu in der Endoskopie beginnen und angesichts der vielen auf sie einstürzenden Aufgaben und Eindrücke oft starke Unsicherheiten in der Richtigkeit ihres Tuns haben. Ihnen soll es ein Leitfaden sein, der sie ein Gefühl für den eigenen Qualitätsstandpunkt entwickeln lässt.

Es war nicht Ziel dieses Handbuches, die Endoskopie neu zu beschreiben oder bekannte Konsensus-Leitlinien neu auszubreiten. Aber die Erfahrung hat gezeigt, dass die meisten Komplikationen oder Probleme die endoskopischen und besonders interventionellen Abläufe betrafen. Daher nehmen diese auch einen breiten Raum ein.

Die Indikationen für Endoskopien, die in jedem Fall zu validieren sind, sind nicht Thema dieses Buches.

Die Nennung von Warenzeichen, Handelsnamen usw. im vorliegenden Buch berechtigt auch ohne besondere Kennzeichnung nicht zu der Annahme, dass im Sinne der Warenzeichen- und Marken-Gesetzgebung solche Namen als frei betrachtet und deshalb von jedermann frei benutzt werden dürfen.

Angegebene Dosierungen von Medikamenten sind vom Leser kritisch zu prüfen anhand von Fachinformationen und neuester wissenschaftlicher Literatur und dürfen nicht unkritisch übernommen werden. Der Autor haftet nicht für evtl. falsche Dosisangaben, ist aber dankbar, wenn er auf Fehler jeglicher Art aufmerksam gemacht wird, die trotz aller Sorgfalt unterlaufen sein könnten oder durch neue Erkenntnisse aufgedeckt werden.

Die Verwendung von männlichen Substantivformen bei auch möglichen weiblichen Formen ist nicht aus Gedankenlosigkeit oder Überzeugung erfolgt, sondern nur aus Gründen der Vereinfachung. Selbstverständlich sind auch immer „Patientinnen, Schwestern, Ärztinnen“ etc. gemeint, ohne die Qualität ja niemals vorhanden wäre.

Bremerhaven, im August 2002
Hans Joachim Schmeck-Lindenau

Abkürzungen

A	Arzt, der für eine Endoskopie zuständig ist
AGA	American Gastroenterological Association
APC	Argonplasmakoagulation
ASA	American Society of Anesthesiology
ASGE	American Society of Gastrointestinal Endoscopy
ASS	Acetylsalicylsäure
ÄZQ	Ärztliche Zentralstelle Qualitätssicherung
BÄK	Bundesärztekammer
BDI	Berufsverband Deutscher Internisten
BfArM	Bundesinstitut für Arzneimittel und Medizinprodukte
BSG	British Society of Gastroenterology
CT	Computertomografie
DALM	Dysplasia associated lesion or mass
DEGEA	Deutsche Gesellschaft für Endoskopie-Assistenzpersonal
DGE-BV	Deutsche Gesellschaft für Endoskopie und Bildgebende Verfahren
DGHM	Deutsche Gesellschaft für Hygiene und Mikrobiologie
DGVS	Deutsche Gesellschaft für Verdauungs- und Stoffwechselkrankheiten
DKG	Deutsche Krankenhausgesellschaft
E	Endoskopieassistenz, die für eine Endoskopie zuständig ist
EFQM	European Foundation for Quality Management
EPT	Endoskopische Papillotomie
ERCP	Endoskopische retrograde Cholangio-Pankreatografie
ERDA	Endoskop-Reinigungs-Desinfektions-Automat
ERP	Endoskopische retrograde Pankreatikografie
ESGE/NA	European Society of Gastrointestinal Endoscopy/Nurses and Associates
ESWL	Extrakorporale Schockwellenlithotrypsie
FDA	Federal Drug Admininistration
FFP	Fresh frozen plasma
HA	Hausarzt
HF(D)	Hochfrequenz(diathermie)
HGD	High grade dysplasia
HP	Helicobacter pylori
ICD	International Classification of Diseases
ITS	Intensivstation
KTQ	Kooperation für Qualität und Transparenz im Krankenhaus
KV	Kassenärztliche Vereinigung
LGD	Low grade dysplasia
MAC	Mykobakterium-avium-Komplex
MCT-Öl	Mittelkettige Triglyceride-Öl
MPG	Medizinproduktegesetz
MRCP	Magnetresonanzcholangiopankreatikografie
MRT	Magnetresonanztomografie
NDGG	Norddeutsche Gesellschaft für Gastroenterologie

NSAR	Nichtsteroidale Antirheumatika
ÖGGH	Österreichische Gesellschaft für Gastroenterologie und Hepatologie
OGIT	Oberer Gastrointestinaltrakt
OMED	Organisation Mondiale d'Endoscopie Digestive
OPS	Operationenschlüssel nach § 301 SGB V
OTW	Over the wire (Ballondilatator, der über einen Führungsdraht platziert wird)
PCR	Polymerase-Kettenreaktion
PDL	Pflegedienstleitung
PDT	Photodynamische Therapie
PEG	Perkutane endoskopische Gastrostomie
PEJ	Perkutane endoskopische Jejunostomie
PPSB	Gerinnungsfaktoren-Konzentrat
PTC	Perkutane transhepatische Cholangiografie
PTCD	Perkutane transhepatische Cholangiodrainage
PTT	Partielle Thromboplastinzeit
QHB	Qualitätshandbuch
QM	Qualitätsmanagement
QMB	Qualitätsmanagementbeauftragter
QMS	Qualitätsmanagementsystem
RDG-E	Reinigungs- und Desinfektionsgerät für Endoskope (vormals ERDA)
RKI	Robert-Koch-Institut
RR	Blutdruck (Messmethode nach Riva/Rocci)
TEP	Totalendoprothese
TTS	Through the scope (Ballondilatator, der durch den Endoskop-Arbeitskanal platziert wird)
ZKR	Zentralkrankenhaus Reinkenheide, Bremerhaven

Arbeitsprozesse, Zuständigkeiten, Schnittstellen

(A)	Arbeitsprozesse, die in der Zuständigkeit des Arztes liegen oder sich ganz aus ärztlich-medizinischen Leitlinien ergeben.
(E)	Arbeitsprozesse, die in der Zuständigkeit der Endoskopieassistenz liegen.
(A/E)	Arbeitsprozesse, bei denen beide Gruppen eng zusammenarbeiten, die aber mehr in der Zuständigkeit des Arztes liegen.
(E/A)	Arbeitsprozesse, in denen beide Gruppen eng zusammenarbeiten, die aber mehr in der Zuständigkeit der Endoskopieassistenz liegen.
(A-E)	Arbeitsprozesse, die gleichberechtigt kooperativ in der Zuständigkeit von Arzt und Endoskopieassistenz liegen.
SSt	kennzeichnet eine Schnittstelle, z.B. SST-HA die Schnittstelle zum Hausarzt. (E/SSt-Hygieneschwester) bedeutet z.B., dass die Endoskopieassistenz verpflichtet ist, Kontakt mit der Hygieneschwester aufzunehmen.
AA/SSt	bedeutet, dass einer Schnittstelle eine schriftliche Arbeitsanweisung vorzuliegen hat. (AA/SSt-Stationspflege) bedeutet, dass der „Schnittstelle Stationspflege" eine schriftliche generelle Arbeitsanweisung – so genannte Generalanweisung – vorliegt, z.B. die Arbeitsanweisung für die Koloskopievorbereitung. (A, AA/SSt-Stationsarzt) bedeutet, dass in diesem Fall vom Endoskopiearzt eine individuelle Arbeitsanweisung für die „Schnittstelle Stationsarzt" schriftlich fixiert wird (z.B. „heute 23.00 Uhr Blutbildkontrolle").

Inhaltsverzeichnis

Anhang

CD-ROM

FORMULARVORLAGEN (ACROBAT READER/WORD)

- Strukturqualität: Personal – Räume – Geräte
- Zuständigkeiten: Hygiene – Medizinproduktegesetz – Arbeitsschutz - Strahlenschutz
- Endoskopie-Checkliste/Pflegedokumentation
- Aufklärungsbegleitschreiben für ambulante Endoskopien:
  - Gastroskopie
  - Koloskopie/Polypektomie
  - Ösophagusvarizensklerosierung
  - ERCP
- Tipps für eine gute Koloskopie-Vorbereitung
- Merkblatt für Kostaufbau und Pflege nach PEG-Anlage
- Merkblatt für Patienten mit Ösophagustubage/Einlage eines Stents
- Formblatt für Komplikationsmeldung Endoskopie
- Formblatt für Zuständigkeitsplan
- Dokumentation der Assistenzarztqualifikation für die Endoskopie
- Patientenfragebogen
- Tagesprotokoll – Endoskopaufbereitung

ORIGINALLITERATUR (ACROBAT READER)

- Empfehlungen der Bundesärztekammer zur Qualitätssicherung in der gastrointestinalen Endoskopie
- RKI Empfehlung „Anforderungen an die Hygiene bei der Aufbereitung flexibler Endoskope und endoskopischen Zusatzinstrumentariums“
- RKI Empfehlung „Anforderungen der Hygiene an die baulich funktionelle Gestaltung und apparative Austattung von Endoskopieeinheiten

INTERNETADRESSEN

- Ausgewählte Internet-Adressen zu Endoskopie und Qualitätsmanagement

1 Einleitung

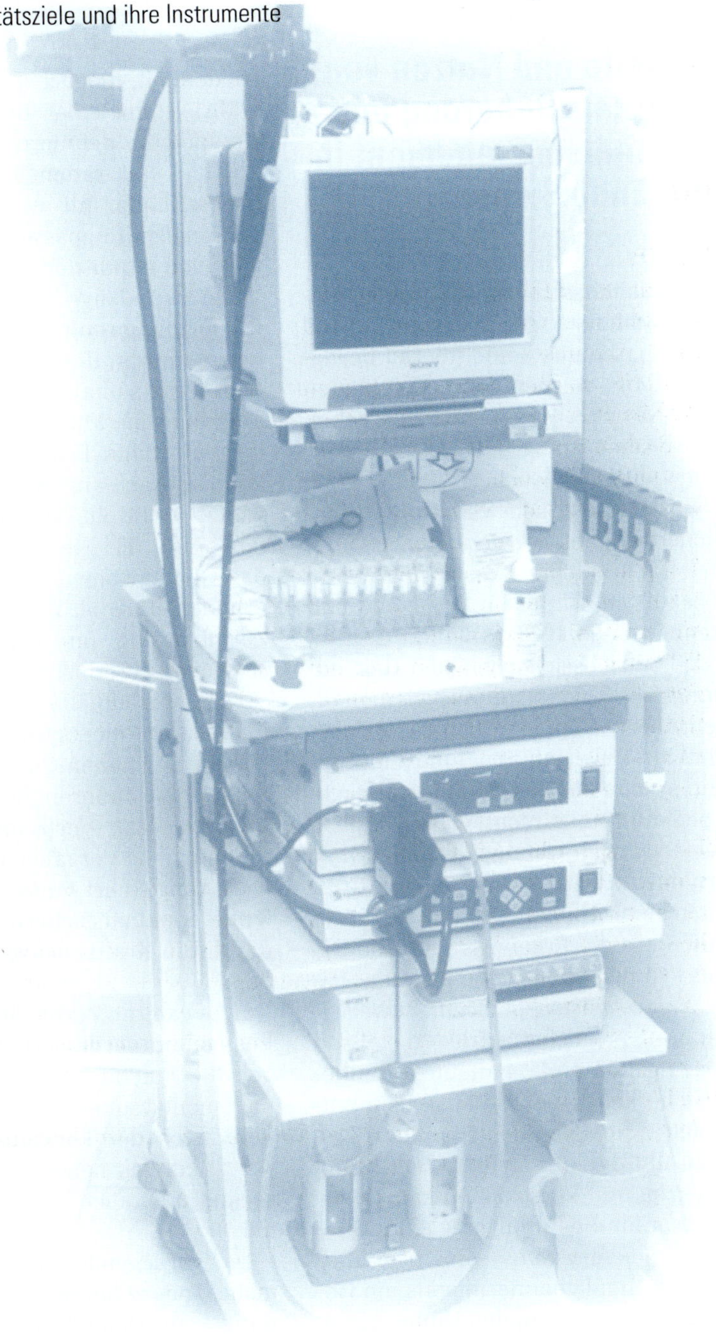

1 Einleitung

1.1 Vorteile und Nutzen von Qualitätssicherung und Qualitätsmanagement in der Endoskopie

Qualität, Qualitätssicherung, Qualitätsmanagementsystem, Zertifizierung sind Schlagworte, die uns heute überall begegnen. Betriebe werben mit Zertifikaten nach ISO-Normen, Krankenhäuser gehen mit Hinweisen auf abgeschlossene Zertifizierungen auf Stellensuche.

Das Sozialgesetzbuch V verlangt Qualitätssicherung als unverzichtbaren Bestandteil der ärztlichen Versorgung. Wenn Gewerbeaufsichtsämter in Praxen und Krankenhäusern z.B. die Qualität der Arbeits- und Betriebssicherheit oder Gesundheitsämter die Qualität der Hygienemaßnahmen überprüfen, wird Qualitätssicherung oft als Zwangsmaßnahme empfunden. Ein systematisches Qualitätsmanagement bedeutet aber nicht, dass lediglich externen Zwängen Genüge geleistet wird, sondern dass die Strukturen und Prozesse innerhalb einer Abteilung so optimal geregelt sind, dass die Ergebnisse für alle Beteiligten – in der Endoskopie also u.a. Patienten, Ärzte, Assistenzpersonal, Zuweiser, Lieferanten – möglichst zufrieden stellend sind. Dazu gehören u.a. Patientenorientierung, Sicherheitsaspekte, Mitarbeiterzufriedenheit, Kostengesichtspunkte. Das Bemühen um die konsequente Beachtung von Gesetzen und Vorschriften kann zwar der Auslöser für die Einführung eines Qualitätsmanagementsystems sein, tritt aber im Laufe der Implementierung als ein Gesichtspunkt von vielen in den Hintergrund. Eine hohe Patienten- und Mitarbeiterzufriedenheit, möglichst gleichbleibende Gewährleistung einer hohen medizinischen Kompetenz, definierte konstante Arbeitsabläufe und rationelle transparente Betriebsabläufe mit wenig Leerzeiten und personellen Engpässen sind z.B. Qualitätsziele von mindestens gleicher Bedeutung.

Die Grundzüge der Qualitätspolitik mit der Formulierung von Qualitätszielen werden zwar von der Leitung der Klinik oder dem Praxisinhaber vorgegeben, müssen aber bei allen Mitarbeitern verankert werden, um dann Früchte für alle tragen zu können. Nach anfänglicher „Anschubmotivation“ sollte ein Qualitätsmanagementsystem auch die Mitarbeitermotivation und das Qualitätsbewusstsein aller Beteiligten erhöhen. Dies ist zumindest vor erfolgter Zertifizierung und vor Folgeaudits beschrieben [17, dort Kap. 6.3].

Der wesentliche Vorteil eines Qualitätsmanagementsystems liegt in der Konstanz einer hohen Qualität, selbst bei sich ändernden äußeren Bedingungen (Mitarbeiterwechsel, Vertretungsfall, neue Methoden, neue Vorgaben durch Gesetzgeber etc.). Umgekehrt muss in Zukunft bei fehlender Qualitätssicherung mit Sanktionen durch die Krankenkassen gerechnet werden.

Eine externe Zertifizierung mit externen Folgeaudits verbessert natürlich in der Regel die Qualität des eigenen Qualitätsmanagementsystems und bewirkt insbesondere nach der Lockerung der Werbebeschränkungen neben der Qualitätsverbesserung u.U. auch einen Wettbewerbsvorteil.

Das vorliegende Buch soll dem Benutzer insbesondere bei der konzeptionellen Planung von Qualitätssicherung und Qualitätsmanagement in der Endoskopie ein

Wegweiser sein und damit Zeit sparen helfen. Seine Bewährung hat es in der Endoskopieabteilung des ZKR auf dem Wege zur Zertifizierung durch die TÜV Nord Cert nach den Vorgaben der NDGG bewiesen. Die Hinweise auf konkrete Erfahrungen, Verfahrensanweisungen, Qualitätssicherungsmaßnahmen etc. sollen den Beispielcharakter betonen und eine eventuelle Modifizierung für die eigene Abteilung erleichtern.

1.2 Qualitätsebenen

Bezüglich der Qualität können nach Donabedian [24] drei Ebenen unterschieden werden: Die Strukturqualität, die Prozessqualität und die Ergebnisqualität.

Elemente der Strukturqualität in der Endoskopie:

- Personelle Ausstattung (Administration, Assistenz, Ärzte)
- Qualifikation des Personals
- Hierarchien, Verantwortungen, Zuständigkeiten, Kompetenzen
- Räumliche Ausstattung (Warte-, Nachsorge-, Endoskopie-, administrativer Bereich, quantitativ und qualitativ)
- Apparative Ausstattung
- Sterilisations-/Desinfektionsapparaturen und -mittel
- Wartungsverträge
- Gesundheitsschutz der Mitarbeiter
- Brandschutzmaßnahmen
- Formular-, Dokumentationswesen und Dokumentenlenkung
- Datenschutz
- Kommunikationsmittel und -strukturen, intern und extern
- Notfallausrüstung
- Schulungs- und Einweisungskonzepte
- Vorgaben für den Umgang mit Patienten

Die Prozessqualität ergibt sich daraus, wie die vorhandenen Strukturen in der Ablauforganisation genutzt werden. Dazu gehören z.B. die Vorgaben für die Terminvergabe, die Art und Weise, wie der Ablauf von endoskopischen Leistungen oder die Befundmitteilung geregelt ist. Checklisten, Verfahrens- oder Arbeitsanweisungen helfen, die ablaufenden Prozesse auf gleichbleibend hohem Niveau zu halten.

Elemente der Prozessqualität in der Endoskopie:

- Vorgaben für Terminvergaben
- Ablauf endoskopischer Leistungen (Indikation, Aufklärung, Durchführung, Nachsorge, Dokumention)
- Dokumentation von Zeitaufwand, Materialverbrauch, Reparaturaufwand
- Vorgaben für Kommunikation mit Zuweisern und Patienten
- Regelung der Befundmitteilung
- Ablauf der Geräteaufbereitung
- Notfallmanagement
- Schulungen und Einweisungen
- Organisation der Arbeitsabläufe
- Umgang mit den Patienten

Wesentlich für die Qualitätssicherung ist letztlich die Ermittlung der Ergebnisqualität, die nur bei entsprechender Dokumentation ermittelt werden kann und wesentlich mit der vorhandenen Struktur- und Prozessqualität zusammenhängt.

Elemente der Ergebnisqualität in der Endoskopie:

- Erfolg der diagnostischen Endoskopien (= Vollständigkeit, diagnostische Sicherheit, Erträglichkeit)
- Erfolg therapeutischer Maßnahmen (z.B. Komplettheit der Polypentfernung)
- Komplikationsraten und Komplikationsbeherrschung
- Patientenzufriedenheit
- Mitarbeiterzufriedenheit
- Zuweiserzufriedenheit
- Güte der Aufbereitungsmaßnahmen
- Arbeitseffektivität
- Ökonomischer Nutzen

Die Trennung in Struktur-, Prozess- und Ergebnisqualität ist natürlich künstlich. Die Begriffe haben aber ihre Berechtigung nicht verloren und werden noch weiter verwandt, insbesondere in der „Empfehlung der Bundesärztekammer zur Qualitätssicherung in der gastrointestinalen Endoskopie“ oder den RKI-Empfehlungen (s. CD-ROM).

Ziel der Qualitätssicherung ist letztendlich das Erreichen und Beibehalten optimaler Ergebnisse. Die Formulierung von anzustrebenden Qualitätszielen für eine Endoskopieabteilung muss immer nachfragen lassen, ob Strukturen und Abläufe in der Endoskopie so geregelt sind, dass diese Ziele erreicht werden können. Die Messung erreichter Qualität lässt schließlich überprüfen, ob die vorgegebenen Ziele erreicht worden sind.

1.3 Qualitätsziele und ihre Instrumente

Jede Endoskopieabteilung hat ihre eigenen Probleme und eigenen Zielvorstellungen. Diese individuellen Ziele sind von den einzelnen Abteilungen in Einklang mit der vorgegebenen Qualitätspolitik natürlich auch individuell zu formulieren. Die Nennung solcher Ziele bedeutet nicht, dass diese auch immer rasch erreicht werden können. Auch die Instrumente, mit denen diese Ziele erreicht werden sollen, müssen

Tabelle 1.1
Qualitätsziele und Instrumente zu deren Umsetzung

Qualitätsziele	Instrumente	Kapitelverweise
Hohe Patientenzufriedenheit durch	• rasche Termine und kurze Wartezeiten	(4.5)
	• freundlichen und angemessenen Umgang mit den Patienten und ihren Problemen	(17.4)
	• verständliche, zufrieden stellende und sachgerechte Aufklärung vor allen Eingriffen	(4.1, 13.5, 17.4)
	• hygienisch einwandfreies Arbeiten und Sauberkeit in den Endoskopie-Räumlichkeiten	(3.1)
	• größtmögliche Sicherheit bei Sedierung und allen endoskopischen Maßnahmen	(4.2, 14)
	• ständige ärztliche Kompetenz auf Facharztniveau u.a. durch Fortbildung, gute Ausbildung und Supervision auszubildender Ärzte	(15)
	• hohe Fachkompetenz des Assistenzpersonals durch Fachausbildung und Fortbildung	(15)
	• ansprechende und funktionell optimal eingerichtete Räumlichkeiten	(2.2)
	• patientengerechte Aufklärung über Untersuchungsergebnisse samt der weiteren absehbaren diagnostischen/therapeutischen Konsequenzen	(13.5, 17.4)
	• klare Regelung für Patientenbeschwerden	(17.4)

Fortsetzung Tabelle 1.1
Qualitätsziele und Instrumente zu deren Umsetzung

Qualitätsziele	Instrumente	Kapitelverweise
Sicherheit für die Patienten durch	• kompetentes Personal aufgrund in der Abteilung erarbeiteter und angewendeter Leitlinien, Geräteeinweisungen und Materialkundesitzungen	(3.2, 14.1, 15)
	• standardisierte Hygiene aufgrund Hygieneplan und Zusammenarbeit mit Hygienefachkraft und Hygiene-beauftragtem Arzt	(3.1)
	• standardisierte Vorbereitungschecklisten und Arbeitsabläufe bei Routineeingriffen	5-12)
	• adäquates Monitoring bei Endoskopien	(4.2)
	• hohe Kompetenz von Ärzten und Assistenzpersonal in Notfällen aufgrund Ausbildung und Schulungsmaßnahmen	(14.1)
	• fachgerechte Notfallausrüstung	(14.1)
	• Komplikationsminimierung aufgrund Komplikationsdokumentation mit Fehlervermeidungsstrategien	(14.2)
Sicherheit für das Personal durch	• Unfall- und Infektionsverhütung, Arbeits-, Strahlen-, Laserschutz	(3.3-3.5)
Sicherheit für Patienten und Personal durch	• sichere Medizintechnik aufgrund Beachtung von Medizinproduktegesetz, Medizinprodukte-Betreiberverordnung und der BGV C8 (VBG 103)	(3.2)
	• einwandfreie Dokumentation von Aufklärung, Befunden und Ereignissen	(4.2, 13, 14.2)
Sicherheit in der Kommunikation durch	• klare Strukturierung von Formularwesen und Datenflüssen	(2.4, 2.5, 13.1)
	• geschützte Daten aufgrund Festlegung und Einhaltung von Datenschutzmaßnahmen	(13.6)
Mitarbeiterzufriedenheit durch	• gutes Zusammenspiel der Mitarbeiter der Endoskopie	(17.3)
	• Teamgeist aufgrund fachgruppeninterner und übergreifender Qualitätszirkelsitzungen	(17.1.5)
	• Motivation zu guter Qualität aufgrund erkennbarem Qualitätsengagement der Abteilungsleitung und hierarchieübergreifender Kooperation z.B. in Qualitätsgremien und Informationspolitik	(17.1)
	• klare Kompetenzrichtlinien und Zuständigkeitsregelungen im ärztlichen und Assistenzbereich	(2.1, 14.1, 16.1)
	• effektives Arbeiten mit möglichst wenig Reibungs- und Zeitverlusten	(4.5, 4.6, 16)
	• klare, planbare Arbeitsabläufe (Vorbereitung, Durchführung, Nachbereitung)	(4-12)

Fortsetzung Tabelle 1.1
Qualitätsziele und Instrumente zu deren Umsetzung

Qualitätsziele		Instrumente	Kapitelverweise
Mitarbeiterzufriedenheit durch		• strukturierte Lagerhaltung für Verbrauchsmaterialien	(16.3)
		• gutes Zusammenspiel zwischen Stationen, überweisenden Ärzten und Endoskopieabteilung	(13.1, 17.1.5)
		• gute Arbeitsbedingungen – räumlich, apparativ, personell	(2)
		• Urlaubsplanung ohne wesentliche Lücken	(16.2)
		• betriebliches Vorschlagswesen	(17.3)
		• organisierte Fortbildung	(15)
		• Ansprechpartner für Qualitätsprobleme	(17.1)
Gute Kommunikationsstrukturen	**innerhalb der Abteilung** durch	• interne Qualitätszirkelsitzungen, Praxisteambesprechungen	(17.1)
	zu den Zuweisern durch	• strukturierte rasche Befundübermittlung	(13.1)
	zur Pathologie durch	• Optimierung der Kommunikation und klinisch-pathologische Konferenzen	(13.3, 15.3)
Optimale Nutzung der Abteilungsressourcen durch		• rationelle Arbeitsabläufe und Zeitplanung	(2.1, 4.5, 16.2)
		• optimalen Umgang mit Endoskopen, Arbeitsmaterialien	(3.1, 3.6)
		• Qualitäts- und Preisvergleiche verschiedener Lieferanten	(17.1.3)
		• Einweisung bei neuen Geräten oder neuen Mitarbeitern samt Dokumentation	(3.2, 15.2)
		• Standards für Instrumentenlagerung, Aufbereitung und Zubehör-/Materialbuchhaltung	(3.1, 16.3)
Transparenz durch		• offene Qualitätspolitik in der Abteilung	(17)
		• das Prinzip der schriftlichen Niederlegung, jederzeitigen Verfügbarkeit und klaren Ordnung aller Dokumente für alle Zugangsberechtigten	(2.4, 2.5, 17.5)
		• interne Qualitätszirkelsitzungen	(17.1)
		• Einbeziehung der Schnittstellen der Abteilung ins Qualitätsmanagement	(17.1)
		• Informationsmaterial für die Patienten und Zuweiser	(17.1.3, 17.3)
		• Erstellung von abteilungseigenen Audits und gemeinsame Besprechung ihrer Ergebnisse	(17.2)

Fortsetzung Tabelle 1.1
Qualitätsziele und Instrumente zu deren Umsetzung

Qualitätsziele	Instrumente	Kapitelverweise
Erfassung des aktuellen Ist-Zustandes der Abteilungsqualität durch	• fortlaufende Komplikationsstatistik	(14.2)
	• systematische Erfassung der Ergebnisqualität in der Endoskopie und der Abteilungsorganisation	(5–11, 17.2)
	• Befragungen von Patienten, Mitarbeitern und Zuweisern	(17.2–17.4)
	• Erfassung aufgefallener Probleme anhand erarbeiteter, möglichst valider Kriterien	(17.1)
Fortlaufende Qualitätspolitik durch	• Implementierung eines Qualitätsmanagementsystems	(17)
	• Personen, die Qualitätspolitik mit besonderer Qualifikation und speziellem Engagement betreiben (Qualitätsbeauftrager, Qualitätsmanagementbeauftragter) und unterstützend lenken.	(17)
	• abnehmende Ängste vor Qualitätsarbeit und zunehmende Bereitschaft zur Fehlererkennung und -vermeidung	(17)
	• zunehmende Sensibilität aller Mitarbeiter für Qualitätsgesichtspunkte mit daraus folgender Qualitätssteigerung	(17)
	• Förderung von Ideen von Mitarbeitern zur Qualitätssteigerung	(17)
	• fortlaufende Audits und Überprüfung der Einhaltung der abteilungseigenen Leitlinien	(17)
	• fortlaufende Aktualisierung von Dokumenten, Leitlinien etc.	(17)
	• eventuelle Zertifizierung	(15.3)

den individuellen Gegebenheiten jeder Endoskopieabteilung angepasst werden.

Vor dem eigentlichen inhaltlichen Beginn des vorliegenden Buches werden stichwortartig wichtige Qualitätsziele genannt, die in unserer eigenen Endoskopieabteilung erarbeitet wurden und von allgemeinem Interesse sind. (In Klammern Verweis auf die zugehörigen Kapitel des Buches):

Im Sinne eines prozessorientierten Ansatzes weisen die im ZKR erstellten Leitlinien für alle endoskopischen Maßnahmen keine strikte formale Trennung zwischen ärztlichen, pflegerischen Arbeitsanweisungen einerseits und medizinischen Leitlinien andererseits auf. In den Jahren der Entwicklung unserer abteilungseigenen Leitlinien hat es sich als günstig herausgestellt, wenn zwar die jeweiligen Zuständigkeiten klar benannt sind, sich ansonsten aber die Arbeitsanweisungen aus den Prozessabläufen ergeben, die wiederum stark von medizinischen Gesichtpunkten geprägt sind. Zuständigkeiten müssen aber klar benannt sein, ebenso der Kontakt zu evtl. Schnittstellen, damit dieser nicht dem Zufall überlassen bleibt. In den folgenden Kapiteln wird dies durch folgende Kürzel gekennzeichnet:

(A) Arbeitsprozesse, die in der Zuständigkeit des Arztes liegen oder sich ganz aus ärztlich-medizinischen Leitlinien ergeben.

(E) Arbeitsprozesse die in der Zuständigkeit der Endoskopieassistenz liegen.

(A/E) Arbeitsprozesse, bei denen beide Gruppen eng zusammenarbeiten, die aber mehr in der Zuständigkeit des Arztes liegen.

(E/A) Arbeitsprozesse, in denen beide Gruppen eng zusammenarbeiten, die aber mehr in der Zuständigkeit der Endoskopieassistenz liegen.

(A-E) Arbeitsprozesse, die gleichberechtigt kooperativ in der Zuständigkeit von Arzt und Endoskopieassistenz liegen.

SSt kennzeichnet eine Schnittstelle, z.B. SSt-HA die Schnittstelle zum Hausarzt.
(E/SSt-Hygieneschwester) bedeutet z.B., dass die Endoskopieassistenz verpflichtet ist, Kontakt mit der Hygieneschwester aufzunehmen.

AA/SSt bedeutet, dass einer Schnittstelle eine schriftliche Arbeitsanweisung vorzuliegen hat.
(AA/SSt-Stationspflege) bedeutet, dass der „Schnittstelle Stationspflege" eine schriftliche generelle Arbeitsanweisung (sogenannte Generalanweisung) vorliegt, z.B. die Arbeitsanweisung für die Koloskopievorbereitung.
(A, AA/SSt-Stationsarzt) bedeutet, dass in diesem Fall vom Endoskopiearzt eine individuelle Arbeitsanweisung für die „Schnittstelle Stationsarzt" schriftlich fixiert wird (z.B. "heute 23.00 Uhr Blutbildkontrolle").

Literatur:

[1] Amon U, Ruckriegl I (Hrsg.) (2000), Qualitätsmanagement in der Arztpraxis. Springer, Berlin, Heidelberg, New York

[2] ASGE consensus statement (2000), Appropriate Use of Gastrointestinal Endoscopy, http://www.asge.org – nur Mitgliedern zugänglich http://www.asge.org/gui/resources/munual/misc_appropriate_use_endo_00.asp (10.5.2002)

[3] Bachner U (1999), Qualitätsmanagement im Krankenhaus. Schlütersche, Hannover

[4] Birkner B, Strauch M, Schenck F, Modell zur Zertifizierung der gastroenterologischen Facharztpraxis nach DIN ISO 9001. Dtsch Med Wschr. (2000), 125, 199–203

[5] Bundesärztekammer, Kassenärztliche Bundesvereinigung, Arbeitsgemeinschaft der Wissenschaftlichen Medizinischen Fachgesellschaften (Hrsg.) (2000), Curriculum Qualitätssicherung/Ärztliches Qualitätsmanagement, 2. Aufl. Bundesärztekammer, Köln

[6] Frühmorgen P (Hrsg.) (1999), Gastroenterologische Endoskopie, 4. Aufl. Springer, Berlin, Heidelberg, New York

[7] Gerlach F M (2001), Qualitätsförderung in Praxis und Klinik. Georg Thieme, Stuttgart, New York

[8] Hildebrand R (1999), Das bessere Krankenhaus. Luchterhand, Neuwied, Kriftel

[9] KTQ-Manual (2002), Version 4.0. Deutsche Krankenhausverlagsgesellschaft, Düsseldorf

[10] Maßnahmen der medizinischen Qualitätssicherung in der Bundesrepublik Deutschland: Bestandsaufnahme (1994). In: Schriftenreihe des Bundesministeriums für Gesundheit, Bd. 38. Nomos, Baden-Baden

[11] McCloy R (Ed.) (1991), Quality control in endoscopy. Springer, Berlin, Heidelberg, New York

[12] Nagorny H E, Plocek M (Hrsg.) (1997), Praxishandbuch Qualitätsmanagement Krankenhaus. Baumann Fachzeitschriften, Kulmbach

[13] Oelckers M, Wurbs D (1999), Leitlinien gastroenterologischer Diagnostik, 2. Aufl. Schnetztor, Konstanz

[14] O'Manhony S, Naylor G, Axon A, Quality assurance in gastrointestinal endoscopy. Endoscopy. (2000), 32, 483–488

[15] Phillip J, Allescher H D, Hohner R (Hrsg.) (1998), Endoskopie: Struktur und Ökonomie. Normed, Bad Homburg

[16] Pott G (1998), Qualitätskontrolle. In: Gastroskopie Atlas, 23–27. Schattauer, Stuttgart, New York

[17] Q-M-A. Das Informations- und Fortbildungsprogramm für Qualitätsmanagement in

der ambulanten Versorgung der ÄZQ, http://www.q-m-a.de (23.4.2002)
[18] Renner F et al., Qualitätssicherung im Bereich der gastrointestinalen Endoskopie. Empfehlungen der Österreichischen Gesellschaft für Gastroenterologie und Hepatologie. Z Gastroenterol. (2000), 38, XXIV–XXXI – http://www.oeggh.at
[19] Scheibe O (Hrsg.) (1997), Qualitätsmanagement in der Medizin. ecomed, Landsberg
[20] Viethen G (1998), Wegweiser Qualitätsmanagement im Krankenhaus. Gustav Fischer, Stuttgart, Jena, Lübeck, Ulm
[21] Wölker T (2000), Qualitätsmanagement in der Arztpraxis. Ärztezeitung, Neu-Isenburg
[22] ZAG Endoskopie im DBfK (1996), Arbeitshilfe Endoskopie. DBfK-Verlag, Eschborn
[23] Zentrale Arbeitsgruppe der Fachgruppe Endoskopie im DBfK (1994), Endoskopie. Ein Leitfaden für Pflegeberufe. DBfK-Verlag, Eschborn
[24] Donabedian A, Evaluating the quality of medical care. Milbank Mem Fund Quart. (1966), 44, suppl. 166–206

Internetadressen:

[25] Leitlinien-Info der Ärztlichen Zentralstelle Qualitätssicherung, http://www.leitlinien.de (23.4.2002)

2 Ausstattung der Endoskopieabteilung

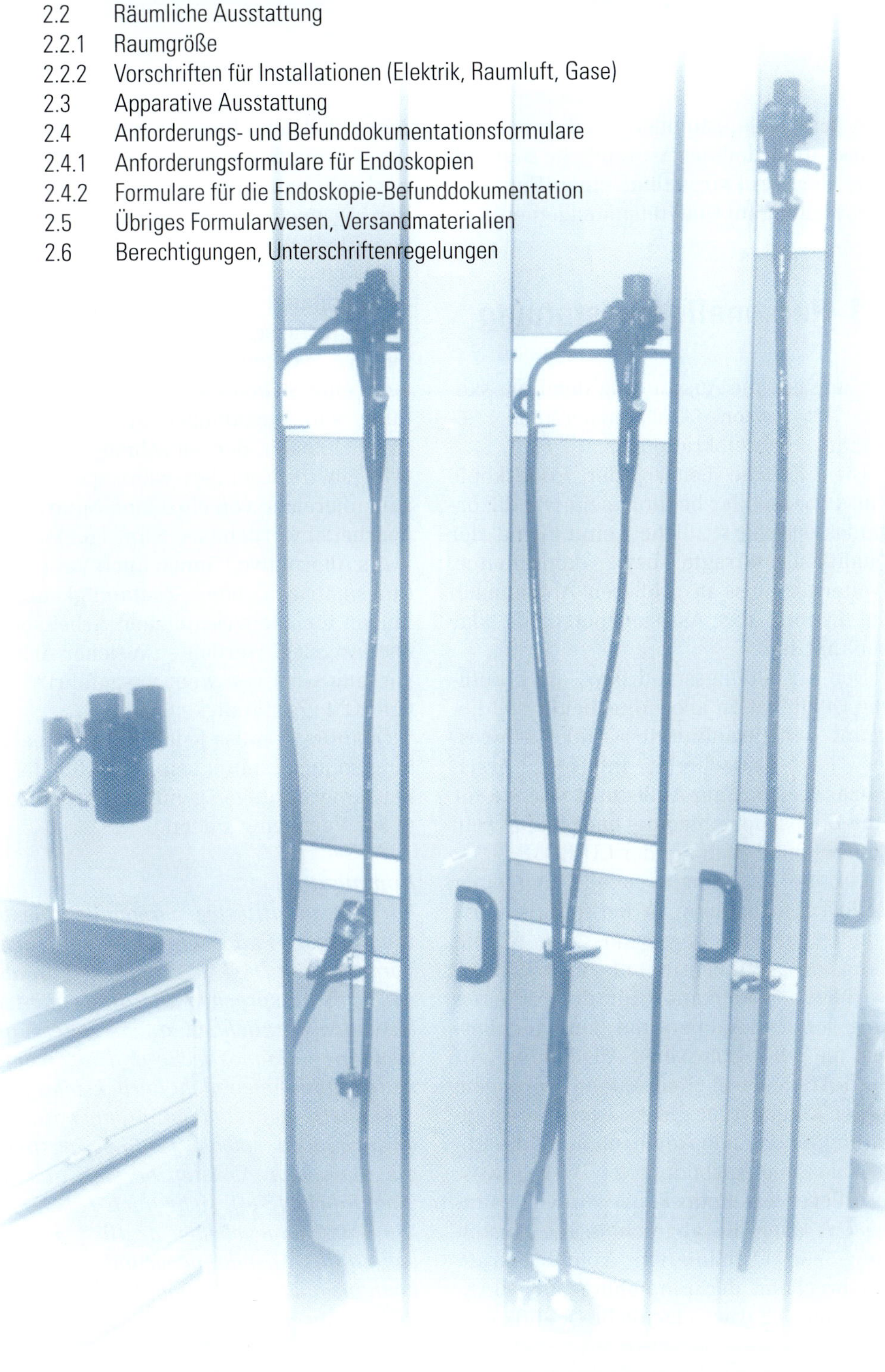

2 Ausstattung der Endoskopieabteilung

Die personelle, räumliche und apparative Ausstattung definiert wesentliche Bestandteile der Strukturqualität einer Endoskopieabteilung im Qualitätsmanagement.

2.1 Personelle Ausstattung

Sie umfasst die Ausstattung der Endoskopie mit Ärzten, Assistenzpersonal, Sekretärin, Schreibkräften etc.

Die ärztliche Leitung der Endoskopie muss ebenso klar benannt sein wie die organisatorische ärztliche Leitung und der Qualitätsbeauftragte bzw. -koordinator. Weiterhin muss in größeren Abteilungen die Leitung des Assistenzpersonals klar benannt sein.

Der Ausbildungsstand bzw. die berufliche Qualifikation aller Mitarbeiter soll bekannt sein (examinierte Krankenschwester, Fach-Arzthelferin, Internist, Assistenzarzt etc.). Eine Auflistung, wie sie für eine Endoskopieabteilung beispielhaft sein könnte, findet sich auf der CD-ROM.

Für die Assistenzpersonalleitung einer Endoskopieabteilung in der Praxis muss mindestens die abgeschlossene Ausbildung zur Arzthelferin mit zusätzlich erworbener Qualifikation für die Aufbereitung von Endoskopen und -zubehör, besser die abgeschlossene Ausbildung zur Fach-Arzthelferin Endoskopie vorliegen. In der Klinik ist für die Assistenzpersonalleitung einer Endoskopieabteilung die abgeschlossene Ausbildung zu Fachschwester/Pfleger für Endoskopie sinnvoll, mindestens aber die abgeschlossene Ausbildung zur examinierten Vollpflegekraft. Entsprechend der Empfehlung der BÄK, Abschnitt 3.2 wären fachliche Qualifikationen z.B. Fachschwester/Pfleger Endoskopie, Ausbildung zur Fach-Arzthelferin Endoskopie und entsprechende Qualifikation der Deutschen Krankenhausgesellschaft (s.a. CD-ROM).

Soweit aus der Struktur der Endoskopieabteilung und der Qualifikation der Mitarbeiter nicht schon klar ersichtlich, sollte bei der Darstellung der Personalstruktur auch eine Stellenbeschreibung mit Zuordnung von Zuständigkeiten und Verantwortlichkeiten der einzelnen Mitarbeiter erfolgen, insbesondere wenn spezielle Aufgabenbereiche von einzelnen Mitarbeitern bearbeitet werden (s.a. Kap. 16.1).

Als Alternative können auch Verantwortungsmatrizen oder Zuständigkeitsregelungen für alle wesentlichen Arbeitsbereiche festgelegt werden – „Welcher Arbeitsvorgang wird von wem ausgeführt?" (s.a. CD-ROM „Zuständigkeitsplan").

Quantitativ muss jede Endoskopieabteilung so ausgestattet sein, dass für die Arbeitsanforderungen genügend Arbeitskräfte zur Verfügung stehen.

Kommentar

Für die quantitative personelle Ausstattung einer Endoskopieabteilung liegen Vorgaben der DKG [1] vor. Diese Vorgaben von 1969 entsprechen allerdings nicht der aktuellen Wirklichkeit, da sie neuere, aufwendigere diagnostische und interventionelle Maßnahmen nicht berücksichtigen.

Realistischer sind minutengenaue Untersuchungen sowohl für den ärztlichen als auch den Assistenzbereich aus den 90er Jahren [2–4], siehe auch Tabelle 2.1. Die dabei angegebenen ärztlichen Zeiten sollten aus Ausbildungsgründen im Krankenhaus um ca. 25% erhöht werden, in der Praxis mit auszubildenden Arzthelferin-

Tabelle 2.1
Zeitaufwand bei endoskopischen Untersuchungen für Ärzte und Assistenzpersonal

Untersuchung	**Anzahl**	**Untersuchungszeit (Min.)**		**Gesamtdauer (Min.)**	
		Arzt	Assistenz	Arzt	Assistenz
Gastroskopie	7.022	16 (4–40)	18 (4–45)	30 (8–105)	52 (15–174)
Intervent. ÖGD	606	31 (7–165)	36 (7–130)	49 (18–235)	79 (35–207)
ERCP, diagnostisch	610	47 (7–260)	54 (9–180)	68 (17–295)	110 (35–246)
ERCP, operativ	246	68 (20–235)	81 (30–223)	94 (42–314)	148 (45–338)
Koloskopie	2.280	39 (9–121)	56 (9–140)	55 (20–139)	95 (33–245)
Koloskopie, operativ	397	50 (10–255)	61 (10–190)	67 (15–286)	115 (41–255)
Rektoskopie, starr	981	9 (2–24)	10 (2–34)	20 (2–45)	37 (9–95)
Proktoskopie	740	7 (1–20)	7 (0–34)	16 (2–31)	28 (9–76)
Laparaskopie	173	51 (15–130)	50 (15–135)	77 (25–170)	123 (50–274)
PTC	9	42 (20–60)	69 (38–120)	68 (30–100)	115 (63–151)
Leberblindpunktion	195	9 (1–25)	10 (0–60)	22 (6–99)	34 (10–94)

Die Differenz aus Untersuchungs- und Gesamtdauer ergibt sich aus den nicht aufgeführten Vor- und Nachbereitungszeiten. Nach: [2]

nen für den Assistenzbereich entsprechend. Weiterhin ist eine ca. 15%ige Ausfallzeit für Urlaub, Krankheit etc. zu berücksichtigen.

Literatur:

[1] Deutsche Krankenhausgesellschaft (1969), Anhaltszahlen im Krankenhaus. Düsseldorf

[2] Phillip J, et al., Zeitaufwand für endoskopische Untersuchungen. Z Gastroenterol. (1990), 28, 1–9

[3] Staritz M, et al., Zeitbedarf für endoskopische Diagnostik und Therapie: Ergebnisse einer Multizenterstudie. Z Gastroenterol. (1992), 30, 505–518

[4] Staritz M, Sauer B (1999), Personalbedarfsberechnung (Ärzte und Assistenzpersonal) in der Endoskopie. In: Frühmorgen P (Hrsg.), Gastroenterologische Endoskopie, 4. Aufl., 12–15. Springer, Berlin, Heidelberg, New York

2.2 Räumliche Ausstattung

Die Struktur der räumlichen Ausstattung ist ein bedeutsames Qualitätskriterium einer Endoskopieabteilung.

Eine Auflistung, wie sie für eine Endoskopieabteilung beispielhaft sein kann und konkret verwendbar ist, findet sich auf der CD-ROM.

2.2.1 Raumgröße

Die BÄK-Empfehlung fordert in ihrer Anlage 1.1 für den Endoskopiebereich ausreichend Platz für Patienten, Endoskopieteam und notwendige Geräte, ohne eine bestimmte Größe festzulegen (s.a. CD-ROM). Etwa pro 1000 Endoskopien jährlich wird ein Endoskopieraum als erforderlich angesehen und ist auch in größeren Kliniken vorhanden [4]. Bei mehr als

200 bis 500 Röntgenuntersuchungen pro Jahr wird ein abteilungseigener Röntgenraum für sinnvoll gehalten.

Hinsichtlich der Größe von Untersuchungsräumen werden zwischen 15–20 m² (kleiner Gastroskopieraum ohne Schränke) und 45 m² (ERCP-Raum) angegeben, mit unterschiedlichen Größenangaben in den verschiedenen Publikationen [1–5, 7]. Allgemein wird eine Raumgröße von 25–30 m², für Notfalluntersuchungen von 30–35 m² für sinnvoll gehalten. Die individuellen Gegebenheiten sind sicher von großer Bedeutung. So lässt die ausschließliche Nutzung für ambulante Patienten eher kleinere Räume zu, die Notwendigkeit zur Untersuchung im Patientenbett neben einer festmontierten Liege erfordert größere Untersuchungsräume.

Sinnvoll ist für jeden Endoskopieraum ein separater Vorbereitungsraum, für die Laparaskopie ein Waschraum [5]. Eine entsprechende Anzahl von Steckdosen (mindestens acht, an unterschiedlichen Stellen im Raum montiert), Sauerstoffanschluss und mindestens eine, besser zwei (oral und endoskopisch) Absaugmöglichkeiten, Infusionsständer oder Deckenhaken müssen in jedem Endoskopieraum vorhanden sein [4]. Eine Wasch- und Händedesinfektionsmöglichkeit muss immer in einem Vorraum oder im Endoskopieraum in ausreichendem Abstand von der Endoskopieeinheit vorhanden sein.

Weiterhin sollte die Wartezone für bettlägerige Patienten von anderem Publikumsverkehr getrennt sein. Für stationäre, bettlägerige Patienten ist das Vorhandensein einer Steckbeckenspülanlage in erreichbarer Nähe sinnvoll. Eine Toilette sollte vom Koloskopieraum aus unmittelbar erreichbar sein.

Der Aufbereitungsraum soll möglichst mit getrenntem Zugang für die unreine und Ausgang für die reine Seite ausgestattet sein (s.a. Kap. 3.1.2). Untersuchungsräume sollten möglichst wenig zur Lagerung dienen, und wenn, dann nur mit geschlossenen Schränken.

Insbesondere für den Entsorgungsbereich ist auf ein einwandfreies Entlüftungssystem zu achten, wenn dort Endoskopiezubehör in Desinfektionslösung eingelegt werden muss.

Eine Überfrachtung der Endoskopieräume mit technischem Instrumentar sollte vermieden werden, um den Patienten nicht durch einen übertechnisierten Eindruck zu ängstigen oder eine enge, bedrückende Atmosphäre zu erzeugen.

Wichtig ist genügend Platz für alle Maßnahmen einschließlich ein- und ausfahrender Betten, Liegen oder Krankentragen in allen Durchgängen, Fluren und Räumen.

2.2.2 Vorschriften für Installationen (Elektrik, Raumluft, Gase)

Bezüglich der Installation elektrischer Versorgungsanlagen in der Endoskopie gilt DIN VDE 0107, Starkstromanlagen in Krankenhäusern und medizinisch genutzten Räumen außerhalb von Krankenhäusern. Endoskopieräume werden der Anwendungsgruppe 1 zugeordnet. Die Anwendungsgruppe 2 liegt vor, wenn medizinisch technische Geräte über chirurgische Eingriffe (z.B. Koagulationsstab bei Laparoskopie) verwandt werden. Elektrische Anlagen sind wiederkehrend zu prüfen gemäß Unfallverhütungsvorschrift „Elektrische Anlagen und Betriebsmittel" GUV 2.10 bzw. BGV A2 (VBG 4) (Näheres s. [3]).

Räume, in den mit Hochfrequenzdiathermie gearbeitet wird, müssen mit elektrisch leitendem Fußboden ausgestattet sein.

Für die Raumlufttechnik in Krankenhäusern und gleichartigen Einrichtungen gilt DIN 1946-4, Raumlufttechnik – Teil 4: Raumlufttechnische Anlagen in Krankenhäusern (VDI-Lüftungsregeln). Die Endoskopieräume gelten als Raumklasse II mit üblichen Anforderungen an die Keimarmut.

Liegt eine zentrale Versorgungsanlage mit Rohrleitungssystemen für medizinische Gase (Sauerstoff, Lachgas, Druckluft) und Vakuum vor, gilt DIN 13260, Versorgungsanlagen für medizinische Gase.

Literatur:

s.a. CD-ROM

[1] Brenner G, Bogumil W, Gastroenterologische Modellpraxis. Dtsch Ärztebl. (2000), B586–587

[2] Establishment of gastrointestinal endoscopy areas, ASGE Guidelines. Gastrointest Endosc. (1999), 50, 910–912

[3] Frankenberger H (1998), Richtlinien, DIN-Vorschriften. In: Philipp J, Allescher H D, Hohner R (Hrsg), Endoskopie: Struktur und Ökonomie, 3–12. Normed, Bad Homburg

[4] Mulder C J J, Tan A C T T L, Huibregtse K, Guidelines for designing an endoscopy unit: report of the Dutch Society of Gastroenterologists. Endoscopy. (1997), 29, Newsletter I–VI

[5] Renner F et al., Qualitätssicherung im Bereich der gastrointestinalen Endoskopie. Empfehlungen der Österreichischen Gesellschaft für Gastroenterologie und Hepatologie. Z Gastroenterol. (2000), 38, XXIV–XXXI http://www.oeggh.at

[6] Richtlinie Krankenhausinfektion, 8. Lfg. (April 1988). Kap. 4.3.4 Endoskopie. Anforderungen der Hygiene an die funktionelle und bauliche Gestaltung von Einheiten für die Endoskopie

[7] Zentrale Arbeitsgruppe der Fachgruppe Endoskopie im DBfK (1994). Endoskopie. Ein Leitfaden für Pflegeberufe. Kap. IV. Bau und Einrichtung von Endoskopieabteilungen. DBfK-Verlag, Eschborn

2.3 Apparative Ausstattung

Die Geräteausstattung ist ein bedeutsames Qualitätsmerkmal einer Endoskopieabteilung. Sie ändert sich im Laufe der Zeit häufiger als die räumliche Ausstattung. Die apparative Ausstattung einer Abteilung muss allen Mitarbeitern der Endoskopie bekannt sein.

Der Pool an Endoskopen und wieder aufbereitbarem Zubehör muss so groß sein, dass auch bei höherem Arbeitsaufkommen durch vorübergehende Abwesenheit von Endoskopen und Zubehör im Aufbereitungsprozess keine Engpässe im Arbeitsalltag auftreten.

Eine Auflistung von Endoskopen, wie sie für eine Endoskopieabteilung beispielhaft und nutzbar sein kann, findet sich auf der CD-ROM.

Es empfiehlt sich weiterhin, eine Liste des vorhandenen Zubehörs zu erstellen, mit der der aktuelle Bestand jederzeit verglichen und evtl. wieder aufgefrischt werden kann (s.a. Kap. 16.3). Diese Liste kann dann auch für die Einarbeitung neuer Mitarbeiter verwandt werden.

Notwendiger Ersatz von Verbrauchsartikeln muss für die reibungslose Fortsetzung von endoskopischen Maßnahmen immer vorhanden sein (z.B. Ersatzbirne für Kaltlichtquelle) bzw. bei absehbarem Verbrauch rechtzeitig nachbestellt werden (Lichtquellen für Videoendoskopie, Gasflaschen für Kohlendioxid und Argon für Lasertherapiegerät und Argon-Beamer).

Kommentar

Gastroskope, Koloskope, Duodenoskope und Bronchoskope müssen heute aus hygienischen und Arbeitsschutzgründen komplett tauchbar sein. Von allen Endoskopen muss der Arbeitskanaldurchmesser bekannt sein bzw. welches Zubehör mit welchem Endoskop kompatibel ist.

Jedes Gerät muss mit einer Gerätenummer unverwechselbar und dauerhaft markiert sein. Bei den Endoskopen dient dies zur unverwechselbaren Dokumentation. Bei Problemen jeder Art dient diese Nummer zur Identifizierung des jeweiligen Gerätes.

Die Medizintechnik führt gemäß Medizinprodukte-Betreiberverordnung ein Medizinproduktebuch zu diesen Gerätenummern.

2.4 Anforderungs- und Befunddokumentationsformulare

2.4.1 Anforderungsformulare für Endoskopien

Anforderungsformulare für endoskopische Untersuchungen im Krankenhaus sollten die nachfolgend aufgeführten Fakten enthalten [2]. Bei ambulanten Überweisungen liegt dem Untersucher oft nur ein Überweisungsformular mit der Fragestellung vor. Der Untersucher ist auch dann – meist im Rahmen des Aufklärungsgespräches – verpflichtet, die unten aufgeführten Daten zu erheben, um eine qualitätsgerechte Endoskopie durchführen zu können (s.a. Kap. 4.1.7).

Die Fülle der Angaben ermöglicht dem Untersucher einen raschen Überblick und eine schnelle Risikoeinschätzung des Patienten, wenn er den Patienten nicht genauer kennt. Ein solches Formular zwingt die Person, die das Einverständnis einholt, zur exakten Auseinandersetzung mit dem Fall.

Erforderliche Daten auf Anforderungsformularen für Endoskopien:

1. die unverwechselbaren Patientenstammdaten, bei ambulanten Patienten evtl. auch Telefonnummer des Patienten
2. Name/Kürzel des Indikationsstellers mit Daten der anfordernden Station/Arztpraxis samt Telefonnummer
3. die gewünschte diagnostische Untersuchung mit evtl. oder sicher erforderlicher therapeutischer Intervention
4. die Kennzeichnung als elektive oder Notfalluntersuchung
5. die eindeutige Indikation/Fragestellung
6. wichtige Begleit-/Vorerkrankungen, die für den Endoskopieverlauf von Bedeutung sein könnten (z.B. Myasthenie, andere neuropsychiatrische Erkrankungen, vorausgegangene maligne Erkrankungen, frühere Refluxanamnese bei Älteren etc.)
7. bestehende infektiöse Erkrankungen
8. Angaben über Allergien, besonders gegen Latex, Lokalanästhetika, Antibiotika, bei ERCP/PTC auch Kontrastmittel
9. vorausgegangene Operationen an den zu endoskopierenden Organen (z.B. Billroth II-Op vor ERCP)
10. Hinweise auf Risikofaktoren, also Herzinsuffizienz Stadium III/IV, KHK, schwere Aortenstenose, bedeutende pulmonale Erkrankung (s. Kap. 4.3)
11. Hinweise auf notwendige Endokarditisprophylaxe und evtl. bereits erfolgte Antibiotikagabe vor Endoskopie
12. bei potenzieller parenteraler Kontrastmittelgabe (ERCP/PTCD) Angaben über manifeste oder latente Hyperthyreose
13. Schrittmacher-/Cardioverter-Defibrillator-Trägerstatus
14. zu beachtende individuelle Besonderheiten, z.B. besondere Wünsche des Patienten bezüglich Sedierung/Rachenanästhesie, Polypektomie, Bluttransfusion (z.B. Zeuge Jehovas)
15. Hinweise zum Transport/Hilfsbedürftigkeit (gehend, liegend, hilfsbedürftig, bettlägerig)

Ein Teil der Daten wird auch in den kommerziell angebotenen und weit verbreiteten Aufklärungsbögen erfragt. Hier sollte jede Endoskopieabteilung ihre Anforderungsformulare so gestalten, dass es nicht zu einer unnötigen Wiederholung gleicher Fragen kommt.

2.4.2 Formulare für die Endoskopie-Befunddokumentation

Erforderliche Angaben auf Endoskopie-Befundformularen:

1. Endoskopie Nr. und Art der durchgeführten Endoskopie
2. Untersuchungsdatum
3. Patientenstammdaten
4. Name, Anschrift, Telefonnummer etc. der durchführenden Endoskopieabteilung/-Praxis
5. Präendoskopische/präinterventionelle Diagnose für die Endoskopie (ggf. ICD-Schlüssel)
6. Name des durchführenden Endoskopie-Arztes samt evtl. Supervisoren, wenn hinzugezogen.
7. Name/n des die Untersuchung begleitenden Assistenzpersonals
8. Dokumentation des Vorliegens und der Art des Einverständnisses (schriftlich/mündlich)
9. Dokumentation des/der benutzten Endoskope (Gerätenummer evtl. -typ)
10. Prämedikation/Sedierung mit Angaben aller verabreichten Medikamente, Dosen, Fraktionierung, auch Dokumentation von evtl. Sauerstoffgabe, Dokumentation der Uhrzeit bei Gabe von Antidots
11. Versorgung mit intravenösem Zugang,
12. Überwachungsmodalitäten (Pulsoxymeter, EKG-Monitor, RR-Messung, zweiter Arzt für Propofol etc.)
13. Art der durchgeführten Endoskopie samt exakter Beschreibung aller zusätzlichen diagnostischen und therapeutischen Techniken, ggf. samt OPS-Verschlüsselung
14. Anatomischer Endpunkt der Untersuchung mit Angabe des Grundes einer evtl. vorzeitigen Beendigung
15. Endoskopischer Befund (s.a. Kap. 13) mit Abschlussdiagnose (ICD-Schlüssel)
16. Nennung aller Biopsieorte und Biopsienzahl, Polypektomieorte etc., bei der Gastroskopie auch Daten zur Helicobacter pylori-Diagnostik
17. Intra- und postinterventionelle Komplikationen und alle erfolgten therapeutischen Maßnahmen zu ihrer Beherrschung
18. Anlageort der Neutralelektrode bei HF-Diathermie-Anwendung
19. bei Anwendung von Röntgenstrahlen Dokumentation der Durchleuchtungszeit, des Dosis-Flächen-Produktes, der KV-Stärke, der Zahl der gefertigten Dokumentationsaufnahmen und ggf. Röntgenformate
20. weitere erforderliche unmittelbare, u.U. auch abweichende Nachsorgemaßnahmen nach der Endoskopie (intensivmedizinische Überwachung, stationäre Aufnahme eines ambulanten Patienten, Operation etc.)
21. Endoskopiebeginn und -ende (Uhrzeit), Entlassungszeit bei ambulanten Patienten mit Sedierung und/oder Interventionen
22. Zustand des Patienten bei Verlassen der Endoskopieabteilung (Bewusstseinslage, Kreislaufsituation); bei ambulanten Patienten auch Zustand bei Verlassen der Praxis/des Krankenhauses, Umstände des Heimtransportes (allein, in Begleitung, mit Krankenwagen etc.)
23. Therapieempfehlung an den weiterbehandelnden Arzt, u.U. Kontrolluntersuchungsintervalle, weitergehende andere Untersuchungen, soweit sachlich erforderlich.

Die Punkte 1, 5, 9, 10, 15 und 17 müssen auch anonym für statistische Auswertungen gemäß der Empfehlung der BÄK erfasst werden, sodass sich eine Datenverarbeitung empfiehlt, die individuelle Falldokumentation und anonymisierte Dokumentation/Auswertung am einfachsten verknüpft (s. CD-ROM Empfehlung BÄK, Anlage 2).

Kommentar

Wenn die Anforderungsformulare auch für die Auswertung von Arbeitszeitabläufen benutzt werden, kann auch die Uhrzeit für Bestellung des Patienten, Ankunft, Endoskopievorbereitungszeit, Endoskopiebeginn, Endoskopieende, Endoskopienachbereitungszeit und Verlassen der Endoskopie vermerkt werden.

Die Fülle der notwendigen Angaben für die Anforderung und Befunddokumentation lassen es sinnvoll erscheinen, für Anforderung und Befund jeweils ein eigenes Formular zu verwenden.

Literatur:

[1] Oelckers M, Wurbs D (1999), Leitlinien gastroenterologischer Diagnostik, 2. Aufl. Schnetztor, Konstanz.

[2] Quality improvement of gastrointestinal endoscopy. ASGE Publication No. 1034. Gastrointest Endosc. (1999), 49, 842–844

2.5 Übriges Formularwesen, Versandmaterialien

Alle in einer Endoskopieabteilung verwendeten Formulare (Anforderungen, Befunddokumentation, Laboranforderungen, Pathologiescheine, Aufklärungsformulare, Begleitformulare für seltene Spezialuntersuchungen etc.) sollen in einem „Formularordner" mit letztem Datum ihrer Aktualität geordnet sein. Die verschiedenen Lagerungsorte für Formulare sollen ebenfalls aus dem Ordner hervorgehen, damit alle Formulare leicht auffindbar sind.

Dieser Ordner bildet eine mitgeltende Unterlage, auf die im abteilungseigenen Qualitätshandbuch verwiesen wird. Es muss klar geregelt sein, wie und von wem der Formularordner auf aktuellem Stand gehalten wird (z.B. leitende Assistenzkraft) und dass veraltete Formulare vernichtet werden. Die dafür zuständige Person ist auch für die Information der Mitarbeiter über aktuelle Änderungen im Formularwesen, z.B. in einer Qualitätszirkelsitzung, verantwortlich.

Beim Versand von Proben soll aus dem Ordner auch die Art und der Aufbewahrungsort der erforderlichen Versandmaterialien hervorgehen. Oft werden die Versandmaterialien von den Untersuchungsinstituten gestellt. Bei Materialversendungen mit Gefahrgut (Gewebeproben, Blut, Ausscheidungen, Körperflüssigkeiten etc.) sind die rechtlichen Bestimmungen zu beachten [2, 3].

Verpackungsvorschrift für Diagnostische Proben nach der multilateralen Vereinbarung zum ADR Nummer M 96 [3]:

- stabile Innenpackung (Probengefäß) <100 ml, flüssigkeitsdicht verschlossen
- stabile Ummantelung des Innengefäßes mit ausreichend saugfähigem Material bei flüssiger Probe
- zweite wasserdichte Außenverpackung (handelsüblich: Kunststoffgefäß mit Schraubdeckel)
- Außenverpackung (Versandhülle) aus stabilem Papier, Kunststoff oder Metall
- Sicherung der Innenverpackungen durch geeignete Polstermittel
- insgesamt nicht mehr als 500 ml Probenmaterial pro Außenverpackung
- Kennzeichnung des Versandstückes mit der Aufschrift „Diagnostische Proben"

Literatur:

[1] Deutsche Krankenhausgesellschaft (2001), Versand von diagnostischen Proben und anderen infektiösen Materialien. http://www.dkgev.de/1_org/org_185.htm (23.4.2002)

[2] Regelungen für die Postbeförderung von medizinischem und biologischem Untersuchungsgut im Inland, Tipps für Einlieferer der Deutschen Post AG. (Stand 02/1999), Deutsche Post AG

[3] Thurm V, Tschäpe H, Gefahrgutrechtliche Voraussetzungen für den Versand von Diagnostischen Proben, Bakterienkulturen u.a. infektiösen Materialien. Bundesgesundheitsbl – Gesundheitsforsch – Gesundheitsschutz. (2001), 44, 823–828

2.6 Berechtigungen, Unterschriftenregelungen

In jeder Abteilung muss die Zugangsberechtigung zu Daten und Befunden, auch im EDV-Bereich, derart geregelt sein, dass alle Bereiche nur für Befugte zugängig sind. Dies ist im EDV-Bereich durch entsprechende Passwörter etc. zu regeln und im abteilungseigenen QHB ebenso festzuhalten wie die Mittel zur Überprüfung der Einhaltung dieser Maßnahmen.

In sehr großen Abteilungen sind u.U. Handkürzel-/Unterschriftenlisten erforderlich, um nachvollziehen zu können, wer für den jeweiligen Vorgang verantwortlich gezeichnet hat (z.B. Arzt für Indikationsstellung einer Endoskopie, Schwester für Vollständigkeit der Unterlagen, Endoskopieschwester für Durchführung der Geräteaufbereitung). Es muss ebenfalls geregelt sein, wer solche Handkürzellisten wie und wann aktualisiert (z.B. bei Neueinstellung/Ausscheiden von Mitarbeitern und regelmäßigen Routinekontrollen). Die Ablage von Handkürzellisten empfiehlt sich entweder im Formularordner oder in einem eigenen Dokumentenarchiv.

3 Allgemeine Leitlinien für die Endoskopie-abteilung

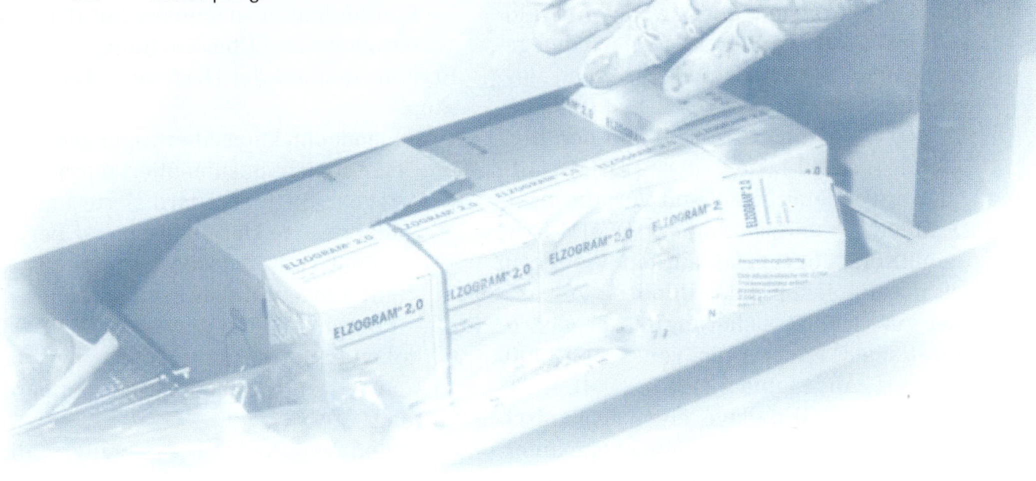

3 Allgemeine Leitlinien für die Endoskopieabteilung

3.1 Hygiene in der Endoskopie

3.1.1 Vorbemerkungen – Hygieneplan

In jeder Endoskopieabteilung muss gemäß § 9 der Unfallverhütungsvorschrift Gesundheitsdienst BGV C8 (VBG 103) ein Hygieneplan erstellt sein. Er ist mitgeltendes Dokument des Qualitätshandbuches. Aus ihm müssen die Richtlinien für Hände- und Hautdesinfektion, Raum- und Flächendesinfektion, Reinigungsverfahren, Geräte- und Zubehöraufbereitung, Schutz vor infektiösem Material, Entsorgung desselben, aber auch von nicht-infektiösem Abfall und Schmutzwäsche hervorgehen. Der Hygieneplan muss für alle Beschäftigten einschließlich der Reinigungskräfte jederzeit verfügbar und einsehbar sein und als strikte Handlungsrichtlinie dienen. Er richtet sich einerseits nach den individuellen Anforderungen der jeweiligen Endoskopieabteilung, andererseits nach den gesetzlichen Vorschriften [12], den Vorschriften des Robert Koch-Institutes [2, 37–40, 48, 49 und CD-ROM] und den Desinfektionsmittel-Listen der DGHM [10]. Alle verwendeten Mittel und Verfahren zur Desinfektion müssen von der DGHM bzw. dem RKI [2, 26] zugelassen sein. Weiterhin gilt die Empfehlung der Bundesärztekammer zur Qualitätssicherung in der gastrointestinalen Endoskopie von 1999/2000, Anlage 1, Abs. 3 und 4 (s. CD-ROM).

Wichtigste Grundlage einer hygienisch einwandfrei arbeitenden Endoskopieabteilung ist die qualifizierte Hygieneausbildung des Endoskopieassistenzpersonals und die konsequente Umsetzung des Hygieneplans.

Für alle verwendeten Endoskopiegeräte und Zubehör müssen vom Hersteller Empfehlungen für eine adäquate Wiederaufbereitung vorliegen, denen Folge zu leisten ist. Alle Endoskope müssen voll tauchbar sein.

Struktur-, Prozess- und Ergebnisqualität der Hygiene in der Endoskopie

Strukturqualität der Hygiene in der Endoskopie:

- personelle Struktur (Hygienefachkraft, Hygiene-beauftragter Arzt, Hygienekenntnisse aller Mitarbeiter)
- Ausstattung (Reinigungs- und Desinfektionsmittel, Sterilisator, RDG-E, Wannen für Geräteaufbereitung etc.)

Prozessqualität der Hygiene in der Endoskopie:

- festgelegte Arbeitsabläufe und Sicherheitsmaßnahmen nach Hygieneplan bei Endoskopie, Aufbereitung etc.
- festgelegte Korrekturmaßnahmen bei Kontaminationsnachweis bei der bakteriologischen Überwachung

Ergebnisqualität der Hygiene in der Endoskopie:

- fehlende Infektionsübertragungen durch Endoskopien, dokumentiert durch
  - regelmäßige standardisierte und validierte bakteriologische Überwachung von Endoskopen und RDG-E mit einwandfreien Ergebnissen
  - Komplikationsstatistik
- dokumentierte Protokollierung der Geräte- und Zubehörwiederaufbereitung

Die routinemäßige Überwachung, aber auch die Betreuung für Problemfälle erfolgt im Krankenhaus in der Regel durch die Hygienefachpflegekraft und den Hygiene-beauftragten Arzt. Hygiene-beauftragter Arzt und Hygienefachpflegekraft müssen benannt sein. Sie sind eingebunden in das Qualitätsmanagement der Endoskopieabteilung, u.a. durch Teilnahme an hygienerelevanten Qualitätszirkelsitzungen und wesentliche Mitgestaltung der Struktur- und Prozessqualität der Hygieneaspekte in der Endoskopieabteilung. In der Praxis ist in der Regel der Praxisinhaber auch für die Hygiene verantwortlich.

Die nachfolgenden Bemerkungen sollen keinen Hygieneplan ersetzen, aber auf einige wesentliche Gesichtspunkte hinweisen. Als Beispiel für einen Hygieneplan sei z.B. auf den Erlanger Hygieneplan von K. Euler verwiesen [14].

3.1.2 Räumliche Voraussetzungen

Untersuchungs- und Aufbereitungsräume sollen voneinander getrennt, aber möglichst unmittelbar benachbart sein. Aufbereitungsräume sollten so beschaffen sein, dass der Zugang mit kontaminiertem Material und das Verlassen mit dekontaminiertem Material ohne „Begegnungsmöglichkeiten“ gewährleistet sind. „Reine“ und „unreine“ Arbeitsflächen und -bereiche müssen in der Aufbereitungszone räumlich und prozessmäßig klar getrennt sein, sodass „reine“ Arbeitsbereiche nicht versehentlich kontaminiert werden können. Ideal sind Waschvollautomaten, die von der „kontaminierten“ Arbeitsseite bestückt und von der „sauberen“ Seite entleert werden können. Solche Idealbedingungen sind aber oft aus räumlichen oder auch finanziellen Gründen nicht erreichbar. Trotzdem ist auch unter einfacheren Bedingungen die effektive Beachtung hygienischer Grundregeln möglich, z.B. indem kontaminiertes Material in Behältern zur Aufbereitung gebracht wird, die während des Transportes eine Spritz- oder Kontaktkontamination verhindern. Für kontaminiertes Material müssen Möglichkeiten zur kurzfristigen sicheren Lagerung vorhanden sein.

In Aufbereitungsräumen kleiner Endoskopieeinheiten muss eine einzelne Assistenzkraft mit allem Instrumentar ohne Beengung arbeiten können, in größeren Endoskopieeinheiten sollte dies für zwei Personen möglich sein und erfordert dann ca. 15–18 m^2 Grundfläche.

Waschbecken sollten aus V2A-Stahl sein und nicht aus Porzellan, das durch evtl. Schäden der glasierten Oberfläche ungünstige Reinigungsbedingungen bietet. Alle Oberflächen, die zur Reinigung etc. benutzt werden, müssen nach § 12 BGV C 8 (VBG 103) desinfizierbar sein.

Sofern manuell unter Anwendung von Glutaraldehyd 2% gereinigt und desinfiziert wird, muss durch adäquate Be- bzw. Entlüftungssysteme ein optimaler Schutz des Assistenzpersonals vor unerwünschten Wirkungen (Allergien, Dermatitis, Konjunktivitis, Rhinitis, Asthma etc.) erzielt werden. Die offene Anwendung aldehydischer Desinfektionsmittel erfordert eine ausreichende Lüftung [45].

In Untersuchungs- und Aufbereitungsräumen müssen Waschbecken mit Seifen-, Desinfektionsmittelspendern und Einmalhandtüchern und Handpflegemitteln vorhanden sein. Die Spender und Wasserarmaturen müssen in Bereichen erhöhter Infektionsgefährdung ohne Berührung mit der Hand bedienbar sein. Schließlich muss für die Beschäftigten nach § 14 BGV C 8 (VBG 103) eine gesonderte, für Patienten nicht zugängliche Toilette zur Verfügung stehen.

3.1.3 Desinfektion von Haut, Oberflächen und Mobiliar (A-E)

Hierzu sollten nur anerkannte Desinfektionsmittel und -verfahren eingesetzt werden aus den Listen der DGHM [10]. Die vom Hersteller angegebenen Einsatzkonzentrationen und Einwirkzeiten sind zu beachten und sollen im Hygieneplan zusammen mit der Art der Anwendung konkret aufgeführt sein. In folgenden Situationen ist eine hygienische Händedesinfektion erforderlich [nach 16]:

- vor und nach endoskopischen Untersuchungen
- nach Kontakt mit kontaminiertem Material wie Blut, Sekreten, Exkreten von Patienten
- nach der Endoskop- und Zubehöraufbereitung
- nach der Flächendesinfektion

Hygienische Händedesinfektion

Auszug aus [16, Kap. 3.1]: *„Das zumeist alkoholische Präparat wird über sämtliche Bereiche der trockenen Hände unter besonderer Berücksichtigung der Innen-/Außenflächen einschließlich Handgelenke, Flächen zwischen den Fingern, Fingerspitzen, Nagelfalze und Daumen eingerieben und für die Dauer der Einwirkzeit“ (bei den meisten Präparaten lt. RKI-Liste 30 Sek) „feucht gehalten“. „Bei massiver bzw. sichtbarer Kontamination und bei Kontamination mit Tuberkulosebakterien ist die Desinfektion zweimal durchzuführen.“*

Eine sterile Arbeitsweise mit steriler Patientenabdeckung und chirurgischer Händedesinfektion sowie Einkleidung des Untersuchers mit sterilem Kittel, Mundschutz, Op-Haube in der Endoskopie ist erforderlich bei:

- PTC/D
- Laparaskopie
- PEG (der nichtendoskopierende Arzt)
- Einlage von perkutanen Drainagen

Chirurgische Händedesinfektion

Auszug aus [16, Kap. 3.3]: *„Fingernägel müssen kurz und rund geschnitten sein. Es dürfen keine Nagelbettverletzungen oder entzündliche Prozesse vorhanden sein. Ausschließlich Nägel und Nagelfalz sollen bei Bedarf mit weicher (!), thermisch desinfizierter Kunststoffbürste und hygienischem Handwaschpräparat gereinigt werden. Bürsten der Hände und Unterarme ist wegen Hautirritation und höherer Keimabgabe zu unterlassen. Armaturen und Spender dürfen nicht über Handkontakt bedient werden. Hände und Unterarme werden bis zum Ellenbogen mit nach oben gerichteten Fingerspitzen und tief liegendem Ellenbogen während etwa 1 Min mit einem Handwaschpräparat gewaschen. Länger dauernde Händewaschungen sind abzulehnen (...).“*

„Nach Abtrocknen mit einem keimarmen Einmalhandtuch wird die Händedesinfektion durchgeführt. Während der vom Hersteller der Präparate angegebenen Einwirkungszeit (meist 3–5 Min) müssen Hände und Unterarme vollständig mit Desinfektionsmittel benetzt sein. Eine Händetrocknung danach ist mit Rekontaminationsrisiko verbunden und nicht erforderlich (falls

Abb. 3.1: Waschplatz in der Endoskopie mit Seifen- und Desinfektionsmittelspender, Einmalhandtüchern, Abwurf, Waschanleitung (Kreis) und handfrei bedienbarer Armatur.

jedoch gewünscht, nur mit sterilem Tuch zur Einmalbenutzung); allerdings müssen die Hände vor dem Anlegen der Op.-Handschuhe lufttrocken sein, um Hautschäden vorzubeugen und die Integrität des Op.-Handschuhs nicht zu gefährden."

Zur Qualitätssicherung der Händedesinfektion sollen die Durchführungsempfehlungen gut wahrnehmbar und lesbar im Waschbereich angebracht sein.

Zur Vermeidung von Hautschäden durch die wiederholte Anwendung von Desinfektionslösungen muss für eine ausreichende Hautpflege mittels Hautpflegemitteln gesorgt werden.

Für die Konzentration der Flächendesinfektionsmittel ist der 1-Stundenwert in der Regel ausreichend.

3.1.4 Reinigung, Desinfektion von Endoskopen und Zubehör (E)

Für die Wiederaufbereitung von Endoskopen und Zubehör empfiehlt sich ein Vorgehen nach den Richtlinien der DGVS [41] und des RKI (s. CD-ROM), die entsprechend den individuellen Gegebenheiten in den jeweiligen Hygieneplan eingearbeitet werden. Alle Einzelschritte der Aufbereitung eines jeden Medizinproduktes müssen schriftlich festgelegt, valide, reprodu-

Tabelle 3.1
Gesichtspunkte für eine Verfahrensanweisung für die Endoskopaufbereitung

Problem	Festzulegende Kriterien
Übergabe des Endoskops von Arzt an Assistenz	Ohne Umgebungskontamination. Wo unproblematische, **kurzfristige** Ablage des Endoskops, wenn nötig?
Vorreinigung der Kanäle	Unmittelbar nach Anwendung Spülung des Luftkanals, Durchsaugen des Arbeitskanals (Benennung der Reinigungslösung und Konzentration)
Externe Grobreinigung	Einmaltuch für Schaft
Dichtigkeitstest	Vor Wässerung des Endoskops
Transport zur Aufbereitung	Regelung einer Kontaminationsvermeidung
Bürsten der Kanäle und des Distalendes	Unter Wasser!
Desinfektion	RDG-E: Angaben zu Reiniger, Desinfektionsmittel, Reinigungsprogrammen Manuell: genauer Plan
Abschlussspülung	RDG-E/manuell: genaue Vorgaben
Trocknung [1, 14, 16, 27, 37]	manuell mit Druckluft 0,5 bar, Filter/RDG-E: Antrocknung bei Gebrauch innerhalb 2 Stunden Lange Trocknung bei Gebrauch nach mehr als 2 Stunden Alternative: Spülung mit Ethanol 70% und Druckluft
Lagerung	Möglichst hängend, ohne Kontaminationsgefahr
Gesamte Aufbereitung und dokumentierte Freigabe am Aufbereitungsende [2]	Protokollierung mit Handzeichen

Abb. 3.2: Reinigungs- und Desinfektionsautomat (RDG-E) mit Anleitung im Wandhängeordner und Hygienehandbuch.

zierbar und in ihrem Erfolg nachvollziehbar dokumentiert sein [2].

Der Moment unmittelbar nach Beendigung der Endoskopie ist u.U. problematisch, wenn eine *einzelne* Assistenzkraft sowohl den Patienten betreuen als auch gleichzeitig das kontaminierte Gerät entgegennehmen muss. Hier muss in jeder Abteilung eine Regelung über eine exakte hygienisch einwandfreie Umgangsweise mit dem Endoskop festgelegt werden, die die Patientenbetreuung nicht außer Acht lässt.

Für die fachgerechte Bedienung eines Waschvollautomaten/RDG-E muss ein Handbuch existieren und jederzeit greifbar sein.

Das Assistenzpersonal muss in die Handhabung des Waschautomaten und den Gesamtvorgang der Aufbereitung qualifiziert eingewiesen sein. Der validierte Maschinenaufbereitungsprozess mit programmierten Arbeitsabläufen, in Kombination mit in Fachgutachten zugelassenen und vom Hersteller empfohlenen Reinigern und Desinfektionsmitteln, darf nicht verändert werden, wenn nicht die hygienische Sicherheit gewährleistet ist.

Über alle durchgeführten Arbeitsgänge jeder Aufbereitung muss Protokoll geführt werden samt namentlicher Nennung der ausführenden Person (auf der CD-ROM findet sich ein „Tagesprotokoll“ unserer Klinik). Einzelne RDG-E-Hersteller bieten bereits eine elektronische Protokollierung der Aufbereitungsschritte innerhalb des Waschautomaten an. Die Schlussfreigabe erfolgt aber nicht durch einen RDG-E, sondern durch eine qualifizierte Person!

Für alle bei der Aufbereitung verwandten Reinigungs- und Desinfektionsmittel gilt es, die Angaben des Herstellers bezüglich Einwirkzeit, Temperatur und Konzentration zu beachten.

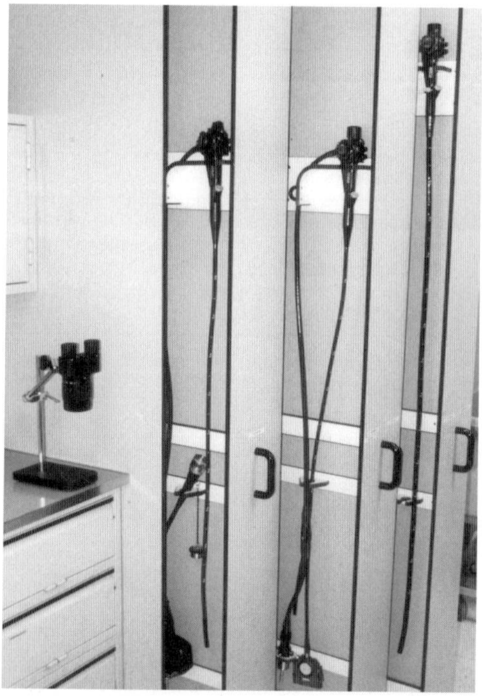

Abb. 3.3: Günstigste Endoskoplagerung: Hängend im ausziehbaren Schrank.

Für die manuelle chemische Desinfektion mit Glutaraldehyd 2% wird eine Mindesteinwirkzeit von 10 Minuten [6, 45] empfohlen, die ASGE fordert 20 Minuten, da dann z.B. auch Tuberkelbakterien in größerer Anzahl vernichtet werden [18, 46]. Dies kann insbesondere von Bedeutung sein, wenn in der gleichen Aufbereitungswanne auch Bronchoskope gereinigt werden, die bei Tuberkulosepatienten eingesetzt werden.

Nach dem letzten Tageseinsatz sollen die voll getrockneten Endoskope möglichst hängend, aber auf jeden Fall vor Staub, Kontamination und Feuchtigkeit geschützt, gelagert werden. Sie sollen, ebenso wie Zubehör und Lagerbestände, in geschlossenen Schränken oder in kontaminationssicheren Räumen aufbewahrt sein.

3.1.5 Wasser für die Aufbereitung (E)

Für das Spülen nach Reinigung und Desinfektion reicht in der Regel Wasser mit Trinkwasserqualität. Das Wasser darf nicht zu hart sein, damit keine Mineralfilme auf den Geräteoberflächen entstehen. Andernfalls muss ein Wasserenthärter verwendet werden. Für RDG-E werden von den Herstellern entsprechende VE-Filter bereitgehalten. In Krankenhäusern, bei denen das Wasser aus einer Umkehr-Osmoseanlage bezogen wird, sind diese nicht erforderlich. Für RDG-E soll das verwandte Wasser nicht nur von niedriger Härte, sondern auch „ultrasauber" und somit komplett frei von Pseudomonas aeruginosa sein und weniger als 10 opportunistische Mikroorganismen/100 ml bei 22/37 °C aufweisen [45].

Für wieder aufbereitbares Endoskopiezubehör, das aus Materialbeständigkeitsgründen nicht resterilisierbar ist, aber durch Blutkontakt, Mukosaverletzungen oder Eindringen in sterile Hohlräume höchsten Desinfektionsmaßstäben genügen muss, ist für die Schlussspülung steriles Wasser zu verwenden.

3.1.6 Sterilisation und Lagerung von Zubehör (E)

Für jeden wiederaufbereitbaren Zubehörartikel muss ein exaktes Protokoll bezüglich aller Aufbearbeitungschritte (äußerliche Reinigung, Zerlegung, Ultraschallbad etc.) existieren. Wieder aufzubereitendes Zusatzinstrumentar, das mit Blut in Berührung kommt bzw. zur Verletzung der Schleimhäute führt (Biopsiezangen, Dilatationsballons etc.) oder in sterile Hohlräume eingeführt wird (ERCP-Zubehör, perkutanes Cholangioskop etc.), muss sterilisiert werden (s. CD-ROM: RKI Empfehlung-Hygiene). Dabei sind die Empfehlungen der Hersteller einzuhalten.

Sterilgut muss vor Staub und Feuchtigkeit geschützt und getrennt von Nicht-Sterilgut gelagert werden. Doppelt verpackt kann es bis zu sechs Monaten in Schränken oder Schubladen gelagert werden. Danach muss eine Neuverpackung und Resterilisiation erfolgen. Das Sterilisationsdatum muss auf der Verpackung dokumentiert sein. Nicht waschautomatenfähiges bzw. nicht autoklavierbares Instrumentar (pH-Metrie-Sonden, Manometriesonden etc.) wird nach Herstellerangaben gereinigt, desinfiziert und anschließend aufbereitet. Dabei ist zu beachten, dass Reinigungslösungen wegen der Gefahr der Luftblockade nicht schäumen dürfen.

3.1.7 Einmalartikel (E)

Grundsätzlich werden Produkte, die vom Hersteller als Einmalartikel ausgewiesen sind, auch nur als solche verwandt, es sei denn, es liegen vom Hersteller Anweisungen vor, die eine sachlich und preislich sinnvolle und qualitätsgerechte Resterilisation erlauben. Solche Anweisungen sind aber kaum vorhanden. Eine andere Mög-

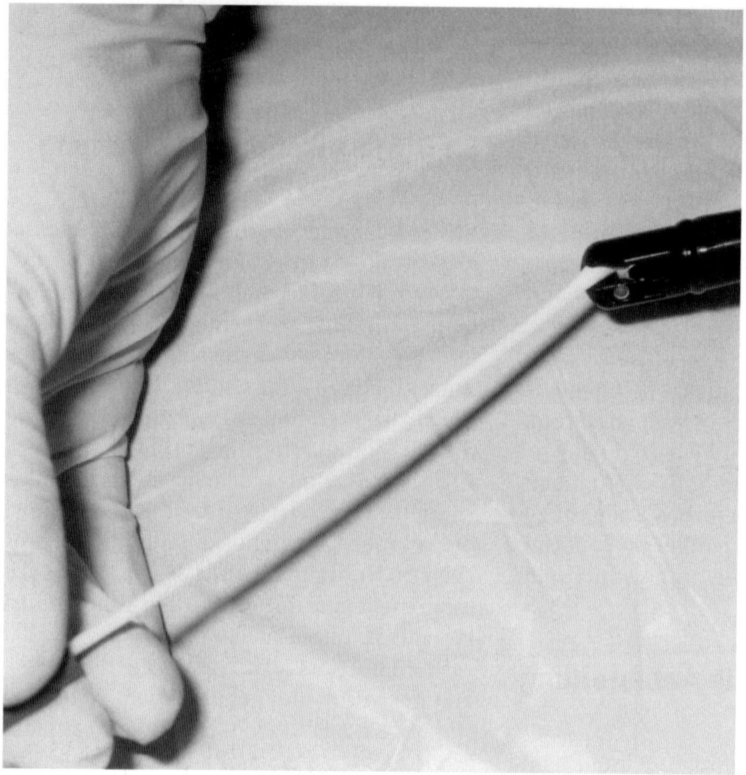

Abb. 3.4: Hygienekontrolle: Hier Tupferabstrich hinter dem Albaranhebel, der kritischsten Stelle des Duodenoskops (Fujinon Duodenoskop ED 450 XT).

lichkeit ist die qualifizierte standardisierte und validierte Wiederaufbereitung durch eine Wiederaufbereitungsfirma [2, 3, 11]. Dabei gelingt allerdings die qualitätsgerechte Wiederaufbereitung oft nur ein- bis zweimal für den jeweiligen Artikel.

3.1.8 Qualitätskontrolle der Endoskopdesinfektion, Ergebnisqualität der Aufbereitung (E)

Die Qualität der Aufbereitung muss durch die Hygienefachkraft oder – wie im ZKR – nach vorausgegangener Schulung durch das Endoskopieassistenzpersonal vierteljährlich bakteriologisch untersucht werden [39, 49, s.a. CD-ROM]. An aufbereiteten Endoskopen erfolgt die Anlage von Bakterienkulturen vom Außenmantel am Distalende, von Spülflüssigkeit mit 20 ml steriler NaCl-0,9%-Lösung aus Saug-/Biopsie- und Luft-Wasserkanal, Tupferabstrichen von Ventilen und Ventileinsätzen, von einem sterilen durch den feuchten Arbeitskanal gezogenen Schaumstoffstück in Nährmedium (so genannter „Schwämmchentest") und beim Duodenoskop noch von Tupferabstrichen hinter dem Albaranhebel.

Leider sind die Kontrolluntersuchungen nicht standardisiert. Eine mögliche praktische Vorgehensweise findet sich z.B. bei C. Höller et al. [17] oder Leiss und Exner [25, Tabelle 3.2]. Zusätzlich fordert das RKI eine Untersuchung aus dem Optikspülsystem [49 und CD-ROM]. Die jeweiligen Ergebnisse aller hygienischer Verfahrenskontrollen in der Endoskopie müssen protokolliert und 30 Jahre archiviert werden [3, 27]. Bei den Waschautomaten erfolgt ebenfalls vierteljährlich die bakteriologische Untersuchung des letzten Spülwassers. Bakteriologisch nicht einwandfreie

Tabelle 3.2
Bakteriologische Qualitätskontrolle von Endoskopen, nach [25]

Probenentnahme
• 20 ml sterile 0,9%-NaCl-Lösung zum Durchspülen von Instrumentier-, Absaug-, Luft-Wasser-Kanal • Durchspülflüssigkeit aus Absaugkanal in sterilem Trachealsekret-Absaug-Set auffangen • Durchspülflüssigkeit aus den anderen Kanälen in sterilen 50-ml-Röhrchen auffangen (z.B. Urin-Kultur-Box) • Kühlung des Probentransports • Probenverarbeitung möglichst innerhalb von 12 Stunden nach Probenentnahme
Labormethodik
• Gesamtkeimzahlbestimmung mit Agargussverfahren (Keimzahlagar Firma Biotest) • Membranfiltration von jeweils 10 ml Durchspülflüssigkeit • Bebrütung des Membranfilters • Differenzierung von angezüchteten Keimen
Qualitätsstandard
• Für Gastroskop und Koloskop: Gesamtkeimzahl < 10 KBE/ml (Agar) und < 50 KBE/10 ml (Membranfilter) • Für Duodenoskop: 0 KBE/ml (Agar) und < 5 KBE/10 ml (Membranfilter) • Für alle Endoskope: kein Nachweis von Pseudomonas, anderen Nasskeimen, E. Coli, Enterobacteriaceae, Enterokokken, Staph. Aureus

Ergebnisse verpflichten zu sofortiger Kontrolle, Fehlersuche und Fehlerbehebung. Bei Kontaminationen sind Hygienefachkraft und leitender Arzt der Endoskopie zu verständigen (E/SSt-Hygienefachkraft).

3.1.9 Vorgehen bei Kontamination von aufbereiteten Endoskopen (E, SSt-Hygienefachkraft)

Der leitende Arzt der Endoskopieabteilung und die Hygienefachkraft sind sofort zu informieren. Das Endoskop darf nicht mehr eingesetzt werden. Es soll zunächst mit einem alkalischen nicht-aldehydischen Enzymreiniger 5 bis 15 Minuten gereinigt und anschließend 20 bis 60 Minuten desinfiziert werden. Ist dann die Kontamination immer noch nachweisbar, muss das Endoskop dem Hersteller zugesandt werden zur weiteren Untersuchung und ggf. Reparatur [45].

3.1.10 Vorgehen bei Kontamination des Waschvollautomaten (E, SSt-Hygienefachkraft)

Der leitende Arzt der Endoskopieabteilung und die Hygienefachkraft sind sofort zu informieren. Der RDG-E darf nicht mehr eingesetzt werden. Der Bakterienfilter muss ausgetauscht werden. In Anlagen mit thermischer Desinfektion muss ein Defekt in diesem Bereich des Automaten eruiert werden. Bei Vorhandensein einer Umkehr-Osmose- und Sterilwasser-Anlage muss auch diese überprüft werden.

Anschließend muss gemäß Herstellerempfehlungen ein Selbstdesinfektionswaschgang ohne Endoskope vorgenommen werden. Vor neuem Einsatz der Waschmaschine muss der Erfolg aller Maßnahmen geprüft werden [45]. Bei Erfolglosigkeit aller Maßnahmen ist der Hersteller zu Rate zu ziehen.

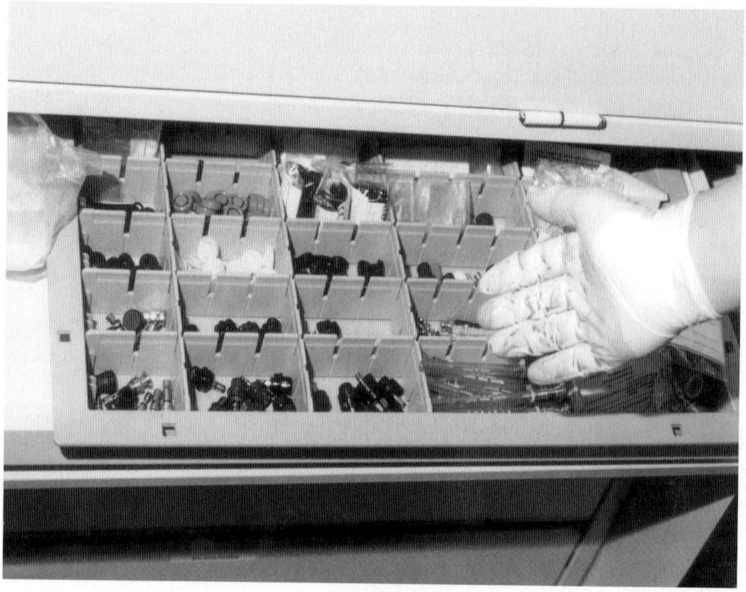

Abb. 3.5: Auch wenn es schnell gehen soll: Ein Griff in die Endoskopieschublade mit kontaminierten Händen/Handschuhen ist nicht erlaubt!

3.1.11 Kleidung in der Endoskopieabteilung (A-E)

Als Schutzkleidung müssen bei der Endoskopie Einmal-Plastikschürzen oder alternativ wasserdichte wieder aufbereitbare Kittel, am besten mit elastischen Bündchen, getragen werden. Diese werden nach jeder Untersuchung gewechselt [31] (s. CD-ROM: RKI Empfehlung–Hygiene).

Kontaminierte Arbeitskleidung ist sofort nach Abschluss der aktuellen Endoskopie zu wechseln. Verunreinigte Röntgenschürzen sind sofort nach der Untersuchung mit Ethanol 80% zu reinigen.

Bei jeder Vorbereitung, Durchführung und Nachbereitung einer Endoskopie und beim Umgang mit kontaminiertem Material jeder Art sind Einmal-Schutzhandschuhe zu tragen, die sofort nach Beendigung des Arbeitsganges vernichtet werden.

Ist man während einer Endoskopie gezwungen, Arbeitsmaterialien aus anderen Bereichen (Schränken, Schubladen) zu beschaffen, müssen zuerst die aktuell benutzten Schutzhandschuhe abgelegt und später bei Fortsetzung der Endoskopie wieder neue Schutzhandschuhe angezogen werden.

Bei Gefahr durch spritzende Kontaminationen oder Tröpfcheninfektionen müssen Helme mit Visier, Schutzmasken mit und ohne Visier und die Maske P3 (Tuberkuloseschutzmaske) zur Verfügung stehen.

Für die Schutzkleidung bei der Aufbereitung sei auf die CD-ROM (RKI Empfehlung–Hygiene) verwiesen.

3.1.12 Reinigung zwischen zwei Endoskopien (E)

Nach jeder Gastroskopie/ERCP wird der Nässeschutz gewechselt. Kommt es im Rahmen einer Gastroskopie zu geringen Kontaminationen der Untersuchungsliege oder anderen Gegenständen der Umgebung, so werden diese mechanisch entfernt/weggewischt, es erfolgt eine anschließende Wischdesinfektion mit DGHM-gelistetem Flächendesinfektionsmittel. Nach jeder Koloskopie wird auch immer zusätzlich die Unterlage wischdesinfiziert.

Kommt es zu erheblichen Verunreinigungen (z.B. Hämatemesis), so erfolgt eine desinfizierende Zwischenreinigung des Fußbodens bzw. eine Flächendesinfektion der kontaminierten Oberflächen.

3.1.13 Endoskopieabfolge unter hygienischer Sicht (E/A)

Endoskopien werden so durchgeführt, dass im gleichen Arbeitsraum die „sterileren" Eingriffe (Laparaskopie, ERCP o.Ä.) vor den „unsauberen" Eingriffen (insbesondere Koloskopie) erfolgen.

3.1.14 v/Creutzfeldt-Jakob-Krankheit (A-E)

Aus Gründen der fehlenden Dekontaminationsmöglichkeiten von Endoskopen nach Einsatz an v/CJD-Erkrankten und damit des totalen Geräteverlustes ist jede Endoskopie bei v/CJD-Patienten absolut überdenkenswert. Ist eine Endoskopie bei v/CJD-Erkrankten unumgänglich, können Endoskope über das Creutzfeldt-Jakob-Leihgeräteprogramm der Universität Göttingen in Zusammenarbeit mit Fujion angefordert werden; Ansprechpartner ist Dr. W. Schulz-Schaeffer, Tel. 0511/39 27 00 [49].

Kontaminationen von Flächen mit Geweben/infektiösen Sekreten v/CJD-Erkrankter werden mit Natriumhypochlorit-Lösung 2,5% desinfiziert.

Kommentar

Die Leitlinien für die Hygiene spezieller endoskopischer Bereiche sind nicht durch empirische Untersuchungen an Patienten, sondern durch bakteriologische Untersuchungen an Endoskopen belegt. Für viele Testverfahren sind keine einheitlichen Standards vorhanden. Alle publizierten Fälle von Infektionsübertragungen zeigen grobe Verstöße gegen die herrschenden Desinfektions- und Sterilisationsmaßnahmen, insbesondere zu kurze Einwirkzeiten oder fehlende Sterilisation von Zubehör [4, 5, 19, 43, 44]. Andererseits muss man sicher davon ausgehen, dass viele Fälle von Infektionsübertragungen durch die Endoskopie nicht publiziert oder auch gar nicht erkannt werden. So besteht das Dilemma, aus schwachen klinischen Daten und im Wesentlichen In-vitro-Erkenntnissen einen möglichst sicheren, aber auch ökonomischen Aufbereitungsprozess festzulegen. So ist für die mangelhafte Schlusstrocknung von Endoskopen bewiesen, dass es über Nacht zu einer erneuten Verkeimung ursprünglich keimfreier Geräte kommen kann [15]. Ob jedoch die kosten- und arbeitsintensive morgendliche erneute Desinfektion aller einzusetzenden Endoskope tatsächlich Infektionsübertragungen verhütet, ist nicht durch Untersuchungsergebnisse belegt, wird aber z.B. von der BSG [6] und ESGE/ESGENA gefordert. Einen Kompromiss könnte die vorgeschlagene Vorgehensweise von Muscarella [29] darstellen, grundsätzlich für eine konsequente Schlusstrocknung bei letztmaligem Gebrauch eines Endoskopes an jedem Arbeitstag zu sorgen und die morgendliche Desinfektion vor Erstgebrauch dann durchzuführen, wenn Zweifel bestehen, ob ein Endoskop am Vortag nach allen erforderlichen Grundsätzen einschließlich der Trocknung und sachgemäßen Lagerung aufbereitet wurde, bzw. wenn ein Endoskop nass oder inkorrekt gelagert aufgefunden wird.

In Österreich hat der Gesetzgeber ohne Rücksprache mit Experten die Automatendesinfektion zum Standard erhoben und die manuelle Desinfektion nur in Ausnahmefällen erlaubt. Ähnlich äußert sich die AWMF-Leitlinie [3]. Eine Automatendesinfektion gewährleistet zwar eine höhere und zunehmend gesicherte Konstanz des Reinigungs- und Desinfektionsvorgangs, hat aber ihre eigenen Probleme, insbesondere die Verkeimung des Waschmaschinenwassers und die nicht immer 100%ige Kompatibilität von Endoskopkanalsystem und Maschinenreinigung [6, 46]. Somit gelten manuelle und maschinelle Aufbe-

reitung – auch nach der Empfehlung der Bundesärztekammer (s. CD-ROM) – bezüglich des Ergebnisses noch als ebenbürtig, wobei die toxische Belastung für das Personal bei der Maschinenaufbereitung deutlich geringer ist.

In den westlichen Ländern wird zunehmend die Verwendung von Einmalartikeln propagiert, obwohl bis heute keine Untersuchung gezeigt hat, dass durch resterilisierbare, wieder verwendbare Artikel bei sachgemäßer Wiederaufbereitung häufiger Infektionen auftreten, bzw. eine sichere Aufbereitung wieder verwendbarer Artikel problematisch ist [20,23,30]. Die Resterilisiation von Zubehör, das für den Einmalgebrauch deklariert ist, ist wahrscheinlich möglich. Die ESGE/ESGENA lehnt dies zwar ausdrücklich in ihrer letzten Hygieneempfehlung ab, aber einzelne Studien [21, 22] haben die grundsätzliche, soweit beurteilbar, auch verantwortbare Möglichkeit ergeben. In Deutschland gibt es einzelne zertifizierte Firmen für die Wiederaufbereitung von Einmalartikeln. Die BSG hält unter Beachtung der Forderungen der Working Party (kein Funktionsverlust, standardisiertes validiertes sicheres Verfahren und individuelle Protokollierung jeder Aufbereitung) eine Wiederaufbereitung von Einmalartikeln für möglich [35]. Das RKI [2] verweist sogar ausdrücklich auf entsprechende Empfehlungen der FDA. Somit ist weder hinsichtlich der allgemeinen Verwendung von wieder verwendbarem Zubehör noch der qualifizierten Wiederaufbereitung von Einmalartikeln das letzte Wort gesprochen [47].

Gegen die grundsätzliche Verwendung von Einmalartikeln sprechen im Wesentlichen ökonomische Gründe [8, 33, 34], aber natürlich auch das Problem der Abfallbeseitigung und der Ressourcenverschwendung [21].

Die Hygiene ist ein Thema, das von Ärzten oft sehr stiefmütterlich behandelt wird. Auch der Arzt ist gehalten, sich über den neuesten Stand der Wissenschaft und die Empfehlungen der Fachgesellschaften zu informieren. Spätestens bei der Einrichtung der eigenen Endoskopiepraxis wird oft die Relevanz klar. Die Hersteller von Reinigungs- und Desinfektionsmitteln stehen den Anwendern gern beratend zur Seite.

Literatur:

s.a. CD-ROM

[1] Alfa M J, Sitter D L, In-hospital evaluation of contamination of duodenoscopes: a quantitative assessment of the effect of drying. J Hosp Infect. (1991), 19, 89–98

[2] Anforderungen an die Hygiene bei der Aufbereitung von Medizinprodukten. Empfehlung der Kommission für Krankenhaushygiene und Infektionsprävention beim RKI und des BfArM. Bundesgesundheitsbl – Gesundheitsforsch – Gesundheitsschutz. (2001), 44, 1115–1126

[3] AWMF online. Hygienemaßnahmen bei der Endoskopie. Empfehlungen für Diagnostik und Therapie – Krankenhaushygiene – AWMF-Leitlinien-Register Nr. 029/008, http://www.uni-duesseldorf.de/WWW/AWMF/II/index.html (23.4.2002)

[4] Birnie G G, et al., Endoscopic transmission of hepatitis B virus. Gut. (1983), 24, 171–174

[5] Bronowicki J-P, et al., Patient-to-patient transmission of hepatitis C virus during colonoscopy. New Engl J Med. (1997), 337, 227–240

[6] Cleaning and disinfection of equipment for gastrointestinal endoscopy. BSG Working Party Report 1997. Gut. (1998), 42, 585–593

[7] Cowen A E, Infection and endoscopy: who infects whom? Scand J Gastroenterol Suppl. (1992), 192, 91–96

[8] Deprez P H, et al., Disposable versus reusable biopsy forceps: a prospective cost evaluation. Gastrointest Endosc. (2000), 51, 262–265

[9] Deva A K, et al., Detection of persistent vegetative bacteria and amplified viral nucleic acid from in-use testing of gastrointestinal endoscopes. J Hosp Inf. (1998), 39, 149–157

[10] DGHM – Liste der Deutschen Gesellschaft für Hygiene und Mikrobiologie. mhp-Verlag, Wiesbaden

[11] Einmal ist „out“ – auch in der Medizintechnik. Endopraxis. (2000), Heft 4, 16–19

[12] Erdle H (2000), Infektionsschutzgesetz. ecomed, Landsberg

[13] Euler K (1997), Hygieneplan für die Endoskopie. In: Phillip J, Allescher H D, Hohner R (Hrsg.), Endoskopie: Strukur und Ökonomie, 176–191. Normed, Bad Homburg

[14] Euler K (2000), Hygieneplan für die Endoskopie. Olympus Optical, Hamburg

[15] Gerding D N, Peterson L R, Vennes J A, Cleaning and disinfection of fiberoptic endoscopes: evaluation of glutaraldehyde exposure time and forced-air drying. Gastroenterology. (1982), 83, 613–618
[16] Händehygiene. Mitteilungen der Kommission für Krankenhaushygiene und Infektionsprävention am Robert Koch-Institut. Bundesgesundheitsbl – Gesundheitsforsch – Gesundheitsschutz. (2000), 43, 230–233
[17] Höller C, et al. (2000), Überprüfung von Reinigungs- und Desinfektionsgeräten im praktischen Betrieb. Kap. E: Endoskope und Instrumente für die minimalinvasive Chirurgie, E1: Hygienisch-mikrobiologische Überprüfung der Flexiskopaufbereitung. Lieferung 6. B. Behr's, Hamburg
[18] Infection control during gastrointestinal endoscopy. ASGE Publication No. 1035. Guidelines for Clinical Application. Gastrointest Endosc. (1999), 49, 836–841
[19] Kimmery M D, et al., Transmission of infection by gastrointestinal endoscopy. Gastrointest Endosc. (1993), 39, 885–888
[20] Kozarek R A, Reprocessing of endoscopic accessories reusable, disposable, or reposable. Acta Gastroenterol begica. (2000), 63, 145–146
[21] Kozarek R A, Coming clean on reuse of endoscopic equipment. Gut. (1998), 155–156
[22] Kozarek R A, et al., In vitro evaluation of wire integritiy and ability to reprocess single-use sphincterotomes. Gastrointest Endosc. (1997), 45, 117– 121
[23] Lee R M, et al., In vitro and in vivo evaluation of a reusable double-channel sphincterotome. Gastrointest Endosc. (1999), 49, 477–482
[24] Leiss O, Exner M, Liebl J, Vermeidung einer Infektionsübertragung in der Endoskopie: hygienische Aufbereitung flexibler Endoskope und Maßnahmen zum Personalschutz. Leber Magen Darm. (1995), 25, 251–257
[25] Leiss O, Exner M (1999), Infektionsrisiken, Hygiene und Geräteaufbereitung in der Endoskopie. In: Frühmorgen P (Hrsg.), Gastroenterolgische Endoskopie, 33–48. Springer, Berlin, Heidelberg, New York
[26] Liste der vom Robert Koch-Institut geprüften und anerkannten Desinfektionsmittel und -verfahren, Stand vom 15.6.1997. Bundesgesundheitsbl – Gesundheitsforsch – Gesundheitsschutz. (1997), 344–361; Nachträge bis Stand 4.4.2000:
http://www.rki.de/GESUND/DESINF/NACHTRAG.PDF (23.4.2002)
27] Martini H, Kramer A, Werner H-P (2001), Endoskopische Abteilungen. In: Kramer A, Heeg P, Botzenhart K, Krankenhaus- und Praxishygiene, Kap. 5.23, 539–543. Urban & Fischer, München, Jena
[28] Merighi A, et al., Quality improvement in gastrointestinal endoscopy: microbiologic surveillance of disinfection. Gastrointest Endosc. (1996), 43, 522–524
[29] Muscarella L F, Disinfecting endoscopes immediately before the first patient of the day. AORN J. (2001), 73, 1159–1163
[30] Ortner M, et al., Einmalzubehör bei der ERCP reduziert nicht die Bakteriämierate. Endoskopie heute. (2000), 1, 37–38
[31] Personel protective equipment. ASGE procedure manual. Gastrointest Endosc. (1999), 49, 854–857
[32] Ponchon T, Transmission of hepatitis C and prion diseases through digestive endoscopy: evaluation of risk and recommended practices. Endoscopy. (1997), 29, 199–202
[33] Raltz S L, et al., Reusable biopsy forceps: a cost-effective measure for the endoscopic suite. Gastroenterol Nurs. (1995), 18, 167–170
[34] Raltz S L, Kozarek R A, Overview of the problem: reprocessing versus disposal of endoscopic accessories. Gastrointest Endosc Clin N Am. (2000), 10, 329–339
[35] Report of the working Party of the endoscopy committee of the British Society of Gastroenterology on the reuse of endoscopic accessories. Gut. (1998), 42, 304–306
[36] Rey J-F, et al., ESGE Guidelines for the prevention of endoscopic transmission of type C hepatitis and update on Creutzfeldt-Jakob disease. Endoscopy. (1997), 29, 204–204
[37] Richtlinie zur Krankenhaushygiene und Infektionsprävention des Robert Koch-Institutes, Anlage 4.3.4: Anforderungen der Hygiene an die funktionelle und bauliche Gestaltung von Einheiten für die Endoskopie. (Stand 17. Lfg., September 2001) Urban & Fischer, München, Jena
[38] Richtlinie zur Krankenhaushygiene und Infektionsprävention des Robert Koch-Institutes, Anlage 5.1. Anforderungen der Hygiene bei endoskopischen Maßnahmen. (Stand 17. Lfg., September 2001) Urban & Fischer, München, Jena
[39] Richtlinie zur Krankenhaushygiene und Infektionsprävention des Robert Koch-Institutes, Anlage 5.6: Hygienische Untersuchungshygiene und Infektionsprävention des Robert Koch-Institutes. (Stand 17. Lfg., September 2001) Urban & Fischer, München, Jena
[40] Richtlinie zur Krankenhaushygiene und Infektionsprävention des Robert Koch-Institutes, Anlage 7.2: Durchführung der Desinfektion. (

Stand 17. Lfg., September 2001) Urban & Fischer, München, Jena
[41] Rösch T, et al. (1997), Gerätedesinfektion bei der gastroenterologischen Endoskopie. In: Leitlinien der Deutschen Gesellschaft für Verdauungs- und Stoffwechselkrankheiten (DGVS) zur Durchführung endoskopischer Untersuchungen. 2. Aufl., 167–172. Demeter, Balingen
[42] Shapiro, M, Brandt L J, Endoscopy in the age of HIV: a study of current practices and attitudes. Gastrointest Endosc. (1994), 40, 477–480
[43] Spach D H, Silverstein F E, Stamm W E, Transmission of infection by gastrointestinal endoscopy and bronchoscopy. Ann Intern Med. (1993), 118, 117–128
[44] Staritz M, Transmission of Hepatitis C. Z Gastroenterol. (1998), 36, 261–263
[45] Systchenko R, et al., The Council of the French Society of Gastrointestinal Endoscopy (S.F.E.D.), Guidelines of the French Society of Digestive Endoscopy: Recommendations for setting up cleaning and desinfection procedures in gastrointestinal endoscopy. Endoscopy. (2000), 32, 807–818
[46] Tandon R K, Ahuja V, Non-United States guidelines for endoscope reprocessing. Gastrointest Endosc Clin N Am. (2000), 10, 295–318
[47] Wolfsen C W, Advantages of reusable accessories. Gastrointest Endosc Clin N Am. (2000), 10, 349–359
[48] Anforderungen der Hygiene an die baulichfunktionelle Gestaltung und apparative Ausstattung von Endoskopieeinheiten. Bundesgesundheitsbl – Gesundheitsforsch – Gesundheitsschutz. (2002), 45, 412–414 (Wortlaut auch enthalten auf der CD-ROM.)
[49] Anforderungen an die Hygiene bei der Aufbereitung flexibler Endoskope und endoskopischen Zusatzinstrumentariums. Bundesgesundheitsbl – Gesundheitsforsch – Gesundheitsschutz. (2002), 45, 395–411 (Wortlaut auch enthalten auf der CD-ROM.)

3.2 Medizinproduktegesetz, Medizinprodukte-Betreiberverordnung

Grundlage des Umganges mit allen Medizinprodukten sind

- die Berufsgenossenschaftsvorschrift Gesundheitsdienst BGV C 8 (bisherige VGB 103) von Oktober 1982, aktualisierte Fassung mit Durchführungsanweisung von April 1986,
- das Medizinproduktegesetz (MPG) vom 2. 8. 1994 mit Änderung vom 6. 8. 1998 und 29. 10. 2001 und
- die Medizinprodukte-Betreiberverordnung (MPBetreibV) vom 29. 6. 98 mit Änderung vom 13. 12. 2001.

Geräteanschaffungen vor 1995 unterlagen noch der älteren Medizin-Geräteverordnung.

Alle gemäß dem MPG hergestellten Produkte müssen die „CE-“Kennzeichnung haben.

3.2.1 Einweisungen bei Medizinprodukten, Medizinproduktebuch (A-E/SSt-Medizintechnik)

Alle Medizinprodukte sind einweisungspflichtig. Bei Neuanschaffung muss laut MPBetreibV § 5, Absatz 1, die vom Betreiber „beauftragte Person“ durch den „Hersteller oder eine dazu befugte Person“ „anhand der Gebrauchsanweisung sowie beigefügter sicherheitsbezogener Informationen und Instandhaltungshinweise in die sachgerechte Handhabung und Anwendung und den Betrieb des Medizinproduktes sowie in die zulässige Verbindung mit anderen Medizinprodukten, Gegenständen und Zubehör eingewiesen“ werden. Letztlich müssen alle späteren Anwender des Medizinproduktes eingewiesen werden. Sinnvollerweise erfolgt über jede Einweisung eine schriftliche Dokumentation mit Datum, Namen der einweisenden und eingewiesenen Person. Dieses Dokument wird z.B. im Dokumentenarchiv (Kap.17.5) abgelegt.

Auf Wunsch wird im ZKR vom Leiter der Medizintechnik jedem Teilnehmer ein Zertifikat über die erfolgte Einweisung ausgestellt.

Neue Mitarbeiter, die durch einen korrekten „Gerätepass“ (Zertifikat) eine früher erfolgte Einweisung für das gleiche Medizinprodukt nachweisen können, müssen nicht mehr neu eingewiesen werden.

Ein absoluter Zwang zur schriftlichen Dokumentation der Einweisung besteht für Medizinprodukte der Anlage 1 der MP-BetreibV; dies sind in der Endoskopie Defibrillator, Argon-Beamer, Hochfrequenzdiathermiegerät und Lasergeräte. Für diese Geräte muss ein Medizinproduktebuch geführt werden, in dem auch der Zeitpunkt der Einweisung sowie der Namen des einweisenden „Beauftragten" und der eingewiesenen Personen schriftlich niederzulegen sind. Nachträgliche Einweisungen können nur durch eine „beauftragte Person" erfolgen. Medizinproduktebücher, Bestandsverzeichnisse, Gebrauchsanweisungen und beigefügte Hinweise gelten als mitgeltende Dokumente und müssen so aufbewahrt werden, dass sie den Anwendern jederzeit zugänglich sind. Dieser Ort muss im Qualitätshandbuch benannt sein.

Die gemäß der MPBetreibV für jede Endoskopie „beauftragten Personen" im ärztlichen und Assistenzbereich müssen namentlich benannt sein (s.a. CD-ROM Zuständigkeiten Hygiene, MPG usw.). Es ist sinnvoll, in größeren Endoskopieabteilungen mehrere Personen zu benennen, damit Einweisungen auch im Krankheits-, Urlaubsfall etc. erfolgen können.

Medizinprodukte der Anlage 1 MPBetreibV unterliegen vorgeschriebenen regelmäßigen und zu dokumentierenden Kontrollen durch die Medizintechnik bzw. beauftragte Firmen. Die Kontrollintervalle liegen bei Defibrillator und Hochfrequenzdiathermiegerät bei einem Jahr. Aus Qualitätsgründen und zur juristischen Absicherung empfiehlt es sich, einen Terminkalender für die Gerätekontrollen zu führen oder mit den betreuenden Firmen entsprechende Wartungsverträge zu schließen.

3.2.2 Funktionsstörungen, Vorkommnisse bei Medizinprodukten (A-E/SSt-Medizintechnik)

Alle Funktionsstörungen, Änderungen der Merkmale und Leistungen, Fehler der Kennzeichnung oder Gebrauchsanweisung von Medizinprodukten müssen sofort der Medizintechnik bzw. der betreuenden Firma gemeldet werden. Bei einer Gefährdung ist der Betrieb des Medizinproduktes zu unterbinden.

Bei jeder vorgenannten Leistungsstörung eines Medizinproduktes mit möglicher oder tatsächlicher schwerwiegenden Verletzungs- oder Todesfolge ist das BfArM durch den endoskopierenden Arzt bzw. im Krankenhaus meist durch die von dem endoskopierenden Arzt verständigte Medizintechnik zu verständigen. Die entsprechenden Formblätter sollen bevorratet sein.

3.2.3 Materialkundesitzungen (A-E)

Bei Anschaffung von neuartigem Zubehör, das für bis dahin unausgeübte Techniken verwandt wird und dem MPG unterliegt, muss in einer Materialkundesitzung die Anschaffung des Materials allen in der Endoskopie Tätigen bekannt gemacht und Sachkenntnis im Umgang mit diesem Material vermittelt werden. Gleiches gilt im ZKR auch für neuartiges Zubehör, das nicht dem MPG unterliegt (z.B. neuartige Zangen, Drähte etc.). Gebrauchsanweisungen müssen an einem genannten Ort aufbewahrt werden. Aufwendige neue endoskopische Techniken verlangen eine Qualifikation der Anwender per Hospitation oder Supervision durch Erfahrene oder Hersteller, die dann wieder die anderen Mitarbeiter einweisen. Materialkundesitzungen können im Rahmen von Qualitätszirkelsitzungen erfolgen (Kap. 17.1.5).

Literatur:

[1] Kindler M (1998), Medizinproduktegesetz MPG, 4. Aufl. ecomed, Landsberg

[2] Medizinproduktegesetz – MPG vom 2. 8. 1994, BGBl. I (1994), 1963; mit Änderung vom 6. 8. 1998, BGBl. I (1998), 2005; mit Änderung vom 29. 10. 2001, BGBl. I (2001), 2785

[3] Verordnung über das Errichten, Betreiben und Anwenden von Medizinprodukten (Medizinprodukte-Betreiberverordnung – MPBetreibV) vom 23. 6. 1998, BGBl. I (1998), 1762; mit Änderung vom 13. 12. 2001, BGBl. I (2001), 3586

Internetadressen:

[4] Wortlaut des MPG. http://www. dimdi.de/germ/mpg/mpgger.htm (23. 4. 2002) und http://www.umwelt-online/recht/lebensmt/medprod/mpg1.htm (23. 4. 2002)

[5] Wortlaut der MPBetreibV. http://www.dimdi.de/germ/mpg/betreibvger.htm (23. 4. 2002) und http://www.umwelt-online/recht/lebensmt/medprod/btv_ges.htm (23. 4. 2002)

3.3 Unfallverhütungsvorschriften und Arbeitsschutz in der Endoskopie

(A-E/SSt-Arbeitssicherheitsfachkraft, -Betriebsarzt)

3.3.1 Vorbemerkung

Besonders relevant ist die Unfallverhütungsvorschrift Gesundheitsdienst BGV C 8 (VBG 103) der Berufsgenossenschaft für Gesundheitsdienst und Wohlfahrtspflege [6, 7], auch zu beziehen bei der Berufsgenossenschaft für Gesundheitsdienst und Wohlfahrtspflege, Pappelallee 35/37, D-22089 Hamburg.

In der Endoskopieabteilung haben folgende weitere Unfallverhütungsvorschriften Geltung:

- BGV A 1 (VBG 1) Allgemeine Vorschriften,
- BGV A 2 (VBG 4) Elektrische Anlagen und Betriebsmittel,
- BGV A 4 (VBG 100) Arbeitsmedizinische Vorsorge,
- BGV B 1 (VBG 91) Umgang mit Gefahrstoffen,
- BGV A 5 (VBG 109) Erste Hilfe,
- BGV A 6 (VBG 122) Sicherheitsingenieure und andere Fachkräfte für Arbeitssicherheit,
- BGV B 7 (VBG 123) Betriebsärzte,
- BGV B 8 (VBG 125) Sicherheits- und Gesundheitskennzeichnung am Arbeitsplatz,
- evtl. auch die BGV B 2 (VBG 93) Laserstrahlung [5].

Weiterhin relevant ist die Gefahrenstoffverordnung mit Betriebsanweisungen für die jeweiligen verwendeten Gefahrenstoffe.

Die entsprechenden Vorschriften, technischen Anleitungen und Verordnungen müssen als mitgeltende Dokumente an einem im Qualitätshandbuch genannten Ort ausliegen und jederzeit einsehbar sein. Im ZKR finden sie sich bei der Fachkraft für Arbeitssicherheit.

Die Fachkraft für Arbeitssicherheit muss gemäß § 6 des Arbeitsschutzgesetzes eine Gefährdungsbeurteilung des Arbeitsplatzes Endoskopie vornehmen, die immer an der jeweiligen Örtlichkeit stattfinden muss. Ziel ist es, die Unfallgefahr für Personal und Patienten zu minimieren.

Weiterhin muss die Fachkraft für Arbeitssicherheit gemäß dem Arbeitssicherheitsgesetz gemeinsam mit dem Betriebsarzt eine Begehung der Praxis/Endoskopieabteilung zur Beurteilung von Arbeitssicherheit und Unfallverhütung vornehmen.

Bei Dienstunfällen in den Räumlichkeiten der Endoskopie sind neben dem versorgenden Primärarzt auch der Betriebsarzt und die Fachkraft für Arbeitssicherheit zu informieren.

Gemeinsam muss dann eingeschätzt werden, ob nach einem solchen Unfall eine prinzipielle Gefährdung nachweisbar und in Zukunft durch geeignete Maßnahmen vermeidbar ist. Eine jährliche Unfallstatis-

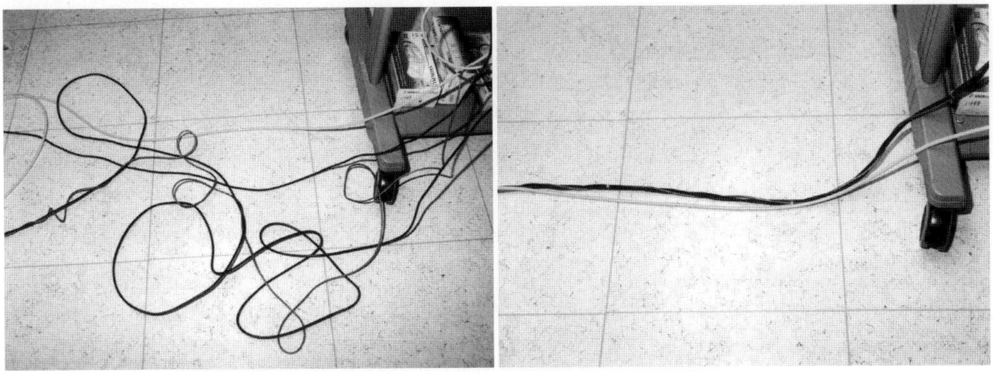

Abb. 3.6: Hohe Stolper- und Sturzgefahr durch Kabelgewirr (links). Erhebliche Reduzierung der Sturzgefahr durch Kabelbündelung (rechts).

tik ist von der Fachkraft für Arbeitssicherheit zu erstellen. In jeder Abteilung mit über 20 Beschäftigten muss mindestens ein Mitarbeiter ohne Vorgesetztenfunktion als Sicherheitsbeauftragter bestellt werden, mit dem Ziel einer verbesserten Primär- und Sekundärprävention von Unfallgefahren für die Beschäftigten. Diese Person berät die Mitarbeiter und den Arbeitgeber und wird von der Gemeindeunfallversicherung geschult.

3.3.2 Gefahrstoffe, Arbeitssicherheitsgesetz, Erste Hilfe, Brandschutz

In der Endoskopie wird mit verschiedenen Gefahrstoffen, z.B. Formaldehydlösung 1–5%, Isopropanol 70%, Ethanol 80%, Kohrsolin FF, Lysetol AF, Thermosept ED etc., gearbeitet. Die entsprechenden Betriebsanweisungen gemäß § 20 der Gefahrenstoffverordnung [3] müssen in der Endoskopie vorhanden, die dazugehörigen Sicherheitsdatenblätter als mitgeltende Unterlagen an benanntem Ort hinterlegt sein. Die technischen Regeln für Gefahrstoffe TRGS 555 – Betriebsanweisung und Unterweisung nach § 20 GefStofV [4] müssen jederzeit an einer im Qualitätshandbuch benannten Stelle (z.B. Sicherheitsingenieur) einsehbar sein.

Für Unfälle mit Gefahrstoffen gilt bezüglich Meldung etc. Gleiches wie für Arbeitsunfälle ohne Gefahrstoffe.

Die Erste Hilfe bei Unfällen muss gemäß BGV A 5 (VBG 109) geregelt sein. Für eine Endoskopieabteilung im Krankenhaus muss im Wesentlichen ein Verbandsbuch mit Aufzeichnungen über Verletzungen der letzten fünf Jahre existieren (z.B. als Computerdatei). In der Praxis muss ein Verbandskasten (DIN 13157) und eine Anleitung zur Ersten Hilfe mit Angaben über Notruf, nächstes Krankenhaus und nächsten Durchgangsarzt vorhanden sein.

Das Arbeitssicherheitsgesetz schreibt weiterhin für elektrische Endgeräte, mit denen das Personal Umgang hat, eine 4-jährliche Prüfung nach BGV A 2 (VBG 4) und nach DIN VDE 0105-100, Betrieb von elektrischen Anlagen, Abschnitt 5.3, vor [8].

Auch der Brandschutz muss klar geregelt sein. Für den Brandfall muss als mitgeltendes Dokument ein Alarmplan mit Regelung der Verantwortlichkeiten der Mitarbeiter (Alarmierung der Feuerwehr; eigener Löschversuch; Aufforderung zum Verlassen der Praxis und geordnete Evakuierung, besonders von Behinderten oder

Tabelle 3.3
Qualitätsgesichtspunkte beim Brandschutz

Maßnahme	Beachtenswerte Gesichtspunkte
Alarmplan	Schriftliche Fixierung (Qualitätshandbuch/mitgeltendes Dokument)
Flucht- und Rettungsplan	Kennzeichnung der Fluchtwege, Mitarbeiterverantwortlichkeiten
Feuerlöscheinrichtungen, Feuerlöscher	Ausreichende Zahl, Kennzeichnung mit Brandschutzzeichen Nicht zu schwer, nicht zu hoch angebracht (DIN 14406)
Handhabung	Dokumentierte Unterweisung von ausreichend Mitarbeitern in der Handhabung der Feuerlöscheinrichtungen
Wartung der Löscher	2-jährlich (Prüfsiegel/Doku-Archiv)
Brandschutzunterweisung	2-jährlich z.B. durch Praxisinhaber/Sicherheitsbeauftragten/Servicebetrieb (mit Datum, Teilnehmern, Referent, Inhalt; s. Doku-Archiv (Kap. 17.5)
Leicht entzündliche Stoffe (z.B. Isopropanol 70%)	Lagermengen, Lagerart, Handhabung

Gebrechlichen), und Angabe der örtlichen Feuerwehrnummer existieren.
Angaben zu Einzelheiten wie der Wartung der Elektrik und des Brandschutzes, aber auch zu finanziellen Gesichtspunkten finden sich in [8].

3.3.3 Arbeitsschutzunterweisung

Mindestens einmal jährlich muss jeder Arbeitgeber für seine Arbeitnehmer arbeitsplatz- und tätigkeitsbezogen eine Arbeitsschutzunterweisung mündlich in verständlicher Form durchführen. Ebenso müssen neu eingestellte Mitarbeiter unterwiesen werden. Bei Einführung neuer Technologien oder Arbeitsstoffe sind u.U. zusätzliche Unterweisungen erforderlich. Diese Unterweisungen sind für die Arbeitnehmer verpflichtend und erfolgen durch die jeweiligen betrieblichen Vorgesetzten. Die Vorkenntnisse der Mitarbeiter sind zu beachten. Mittlerweile gibt es Hilfe auch in Form interaktiver Computerprogramme.

Die Fachkraft für Arbeitssicherheit soll bei den Unterweisungen Unterstützung leisten. Die Unterweisungen sind mit schriftlichen Angaben über Inhalte, Teilnehmer, Zeitpunkt und Zeitdauer zu dokumentieren (Kap. 17.5). Die Teilnahme an der Unterweisung ist durch Unterschrift der Teilnehmer zu bestätigen.

Literatur:

[1] Arbeitsschutzgesetz vom 7. August 1996. In: Lutz, Handbuch der Reinigungs- und Hygienetechnik, Kap. V-1.1.1, 28. Lfg. ecomed, Landsberg
[2] Arbeitsstättenverordnung vom 20. 3. 1975, zuletzt geändert am 4. 12. 1996. In: Lutz, Handbuch der Reinigungs- und Hygienetechnik, Kap. V-1.1.2.1. ecomed, Landsberg
[3] Gefahrstoffverordnung vom 26. 10. 1993, in der Fassung vom 15. 11. 1999. In: Lutz, Handbuch der Reinigungs- und Hygienetechnik. Kap. V-1.2.1. ecomed, Landsberg

Tabelle 3.4
Mögliche Themen für die Arbeitsschutzbelehrung in der Endoskopie

Thema	Prophylaxe, Bewältigung
Nadelstichverletzungen	Möglichst sofortiger Nadelabwurf in durchstichsichere Behälter, Arbeit mit Handschuhen, Fasszangen, kein Re-Capping
Vorgehen bei Nadelstichverletzungen	Ausbluten lassen, Desinfizieren, ggf. HIV-Prophylaxe gemäß vorhandener Richtlinie (Kap. 3.4)
Schnittverletzungen an Ampullen	Öffnen mit Kompresse
Infektionsschutz	Schutzkleidung, Gesichtsschutz
Verletzungen am Bucky-Tisch	Vorheriges Ankündigen bei Bewegung und Kippen
Stolpern über Kabel	Sicherste mögliche Kabelverlegung, Benutzung des Deckenstativs
Gefahrenstoffe in der Abteilung (z.B. Glutaraldehyd)	Spritzschutz für Haut und Augen, Arbeiten unter Abzug oder Wannen mit dicht schließendem Deckel, Betriebsanweisung
Unfall mit Gefahrstoffen	Anwendung der ausliegenden Betriebsanweisung
Umgang mit Gewebekleber	Augenschutz, Hautschutz
Umgang mit langen steifen Drähten	Augenschutz (Schutzbrille), permanentes Fassen des Drahtendes
Konkrete Unfälle in der eigenen Abteilung	Festgelegter veränderter Umgang

[4] Technische Regeln für Gefahrstoffe im Rahmen der Gefahrstoffverordnung. In: Lutz, Handbuch der Reinigungs- und Hygienetechnik, Kap. V-1.2.2. ecomed, Landsberg
[5] VBG 93 vom April 1988 in der Fassung von 1993. Carl Heymanns, Köln
[6] VBG 103. Unfallverhütungsvorschrift vom 1. Oktober 1982 in der aktualisierten Fassung von 1996. Carl Heymanns, Köln
[7] VBG 103. Durchführungsanweisungen vom April 1986 in der aktualisierten Fassung von 1996. Carl Heymanns, Köln
[8] Zierer O, Noch Handlungsbedarf für ärztliche Praxen. Dtsch Ärztebl. (2000), 97, A2220–2224

3.4 Infektionsschutz für das Endoskopiepersonal (A-E)

Der Infektionsschutz ergibt sich z.T. aus den Hygienevorschriften (Kap. 3.1) bzw. dem Hygieneplan für den Arbeitsbereich Endoskopie und z.T. aus den Unfallverhütungsvorschriften (Kap. 3.3).

Alle Mitarbeiter der Endoskopie üben eine „Tätigkeit mit Infektionsgefährdung“ aus. Zu Beginn ihrer Tätigkeit und dann jährlich muss die arbeitsmedizinische Vorsorgeuntersuchung G42 nach § 4 BGV C 8 (VBG 103) erfolgen.

Die im Einzelfall gebotenen Immunisierungsmaßnahmen zum Schutz der Beschäftigten vor übertragungsfähigen Krankheiten sind im Einvernehmen mit dem Betriebsarzt festzulegen. Alle in der Endoskopie Arbeitenden müssen auf die Notwendigkeit der Hepatitis-B-Impfung und die erforderlichen Wiederauffrischungsimpfungen hingewiesen werden. Die Impfung wird im Krankenhaus meist durch den Betriebsarzt durchgeführt. Die Immunisierung und Wiederauffrischungsimpfungen erfolgen auf Kosten des Unternehmers.

Für die Abfallentsorgung kontaminierter scharfer Gegenstände, besonders Nadeln, müssen speziell geeignete Entsorgungsbehälter bereitstehen, in die Nadeln ohne Recapping abgeworfen werden (§ 13 BGV C 8/VBG 103).

Gleiches gilt für die Entsorgung infektiösen Abfalls.

Verletzungen mit kontaminiertem Material (Blut, Sekret etc.) müssen sofort dem zuständigen Unfallarzt (Durchgangsarztverfahren) zwecks evtl. Behandlung und Dokumentation für die Berufsgenossenschaft gemeldet werden.

Verletzungen mit Inokulation von Körpersubstanzen von HIV-Patienten sind ebenfalls sofort dem zuständigen Unfallarzt zu melden, die entsprechenden prophylaktischen Maßnahmen sind unverzüglich einzuleiten.

Bei Nadelstichverletzungen soll die Wunde durch Druck vorsichtig zum Bluten gebracht werden und danach mit 85%iger Alkohollösung desinfiziert werden. Nach einer Risikoabschätzung soll bei bestehender Indikation zur HIV-Postexpositionsprophylaxe innerhalb von zwei Stunden nach Verletzung mit einer Tripeltherapie (z.B. AZT, 3TC und Indinavir) begonnen werden. Liegt bei Nadelstichverletzung mit Blut eines Patienten mit bekannter HIV-Erkrankung eine Resistenzuntersuchung für diesen Patienten vor, so sollte man sich nach dieser richten. Hat ein HIV-Patient wegen Resistenzen bereits eine erfolgreiche Umstellung seiner Therapie, so richtet sich die Postexpositionsprophylaxe nach dieser Therapiekonstellation [1, 2].

Im Übrigen ist zu beachten, dass sich die Richtlinien zur postexpositionellen Prophylaxe nach HIV-Exposition jederzeit ändern können und beim RKI im Internet abfragbar sind [6].

Durch den Endoskopiebetrieb beim Personal aufgetretene übertragbare Erkrankungen sind sofort dem Betriebsarzt zu melden.

Für die Endoskopien von Patienten mit bekannten oder vermuteten Infektionskrankheiten ist dafür Sorge zu tragen, dass durch organisatorische und hygienische Maßnahmen der Kontakt auf möglichst wenige Beschäftigte beschränkt bleibt und eine Infektionsübertragung auf das Personal verhindert wird. Zur Vermeidung einer Infektionsübertragung durch Aerosole oder spritzende Sekrete müssen Mundschutz mit Klarsichtschutz für die Augen und Schutzhelme mit transparentem Visier für das Personal zur Verfügung stehen. Ansonsten gelten die üblichen Hygienevorschriften (Handschuhe, Umgang mit Blut, Kennzeichnung von Sekreten).

In allen Arbeitsräumen der Endoskopie müssen leicht erreichbare Handwaschplätze mit fließendem warmem und kaltem Wasser sowie Direktspendern für hautschonende Waschmittel und Händedesinfektionsmittel zur Verfügung stehen.

Literatur:

[1] Aratéh K, et al. (2000), HIV-Infektion und AIDS. In: Classen M (Hrsg), Rationelle Diagnostik und Therapie in der Inneren Medizin. Urban & Fischer, München, Jena

[2] Therapieempfehlungen zur Postexpositionsprophylaxe. Deutsch-Österreichische Empfehlungen zur Postexpositionsprophylaxe nach HIV-Exposition (Stand Mai 1998). In: Jäger (Hrsg.), AIDS und HIV-Infektionen, 31. Lfg. 9/2000. ecomed, Landsberg

[3] VBG 103. Unfallverhütungsvorschrift vom 1. Oktober 1982 in der aktualisierten Fassung von 1996. Carl Heymanns, Köln

[4] VBG 103. Durchführungsanweisungen vom April 1986 in der aktualisierten Fassung von 1996. Carl Heymanns, Köln

[5] Personel protective equipment. ASGE procedure manual. Gastrointest Endosc. (1999), 49, 854–857
[6] Richtlinien zur postexpositionellen Prophylaxe nach HIV-Exposition des Robert Koch-Institutes. http:\\www.rki.de (23.4.2002)

3.5 Strahlenschutz in der Endoskopie (A-E)

3.5.1 Röntgenstrahlenschutz

Bei der Benutzung von Röntgengeräten in der Endoskopie sind die Strahlenschutz- [1] und die Röntgenverordnung [2] zu beachten. Diese sollen hier nicht im Einzelnen ausgeführt werden, nur auf wenige wichtige Aspekte sei im Folgenden verwiesen. In Krankenhäusern wachen über den Strahlenschutz der Strahlenschutzverantwortliche, der Strahlenschutzbeauftragte und von letzterem benannte qualifizierte Personen. Alle diese Personen müssen namentlich benannt sein. In einer Praxis mit Röntgenbetrieb obliegen diese Funktionen meist dem Praxis- und damit auch Röntgengerätebetreiber.

Alle beruflich strahlenexponierten Personen der Kategorie A müssen vor Aufnahme ihrer Tätigkeit und dann jährlich von einem dafür ermächtigten Arzt untersucht werden. Die Bedenkenlosigkeit oder auch Bedenken gegen die Tätigkeit müssen dem Strahlenschutzverantwortlichen vorliegen (Abschnitt 7 Strahlenschutzverordnung).

Alle im Kontrollbereich Tätigen müssen ein Ganzkörper- bzw. Filmdosimeter tragen. Auf Verlangen muss auch ein Dosimeter ausgehändigt werden, mit dem jederzeit die Personendosis festgestellt und die gemessene Strahlendosis dokumentiert werden kann (Stabdosimeter oder digitale Personendosimeter). Die Dosimeter sind an einer für die Strahlenexposition als repräsentativ geltenden Stelle (Vorderseite des Rumpfes) zu tragen. Die zuständige Messstelle fordert die Körperdosimeter an und wertet die effektive Strahlendosis aus.

Bei erstmaligem Arbeitsbeginn und weiterhin halbjährlich müssen für alle im Kontrollbereich Tätigen und die Anwender von Röntgenstrahlen die nach § 36 der Röntgenverordnung und § 38 der Strahlenschutzverordnung erforderlichen „Unterweisungen über die Arbeitsmethoden, die möglichen Gefahren, die anzuwendenden Sicherheits- und Schutzmaßnahmen und den für ihre Beschäftigung wesentlichen Inhalt“ der Verordnungen stattfinden. Über Inhalt und Zeitpunkt sind Aufzeichnungen zu führen, die von der unterwiesenen Person unterzeichnet und fünf Jahre aufbewahrt werden müssen (Kap. 17.5).

Zum Zwecke des Strahlenschutzes sollten in der Endoskopie alle Dauereinrichtungen zum Schutz der Beschäftigten, wie z.B. Bleiacrylglasscheiben, Bleilamellengummivorhänge etc. benutzt werden. Nach notwendiger Entfernung solcher Schutzeinrichtungen, z.B. bei der PTCD, ist auf eine Wiederanbringung vor der nächsten Durchleuchtung zu achten.

Die Schutzkittel sollten einen Bleigleichwert von 0,35 mm haben, Schürzen mit höherem Wert stellen eine unnötige Wärme- und Körperbelastung dar. Zweiteilige Röntgenschürzen mit auf der Hüfte aufliegendem Beckengurt sind aus ergonomischer Sicht zu bevorzugen, zumal in der Endoskopie oft in leicht gebeugter Haltung gearbeitet wird.

Literatur:

[1] Eder H (1998), Strahlenschutz bei Einrichtung und Betrieb von Röntgengeräten. In: Phillip J, Allescher H D, Hohner R, Endoskopie: Struktur und Ökonomie. Normed, Bad Homburg
[2] Röntgenverordnung vom 8. Jan. 1987, geändert durch das Gesetz über Medizinprodukte vom 2. Aug. 1994. 4. Aufl. 1995. Carl Heymanns, Köln
[3] Verordnung über den Schutz vor Schäden durch ionisierende Strahlen (Strahlenschutzverordnung – StrlSchV) vom 20. 7. 2001, BGBl. I (2001), 1714

[4] Verordnung über den Schutz vor Schäden durch Röntgenstrahlen (Röntgenverordnung – RöV) vom 8. 1. 1987, BGBl. I (1987), 114; zuletzt geändert am 20. 7. 2001, BGBl. I (2001), 1714
[5] Strahlenschutzverordnung vom 20. 7. 2001. http:\\www.umwelt-online.de/recht/energie/strahlen/ssv1.htm (23. 4. 2002)

3.5.2 Laserstrahlenschutz (A-E)

Eine endoskopische Laseranwendung darf nur von Personen betrieben werden, die gemäß dem MPG in das Gerät eingewiesen sind und die erforderliche fachliche Qualifikation besitzen.

Die BGV B 2 (VBG 93) und Lasersicherheitsvorschrift DIN EN 60825/DIN VDE 0837, Sicherheit bei Lasereinrichtungen, müssen beachtet werden und vorhanden sein. Die in der Gastroenterologie benutzten Lasergeräte sind Medizinprodukte nach der Anlage 1 der MPBetreibV und gehören der Lasersicherheitsklasse 4 an.

An allen Zugangstüren müssen die entsprechenden Warnschilder und Warnblinkanlagen angebracht sein. Ein Laserschutzbeauftragter muss namentlich benannt sein und die erforderliche Sachkunde besitzen. Außerdem müssen die Anwender die Fachkunde „Laserschutz" besitzen, bzw. ein solcher Fachkundiger muss die Laseranwendung überwachen.

Alle Personen einschließlich des Patienten, die sich im Laserraum aufhalten, sind verpflichtet, Laser-Schutzbrillen (DIN 58215) passend zur Wellenlänge des eingesetzten Lasers zu tragen.

Literatur:

[1] VBG 93 vom April 1988 in der Fassung von 1993. Carl Heymanns, Köln

3.6 Gerätepflege (E/A)

Ein schonender und umsichtiger Umgang mit Endoskopen und Endoskopiezubehör gewährt lange Lebensdauer und niedrige Reparaturkosten als Ergebnisqualität.

Folgende Regeln im Umgang mit Endoskopen sind zu beachten:

- Lagerung aller Endoskope in gestreckter Stellung, am besten hängend, sonst liegend
- Vermeidung von Knickungen, Verwindungen, Quetschungen von Endoskopteilen bei Transport und Einsatz

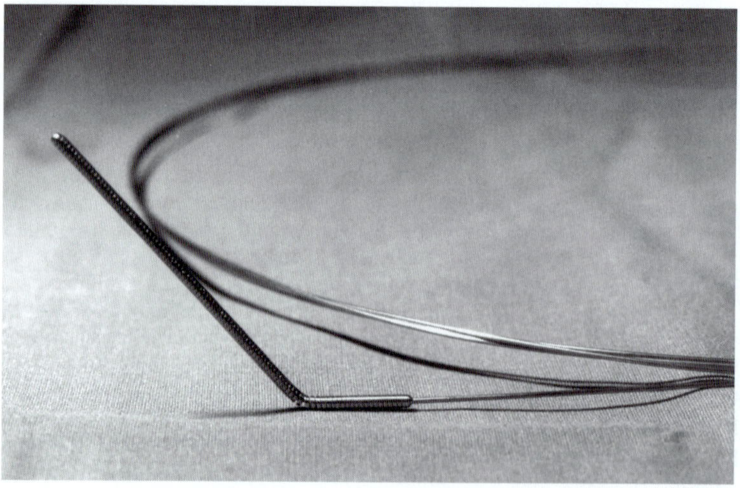

Abb. 3.7: Zubehör mit Knickstellen führt zu Schäden im Arbeitskanal und ist auszumustern.

- Vermeidung des Aufschlagens von Endoskopteilen bei Endoskoplagerung und -transport
- Verschickung von Endoskopen nur in den Originalkoffern
- Vermeidung des Gebrauchs von beschädigtem Zubehör einschließlich Reinigungsbürsten mit kratzender, spitzer Oberfläche zur Schonung des Instrumentierkanals (ggf. Test mit Watte)
- Vermeidung von Gewaltanwendung bei Arbeiten im Instrumentierkanal
- kurzer Zangen- bzw. Zubehörvorschub im Instrumentierkanal
- Vermeidung des Zangenrückzugs mit sehr kräftig zugezogenen Branchen (Scherkräfte im Arbeitskanal)
- Durchführung des Dichtigkeitstests vor jeder Endoskopaufbereitung
- bei Unklarheiten Durchführung des Dichtigkeitstests unter Wasser mit Durchführung aller möglichen Lenkbewegungen
- Beachtung der Kompatibilität zwischen Reinigungs-/Desinfektionsmitteln und Endoskopen je nach Herstellerangaben, besonders bei der Umstellung auf andere Produkte
- bei notwendigen Reparaturen möglichst exakte Beschreibung des Defektes für die Reparaturwerkstatt
- vor Versendung defekter undichter Endoskope zur Reparatur keine vorherige chemothermische Aufbereitung, sondern Oberflächenreinigung mit 70% Alkohol und Gaze sowie Kanalreinigung mit Druckluft
- Versand des getrockneten, defekten Endoskops in Schutzfolie und Koffer!

Ein VHS-Videofilm mit dem Thema „Schadensprävention in der Endoskopie“ ist von der Firma Olympus Optical Co. GmbH, Wendenstr. 14–18, D-20097 Hamburg (Tel. 040/23773–180) kostenlos zu beziehen.

4 Allgemeine Leitlinien für endoskopische Untersuchungen

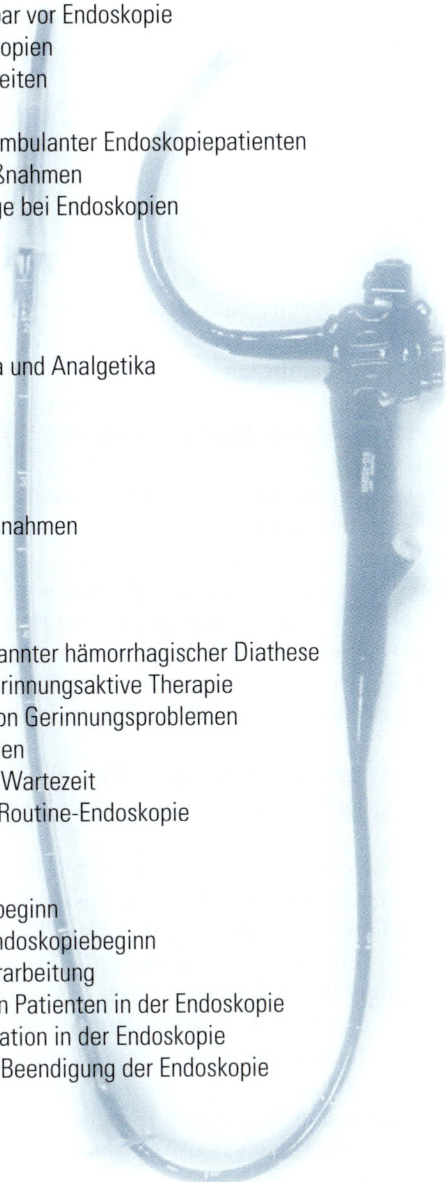

4 Allgemeine Leitlinien für endoskopische Untersuchungen

4.1 Aufklärung vor Endoskopien

4.1.1 Vorbemerkungen (A, AA/SSt-Stationsarzt)

Jeder aufklärende Arzt muss über ein facharztgemäßes Wissen bezüglich der von ihm vorgenommenen Aufklärung verfügen. Andernfalls muss er die Aufklärung von einem solchen Kollegen durchführen lassen.

Ärzte, die neu im unserer Klinik beginnen, erhalten nach Dienstantritt unsere abteilungseigenen Leitlinien über Aufklärung, Gerinnung, Sedierung, Antibiotikaprophylaxe und die Komplikationsraten (entsprechend Kap. 4.1 bis 4.4 und Anhang) als Broschüre, damit sie eine facharztgemäße Aufklärung durchführen können.

Jede Aufklärung muss schriftlich dokumentiert werden, auch wenn sie mündlich erfolgt.

Stationäre Patienten werden in der Regel für Routine-Eingriffe von den zuständigen Stationsärzten am Vortag vor der Endoskopie aufgeklärt. Im ambulanten Bereich erfolgt die Aufklärung durch den untersuchenden Arzt. In Überweisungsfällen kann u.U. in Absprache – bei guter Kooperation und Kompetenz der ärztlichen Partner – auch für diagnostische Eingriffe die Aufklärung durch den Überweisenden vorgenommen werden, allerdings ohne dass dadurch die Verantwortlichkeit des Endoskopierenden entfällt.

Themen der Aufklärung vor Endoskopien:

- Indikation
- Art der Untersuchung
- Untersuchungsgang
- Nebenwirkungen, mögliche subjektive Empfindungen
- mögliche Komplikationen samt
- evtl. erforderlichen Folgeeingriffen
- konkurrierende Verfahren und deren Vor- bzw. Nachteile
- Sedierungsmaßnahmen samt Nebenwirkungen/Komplikationen
- Fragen des Patienten

Die Aufklärung hat in einem individuellen Gespräch zwischen Arzt und Patient in verständlicher Weise so zu erfolgen, dass einerseits offen die oben angegebenen Punkte mit den Patienten besprochen werden, andererseits prinzipiell einverstandene, aber ängstliche Patienten nicht von einer notwendigen Untersuchung abgeschreckt werden.

Grundsätzlich hat der Patient auch das Recht auf Aufklärungsverzicht. Macht er von diesem Gebrauch, sollte dies stets vermerkt werden.

4.1.2 Verwendung von kommerziellen Aufklärungsbögen (A/E)

Diese Vordrucke dienen nur der Vorbereitung der eigentlichen Aufklärung und entbinden den aufklärenden Arzt nicht von dem immer zu führenden individuellen, persönlichen Gespräch. Auf dem Einwilligungsbogen soll eine schriftliche Notiz bezüglich des individuellen Charakters des Aufklärungsgesprächs vermerkt werden.

Solche Vermerke, z.B. zur Anamnese, zu Sedierungswünschen, Risikofaktoren, Absprachen über interventionelle Maßnahmen etc., sind sinnvoll, z.T. erforderlich und bei späteren juristischen Auseinandersetzungen hilfreich.

Bei der Ausfüllung der Anamnesedaten sowie zur Klärung von Verständnisfragen kann im Vorfeld eine Ko-Aufklärung durch eine entsprechend geschulte Pflegekraft oder Arzthelferin hilfreich sein.

Vom Patienten mangelhaft ausgefüllte Dokumentationsbögen entbinden den Arzt nicht von seiner Sorgfaltspflicht, z.B. in der Risikoabschätzung, sondern verpflichten ihn zu genauem Nachfragen.

4.1.3 Bedenkzeit und Aufklärung unmittelbar vor Endoskopie (A)

Bei einfachen diagnostischen Endoskopien kann das Einverständnis auch am Untersuchungstag eingeholt werden, wenn der Patient vor der Durchführung der Endoskopie noch die erforderliche Bedenkzeit hat und auf eine längere Bedenkzeit verzichtet [8]. Ein solches Aufklärungsgespräch findet am besten in einem separaten Konferenzraum/Arztzimmer o.Ä. statt. Keinesfalls darf für den Patienten die Endoskopievorbereitung so weit vorangeschritten sein, dass sich für ihn der weitere Ablauf des Eingriffes nahezu zwangsläufig vollzieht und in dieser Situation quasi unter Druck das Einverständnis eingeholt wird.

Ist der Patient vor einer interventionellen Endoskopie nicht ausreichend aufgeklärt, muss diese in jedem Fall abgelehnt werden, sofern es sich nicht um einen Notfall handelt.

Sind aufklärender und endoskopierender Arzt nicht identisch, wie in der Klinik oft üblich, und findet sich unmittelbar vor der Endoskopie ein unvollständig ausgefüllter Aufklärungsbogen, ist noch einmal Rücksprache mit dem Patienten zu nehmen. Ist dieser bereits gut aufgeklärt, dies aber nur schlecht dokumentiert, erfolgt eine Nachdokumentation auf dem Aufklärungsbogen, und die Endoskopie kann beginnen.

Abb. 4.1: Unmittelbar vor Endoskopiebeginn: So dürfen Aufklärung und Einverständnis nicht stattfinden.

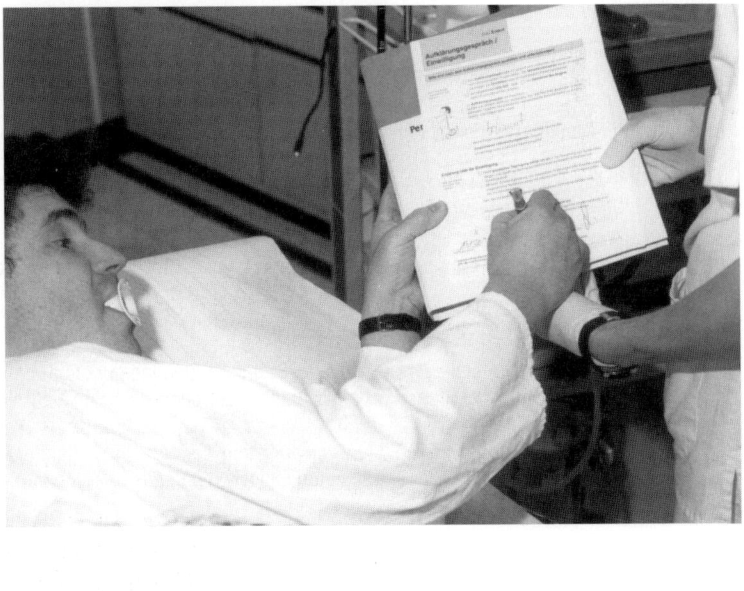

4.1.4 Komplizierte Eingriffe, Notfallendoskopien (A, AA/SSt-Stationsarzt)

Vor komplizierten Eingriffen sollen die Patienten entweder von dem Untersucher selbst oder einem anderen erfahrenen Endoskopiker über Vorgehen, Komplikationen, evtl. Folgeeingriffe etc. aufgeklärt werden, oder aber der Stationsarzt/überweisende Arzt muss über entsprechende Kenntnisse verfügen. Je komplizierter und nebenwirkungsreicher ein endoskopischer Eingriff ist, desto differenzierter muss die Aufklärung angelegt sein und desto mehr Zeit muss dem Patienten zum Überlegen gegeben werden. In solchen Fällen sollten zwischen Aufklärung und Eingriff u.U. auch deutlich mehr als 24 Stunden liegen.

Auch bei gefährlichen Eingriffen hat der Patient das Recht auf Aufklärungsverzicht. Macht er von diesem Gebrauch, soll dies stets vermerkt werden.

Bei Notfallendoskopien muss kein schriftliches Einverständnis des Patienten vorliegen. Mündliches Einverständnis und Aufklärung sind aber zu dokumentieren, z.B. im Krankenblatt oder im Befunddokumentationsformular.

4.1.5 Untersuchungsabhängige Besonderheiten (A, AA/SSt-Stationsarzt)

Bei jeder Aufklärung zur *Gastroskopie* muss geklärt und dokumentiert werden, ob der Patient lieber eine Rachenanästhesie und/oder eine intravenöse Sedierung wünscht.

Vor jeder *Koloskopie* muss routinemäßig das Einverständnis für eine evtl. Polypektomie geklärt sein einschließlich der Frage, ob evtl. erforderliche Folgeeingriffe durch Komplikationen mit der Gesamtsituation des Patienten verantwortbar sind.

Vor jeder *ERCP* soll mit dem Patienten ein Einverständnis zu einer evtl. notwendigen Papillotomie besprochen und dokumentiert sein.

4.1.6 Konkurrierende Verfahren (A)

Bei Vorhandensein etablierter konkurrierender Verfahren insbesondere mit deutlichen Risikounterschieden, ist der Patient darüber aufzuklären und ggf. ein Facharzt der Abteilung des Konkurrenzverfahrens

Meldung einer Notfallendoskopie von einer peripheren Station oder Notaufnahme an eine Endoskopieschwester
↓
Verweis der Meldung an den zuständigen Endoskopie-Oberarzt (oder Vertreter gemäß Zuständigkeitsplan)
↓
Nach Schilderung des Falles Entscheidung über Ort (ITS/Endoskopie), durchführenden Arzt und Zeitpunkt (sofort/nach Stabilisierung/später) der Endoskopie
↓
Rückmeldung an die Leitende Endoskopieschwester mit Änderung des Tagesprogramms
↓
Einteilung einer Assistenzkraft für die Notfallendoskopie durch die Leitende Endoskopieschwester
↓
Durchführung der Notfallendoskopie und Festlegung der weiteren Versorgung (Rücksprache mit Arzt der peripheren Station/ITS)
↓
Nach Abschluss der Notfallendoskopie Entscheidung von Oberarzt und Leitender Endoskopieschwester über die Bewältigung der unerledigten Endoskopien, falls Zeitprobleme auftauchen

Abb. 4.2: Verfahrensanleitung für die Organisation einer Notfallendoskopie während des Routineprogramms.

(meist Abdominalchirurg) zur detaillierten Aufklärung hinzuzuziehen.

4.1.7 Besonderheiten bei der Aufklärung ambulanter Endoskopiepatienten (A)

Ambulante Endoskopien sind erlaubt, wenn sie unter gleichen Risiken und mit gleichen Ergebnissen wie stationäre Endoskopien stattfinden können. Ambulante Patienten müssen zusätzlich zur Aufklärung über die Endoskopie im engeren Sinne noch über evtl. zu Hause auftretende Komplikationen und dann erforderliche Verhaltensweisen aufgeklärt werden. Dies geschieht sinnvollerweise durch ein beim Patienten verbleibendes Informationsblatt (s. CD-ROM div. Aufklärungsbegleitschreiben für ambulante Endoskopien). Die Patienten müssen dieses schon vor Durchführung der Endoskopie erhalten und gelesen haben, um entsprechend vorher informiert zu sein.

Es muss bereits vor dem Untersuchungstag Sorge dafür getragen sein, dass nach der geplanten Endoskopie der Transport nach Hause und der dortige Aufenthalt bis zum Folgetag kein besonderes Risiko für den Patienten darstellt. Dazu muss das Vorgehen im Falle von Problemen außerhalb der Dienst-/Praxiszeiten für den Patienten klar erkennbar geregelt sein. Bei Nichterreichbarkeit des endoskopierenden Arztes muss für den Patienten die Vertretungsregelung ebenso klar geregelt sein wie die Verfügbarkeit aller Endoskopiedaten für den Vertretenden. Am einfachsten erhält der Patient eine Durchschrift des Endoskopiebefundes, die er im Notfall dem genannten Vertreter zur Information aushändigen kann. Damit sind auch datenschutzrechtliche Probleme vermieden.

Bei komplizierteren ambulanten Eingriffen ist ein vorher vereinbarter und später in den Patientenunterlagen dokumentierter Telefonkontakt zum Patienten zwecks postinterventioneller Verlaufskontrolle u.U. sinnvoll [6].

Vor ambulanten Endoskopien sollten die Patienten darüber aufgeklärt werden, dass sie außer dem Ehering möglichst keinen Schmuck mitbringen, um Verluste zu vermeiden.

Alle in einer Endoskopieabteilung institutionalisierten Maßnahmen zur besonderen Versorgung ambulanter Patienten

Tabelle 4.1
Besondere Probleme bei ambulanten Endoskopien und Lösungsmöglichkeiten

Problem	Maßnahme zur Lösung
Verkürzte Nachsorge	Rechtzeitige Aufklärung des Patienten über mögliche spätere Probleme und erforderliche Verhaltensweisen (Formular), Telefonkontrolle (A)
Transport und häusliche Versorgung	Rechtzeitige vorherige Abklärung und Maßnahmen nach den individuellen Erfordernissen (A)
Probleme und Komplikationen außerhalb der üblichen Dienstzeiten	Klare Vertretungsregelung mit Datenzugang, schriftliche Verhaltensanweisungen für den Patienten (A)
Eingeschränkte mentale Leistung durch Sedierung	Schriftliche Aufklärung, besonders über Fahruntüchtigkeit, Geschäftsunfähigkeit, Konzentrationsstörungen (A)
Anterograde Amnesie nach Sedierung	Information, neuer Termin zur Befundbesprechung (A)
Verlust persönlicher Gegenstände	Pflegedokumentation (E)

müssen festgehalten und auf ihre Durchführung hin überprüft werden.

4.1.8 Ergebnisqualität der Aufklärungsmaßnahmen

Die Ergebnisqualität der Aufklärung kann zu Teilen in Patientenbefragungen ermittelt werden (Kap. 17.4, CD-ROM Patientenfragebogen). Hier werden im Wesentlichen die subjektive Verständlichkeit der Aufklärung und das Eingehen auf den einzelnen Patienten erfasst. In Kliniken kann noch die Häufigkeit der Komplettheit der Aufklärungsmaßnahmen erfasst werden. Dies ist insbesondere bei erkennbaren Defiziten erforderlich, um die Schwachstellen zu erkennen und gezielte Gegenmaßnahmen zu ergreifen. Zielwert ist die Erreichung von 100%. Derartige Statistikarbeit machen wir im ZKR nur stichprobenartig, wenn wir das Gefühl haben, dass an einer bestimmten Stelle Mängel vorliegen.

Mögliche Kriterien zur Ermittlung der Ergebnisqualität der Aufklärung:

- Rate erfolgter Unterschriften der Patienten (in %)
- Rate erfolgter Unterschriften/Dokumentationen des aufklärenden Arztes (in %)
- Vorhandensein von Bemerkungen zum individuellen Fall (in %)
- Vollständigkeit der Angaben auf dem Aufklärungsbogen (in %)
- Patientenbefragung zur Zufriedenheit der Aufklärungsmaßnahmen
- Vorliegen der Aufklärungsbögen unmittelbar vor der Endoskopie (in %)

Literatur:

[1] Ehlers A P, (1987) Die ärztliche Aufklärung vor medizinischen Eingriffen. Carl Heymanns, Köln

[2] Empfehlungen zur Patientenaufklärung der Bundesärztekammer. Dtsch Ärztebl. (1990), 87, B 940–942

[3] Lembcke B, et al., Struktur- und Ergebnisqualität deutschsprachiger Gastroskopie-Aufklärungsbögen aus Patientensicht. Z Gastroenterol. (1998), 36, 829–838.

[4] Preparation of patients for gastrointestinal endoscopy. Gastrointest Endosc. (1998), 48, 691–694

[5] Richtlinien zur Aufklärung der Krankenhauspatienten über vorgesehene ärztliche Maßnahmen. (1992), 3. Aufl. Deutsche Krankenhaus-Verlagsgesellschaft, Düsseldorf

[6] Risk Management: Documentation. (erstellt 1990) ASGE Procedure Manual. Nicht publiziert

[7] Schlund G H, Ellermann B, (1999), Arzt und Haftpflicht: was Sie wissen müssen, wie Sie sich versichern. ecomed, Landsberg

[8] Ulsenheimer K, Rechtsgrundlagen der Endoskopie. Der Internist. (2001), 42, 433–437

4.2 Sedierung, Monitoring und Nachsorge bei Endoskopien

4.2.1 Vorbemerkung

Gastroskopien und Koloskopien sind prinzipiell auch ohne Sedierung möglich. Die Toleranz der Patienten nimmt zu, wenn über die zu erwartenden Sensationen infolge der Endoskopie aufgeklärt wird. Die Entscheidung über eine Sedierung ist Gegenstand des Aufklärungsgesprächs mit dem Patienten.

Eine Sedierung darf nur von Ärzten durchgeführt werden, die auch qualifiziert sind, die möglichen Komplikationen der Sedierung zu beherrschen (s.a. Kap. 14.1).

Jede Endoskopieabteilung muss ihre Sedierungsrichtlinien (Standard für Vorgehen, Präparate, Dosierung etc.) schriftlich festgelegt haben. In vielen Praxen ist z.B. die Rachenanästhesie der Standard für die Gastroskopie und die Sedierung die Ausnahme, in vielen Kliniken eher umgekehrt.

Patienten mit aktueller schwerer Dyspnoe dürfen nie endoskopiert werden. Luftinsufflation, Aufregung, körperliche Anstrengung können auch ohne Sedierung zur völligen respiratorischen Dekompensation führen.

4.2.2 Ziele und Gefahren der Sedierung

Die Sedierung erhöht erwiesenermaßen die Toleranz für Endoskopien. Andererseits sind Komplikationen der Sedierung bekannt, insbesondere Atemdepression bis zum Atemstillstand oder Abfall der Sauerstoffkonzentration mit kardialen Komplikationen.

Risikofaktoren für Endoskopie und Sedierung:

- Herzinsuffizienz NYHA III–IV
- schwere koronare Herzerkrankung
- Aortenstenose Grad III–IV
- schwere Lungenerkrankung (pO_2 <50 mm, pCO_2 >50 mm Hg, FEV_1 <1 Liter)
- Patienten >70 Jahre
- ASA-Klassifikation Grad III–V

ASA(American Society of Anesthesiology)-Klassifikation:

I Normaler, sonst gesunder Patient
II Leichte Allgemeinerkrankung ohne Leistungseinschränkung
III Schwere Allgemeinerkrankung mit Leistungseinschränkung
IV Schwere Allgemeinerkrankung, die das Leben des Patienten bedroht
V Moribund, Tod innerhalb von 24 Stunden zu erwarten

Zwischen Patientenkomfort und Gefährdung durch die Sedierung muss individuell abgewogen werden. Dazu ist die Anamneseerhebung (Erfragung kardiopulmonaler Risiken, bekannte paradoxe Reaktion etc.) unerlässlich (s. Kap. 2.4 und 4.1.1). Hinzu kommt das Risiko durch die Endoskopie selber.
Ziel der Sedierung ist nicht die Erreichung eines Tiefschlafs, sondern eines gleichgültigen Wachzustandes („conscious sedation“).

Grundsätzlich gilt bei der Entscheidung für die Sedierung:

- Je gefährdeter der Patient hinsichtlich eines Atemstillstandes oder eines kritischen Abfalls der Sauerstoffkonzentration bei noch verantwortbarem Endoskopierisiko ist, desto kleiner müssen die fraktionierten Dosen des Sedativums sein.

Weiterhin ist die langsame intravenöse Injektion in unserer Klinik Standard, da die bolusmäßige Gabe von Benzodiazepinen

Tabelle 4.2
Stadien der Sedierungstiefe [1]

Conscious Sedation	Deep Sedation	Narkose
Medikamentös induzierte Bewusstseinsdämpfung	Medikamentös induzierte Bewusstseinsdämpfung bis Bewusstseinsverlust	Medikamentös kontrollierter Bewusstseinsverlust
Atemschutzreflexe vorhanden	Partieller oder vollständiger Verlust der Atemwegsschutzreflexe	Verlust der Atemwegsschutzreflexe
Freihalten der Atemwege selbständig und kontinuierlich möglich	Freihalten der Atemwege evtl. nicht selbständig und kontinuierlich möglich	Freihalten der Atemwege nicht selbständig möglich
Adäquate Reaktion des Patienten auf taktile oder verbale Stimulation	Keine geordnete Reaktion auf taktile oder verbale Stimulationen	Keine Reaktion auf taktile oder verbale Stimulation

Tabelle 4.3
Kurzgefasste Sedierungsrichtlinien im ZKR

Untersuchung	Patienten ohne Risikofaktoren	Patienten mit Risikofaktoren (immer Dosis-Titration)
Gastroskopie	• 2–5 mg Midazolam/Braunüle	• 1,25–2,5–3,75 mg Midazolam/Braunüle
Koloskopie	• 2–5 mg Midazolam/Braunüle • Pethidin und Buscopan n. Bed.	• 1,25–2,5–5,0 mg Midazolam/Braunüle • Pethidin und Buscopan n. Bed.
ERCP (s.a. Kap. 9.1)	• Pethidin n. Gewicht/Braunüle • Midazolam bis Sedierungsbeginn	• Pethidin nach Gewicht über Braunüle • Midazolam 1,25–2,5 mg

ihre Wirkung, aber auch ihre Nebenwirkungen um ca. ein Drittel verstärkt.

4.2.3 Analgosedierung

Bei schmerzhaften Eingriffen wird die Sedierung kombiniert mit einem Opiat (Pethidin oder Pentazocin) im Sinne einer Analgosedierung. Nachstehend sind die häufigsten schmerzhaften endoskopischen Maßnahmen genannt.

Endoskopien mit Indikation zur Analgosedierung:

- Bougierung/Dilatation von Stenosen
- PEG
- Schwierige Koloskopie
- Implantation von Stents und Tuben bei stenosierenden Tumoren
- Neodym-YAG-Laser- und Argon-Plasma-Koagulation
- Einführen eines Overtube

Die besondere Wirkungsverstärkung bei der Kombination von Opiaten und Sedativa ist zu berücksichtigen. Es empfiehlt sich in der Regel, zunächst das Opiat zu injizieren und dann das Sedativum bis zur gewünschten Sedierungstiefe zu titrieren [3]. Wegen des sehr unterschiedlichen Schmerzempfindens bei der Koloskopie ist unser Standard dort allerdings die umgekehrte Reihenfolge.

4.2.4 Sedativa (A)

Die häufigsten in der Endoskopie verwendeten Analgetika:

1 Benzodiazepine
1.1 Diazepam, in der Regel 1,25–5–10 mg i.v. In Deutschland weitgehend verlassen zugunsten von
1.2 Midazolam, in der Regel in Dosen zwischen 1,25–5 mg i.v. gegeben.
2 Neuroleptika
2.1 Propofol

Alle Sedativa dürfen nur unter pulsoxymetrischer Überwachung des Patienten eingesetzt werden.

Midazolam
In Tabelle 4.3 ist für Midazolam beispielhaft für die verschiedenen Endoskopien das Vorgehen unserer Klinik bei Sedierung beschrieben.

Für Patienten mit stark von der Norm abweichendem Körpergewicht oder ausgeprägten neuropsychiatrischen Erkrankungen (z.B. Delir, Myasthenie, Suchtkranke, Bewusstseinstrübungen) gelten diese Richtlinien nicht. In begründeten Fällen ist ein Abweichen der beschriebenen Dosierung erlaubt. Zu bedenken ist, dass bei fraktionierter Nachgabe von Midazolam ab 15 mg Gesamtdosis auch bei gesunden Patienten die Atemdepression dramatisch zunimmt, sodass diese Dosis in der Regel ein oberstes Limit darstellt [12, 15].

Propofol

Der Einsatz von Propofol (Halbwertszeit 2–5 Min) durch Nicht-Anästhesisten zur Sedierung bei Endoskopien ist grundsätzlich möglich. Die Einleitungsdosis liegt in der Regel bei 0,5–1–1,25 mg/kg Körpergewicht über 1–5 Min i.v. in Abhängigkeit vom Alter, Allgemeinzustand, Gewicht des Patienten. Bei längeren Untersuchungen erfolgen Nachinjektionen von 5–20 mg, je nach Wirkung oder die Aufrechterhaltung der Sedierung über Injektionspumpe.

Der Einsatz von Propofol erfordert die Anwesenheit eines zweiten Arztes, der sich ausschließlich um die Sedierung und sich daraus evtl. ergebende Probleme kümmert und entsprechend qualifiziert sein muss. Die Durchführung der Sedierung und Handhabung des leicht bakteriell zu kontaminierenden Medikamentes ist gemäß Fachinformation auszuführen. Auch sollen alle Patienten unter Propofol zur Vermeidung möglicher Blutdruckabfälle eine laufende Infusion z.B. mit NaCl 0,9% erhalten.

Propofol ist ebenfalls nur unter pulsoxymetrischer Überwachung sowie laufender Blutdrucküberwachung einzusetzen.

4.2.5 Zubereitung, Dosierung von Sedativa und Analgetika (A/E)

Alle Spritzen, in denen Sedativa aufgezogen sind, müssen so beschriftet oder gekennzeichnet sein, dass ihr Inhalt unverwechselbar ist.

Alle erwähnten Dosen von Sedativa sind nur als grober Anhalt zu verstehen. Die Dosierungen erfolgen immer individuell in Abhängigkeit von Alter, Gewicht, Wachheitsgrad, Begleiterkrankungen, potenzierenden Begleitmedikamenten etc.

Bei absehbar lange dauernden interventionellen oralen Endoskopien sollte mit dem Patienten ein eindeutiges Zeichen vereinbart werden, wenn er sich unwohl fühlt und um Nachinjektion von Analgetika/Sedativa bittet, z.B. Handklopfen, lautes Stöhnen.

4.2.6 Intravenöser Zugang (A/E)

Ein intravenöser Zugang ist sicher und *unbedingt erforderlich* bei:

- Patienten mit erhöhtem Risiko, auch bei fehlender Sedierung
- Endoskopien mit interventionellen Maßnahmen
- Endoskopien in Sedierung/Analgosedierung
- Notfalluntersuchungen

Die Anlage/Existenz eines intravenösen Zuganges ist zu dokumentieren.

4.2.7 Antidots (E/A)

Antidots (Flumazenil und Naloxon) sind bei jeder Sedierung/Analgosedierung unmittelbar in Untersuchungsnähe bereitzuhalten. Bei der weiteren Überwachung ist nach Gabe von Antidots ihre kürzere Wirkungsdauer gegenüber den agonisierenden Opiaten und Tranquilizern zu berücksichtigen. Der exakte Zeitpunkt der Gabe eines Antidots soll dokumentiert sein, ebenso ob die Antidotgabe unter laufender Endoskopie oder postendoskopisch erforderlich war.

4.2.8 Monitoring und Sauerstoffgabe (E/A)

Ab Sedierungseinleitung muss immer mindestens eine qualifizierte Person bis zum Endoskopieende unmittelbar beim Patienten sein.

Tabelle 4.4
Klinisches Monitoring

Überwachung von	Kriterien
Atmung	• Atemgeräusche • Atemsynchrone Thoraxexkursionen • Exkursionen der Bauchdecke • Hautfarbe (Zyanose) • Atemluftbewegungen vor Mund/Nase
Puls/Kreislauf	• Sichtbarer Karotispuls • Fühlbarer Karotis- (nur leichter Druck), Radialispuls • Bei V.a. Herzstillstand: Leistenpuls • RR-Werte
ZNS	• Reaktionsvermögen (spontan, auf Ansprache, Reize) • Spontanbewegungen • Pupillenweite, -reaktion

Klinisches Monitoring
Unabhängig von den heutigen Möglichkeiten des technischen Supports beim Monitoring müssen Assistenzkraft und Arzt das klinische Monitoring beherrschen, um auch im Falle eines Versagens oder einer Fehlfunktion der technischen Überwachung effizient gewappnet zu sein.

Das klinische Monitoring ist auch Bestandteil der Notfallschulungen (Kap. 14.1). Klinisches Monitoring hat bei jedem Patienten zu erfolgen. Technisches Monitoring mit Pulsoxymeter etc. sollte großzügig eingesetzt werden, ist aber entsprechend Tabelle 4.5 zwingend erforderlich.

Pulsoxymeterüberwachung, Sauerstofftherapie
Alle sedierten und alle gefährdeten Pa- tienten sind mit Pulsoxymeter zu überwachen. Patienten mit langsamem Abfall der Sauerstoffsättigung unter 85–90% werden sofort zum tieferen Atmen aufgefordert und erhalten während der Untersuchung

Tabelle 4.5
Zwingende Indikationen zum technischen Monitoring

Technische Überwachung durch	Indikation
Pulsoxymetrie	• Alle gefährdeten Patienten, unabhängig von Sedierung • Alle sedierten Patienten
Pulsoxymetrie, EKG und Defibrillationsbereitschaft	• Patienten mit Herzschrittmacher/ICD und Hochfrequenzdiathermieanwendung (s.a. Kap. 8.3) • Patienten mit schwerer KHK (instabile Angina, frischer Infarkt) • Patienten mit bekannten bedrohlichen Herzrhythmusstörungen • Patienten mit Herzinsuffizienz NYHA III und IV und zwingender Endoskopieindikation
Pulsoxymetrie und Blutdrucküberwachung	• Notfallendoskopien bei Blutungen/Schockgefahr • Sedierung mit Propofol

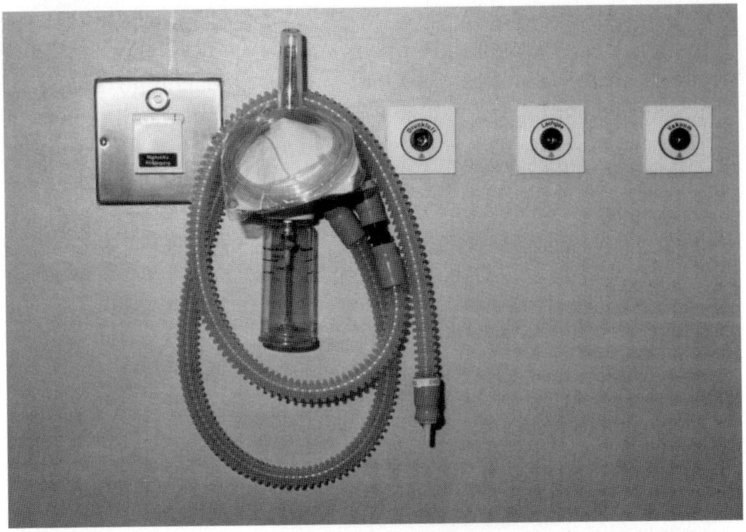

Abb. 4.3: Vorbereitetes Sauerstoffapplikationsset, im Bedarfsfall sofort verfügbar.

nasal Sauerstoff (Menge nach Angabe des endoskopierenden Arztes, in der Regel 2–4 l/Min). Bei Patienten mit raschem und dramatischem Abfall der Sauerstoffsättigung ist die Endoskopie unverzüglich abzubrechen und mit Gegenmaßnahmen zu beginnen (Maskenbeatmung, Antidots, ggf. Intubation etc.) (s.a. Kap. 14.1). Die Gegenmaßnahmen erfolgen nach den konkreten Angaben des endoskopierenden Arztes.

Kardiopulmonal kritische Patienten erhalten schon prophylaktisch Sauerstoff, spätestens aber bei einer Sauerstoffsättigung unter 90%.

Sauerstoff ist immer so bereitzuhalten, dass er schnell und ohne wesentlichen Zeitaufwand appliziert werden kann.

EKG-Monitorüberwachung, Defibrillationsbereitschaft

Die Indikation für EKG-Monitoring in Defibrillationsbereitschaft ergibt sich aus Tabelle 4.5. Bei kardial kritischen Patienten sollte sinnvollerweise erwogen werden, die Endoskopie auf der Intensivstation durchzuführen.

Der Einsatz des Defibrillators ist mit den genauen Umständen (Zahl der Defibrillationen, Wattzahl) zu dokumentieren.

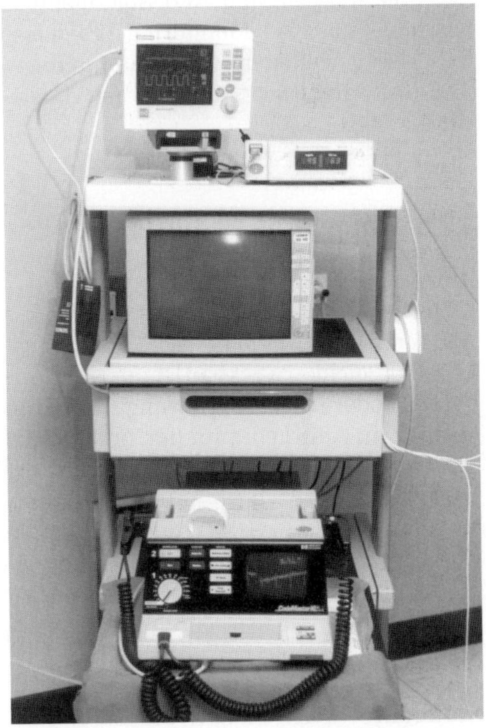

Abb. 4.4: Überwachungsgeräte (von oben): Monitor zur EKG-, Sauerstoffsättigungs- und kontinuierlichen, unblutigen RR-Messung, Pulsoxymeter und EKG-Monitor mit Defibrillator.

Blutdrucküberwachung
Patienten ohne Risikofaktoren und ohne Risikoeingriffe bedürfen keiner Blutdrucküberwachung. Sie ist zwingend bei Patienten mit Blutungen im Magen-Darm-Trakt, bei Patienten mit Schockgefährdung jeglicher Ursache und beim Einsatz von Propofol.

Günstig sind Überwachungsmonitore mit kombiniertem EKG-, Sauerstoffsättigungs- und Blutdruckmonitoring.

Durchführung und Dokumentation der Monitoringmaßnahmen
Alle Monitoringmaßnahmen werden von den entsprechend geschulten Assistenzkräften vor Beginn der Endoskopie angelegt, weiterhin bei Indikation durch den Arzt. Sie müssen vom Arzt dokumentiert werden, ebenso Monitoring-Ereignisse und die getroffenen Gegenmaßnahmen, z.B. die Gabe von Sauerstoff mit Dosierungsangabe.

4.2.9 Nachsorge sedierter Patienten (A/E)

Kein stationärer Patient darf die Endoskopie verlassen, wenn er nicht zumindest konstant leicht erweckbar ist, also auf Ansprache oder leichte Berührung. Bis dahin wird er im Aufwachraum der Endoskopie mittels Pulsoxymetrie überwacht und erhält, falls erforderlich, Antidots. Verantwortlich ist der Arzt, der die Endoskopie durchgeführt hat. Konsequente Überwachung und rasches Eingreifen müssen bei Atem-, Herz- und Kreislaufproblemen gewährleistet sein.

Stationäre Patienten, Nachsorgeplan (AA/SSt-Stationspflege)
Im ZKR existiert ein Nachsorgeplan auf den peripheren Stationen mit Richtlinien für alle Eingriffe. Nach diagnostischen Endoskopien mit Sedierung wird über vier Stunden ein Wachbogen angelegt mit stündlicher Kreislauf- und Patientenbeobachtung. Ist der Patient vorher wach, beschwerdefrei und orientiert, ohne Antidots erhalten zu haben, wird die Nachsorge beendet. Erforderliche Abweichungen von diesem Plan müssen schriftlich vom Arzt auf dem Befundbogen vermerkt werden.

Ambulante Patienten (A)
Ambulante Patienten dürfen die Endoskopieabteilung erst zur weiteren Beobachtung im Aufwachraum verlassen, wenn sie erweckbar sind. Sie dürfen die Praxis/das Krankenhaus erst verlassen, wenn sie ohne Hilfe gehfähig sind, bzw. komplett wach, orientiert und kreislaufstabil sind. Es dürfen keinerlei klinische Verdachtszeichen für eine Komplikation vorliegen. Verantwortlich ist der Arzt, der die Endoskopie durchgeführt hat. Für einen sicheren Transport nach Hause muss gesorgt sein. Insbesondere nach invasiven Eingriffen muss auch sichergestellt sein, wie für die Patienten nach Ankunft in ihrer Wohnung im Notfall Hilfe erreichbar ist (s.a. Kap. 4.1.7).

4.2.10 Ergebnisqualität der Sedierungsmaßnahmen

Die Ergebnisqualität von Sedierung und Analgosedierung lässt sich zumindest teilweise anhand verschiedener Kriterien überprüfen. So lässt sich zum einen die Zufriedenheit der Patienten mit der Untersuchung, die Veränderung von Erwartungsängsten und die Empfindung von Schmerzen in Patientenfragebögen (s. CD-ROM) überprüfen und messen (s.a. Kap. 17.3). Zum anderen gibt die Komplikationsstatistik der Endoskopieabteilung Auskunft über Zwischenfälle infolge Sedierung. Schließlich gibt der Verbrauch von Antidots unter laufender Endoskopie noch einen gewissen lockeren Anhalt für eventuelle Überdosierungen von Tranquilizern und Opiaten [19], während der postendoskopische Antidotverbrauch auch mit tieferem Schlaf durch das Wegfallen unangenehmer Sensationen zusammenhängen kann.

Messparameter zur Ergebnisqualität der Sedierungsmaßnahmen:

- Patientenbefragung zur Zufriedenheit
- Patientenbefragung zu künftigen Erwartungsängsten
- Komplikationsstatistik
- Antidotverbrauch unter laufender Endoskopie

Kommentar

Sedativa in der Gastroenterologie sind ein immer wieder heiß diskutiertes Thema. Es gibt zahlreiche widersprechende Studien, die eine sehr unterschiedlich hohe Toleranz für eine Gastroskopie in Rachenanästhesie zeigen. Eine gute Aufklärung über die Empfindungen, die ein Patient bei einer Endoskopie zu erwarten hat [24], und eine großzügigere Dosis der Lokalanästhesie bei der Gastroskopie [15] scheinen die Toleranz auch bei ängstlichen Patienten zu erhöhen.

Andererseits zeigen randomisierte prospektive Studien die bessere Toleranz für Gastroskopie und Koloskopie nach Sedierung [7, 25]. Schließlich ist noch zu bedenken, dass heute gerechnet wird, dass ca. 60% aller Komplikationen bei diagnostischen Endoskopien durch die Sedierung verursacht werden [3].

Bis heute ist nicht erwiesen, dass die Sedierung mit Diazepam in irgendeiner bedeutenden Hinsicht Midazolam unterlegen ist. In einer Untersuchung der ASGE waren Komplikationen und letale Ereignisse mit Diazepam nicht häufiger als unter Midazolam [2]. In zahlreichen randomisierten Studien konnte gezeigt werden, dass der Sedierungseffekt von Diazepam dem des Midazolam ebenbürtig ist, bei allerdings weniger ausgeprägter anterograder Amnesie. Andererseits waren mit Diazepam sedierte Patienten trotz seiner sehr viel längeren Halbwertszeit schneller wieder wach als nach Midazolam. Trotzdem hat sich Midazolam in Deutschland weitgehend durchgesetzt. Mittlerweile hat sich eine Standarddosis von 5 mg in vielen Endoskopieabteilungen für eine Gastroskopie beim normgewichtigen Patienten etabliert, obwohl viele Studien mit deutlich geringeren Dosen durchgeführt wurden: 0,035 mg [9] bis 0,06 mg/kg Körpergewicht [4], 3–5 mg absolut [12].

Ein permanenter Venenzugang ist bei sedierten Patienten immer erforderlich [17, 27]. Die DGVS hat in ihren Leitlinien allerdings eindeutig einen permanenten Venenzugang nur für die Analgosedierung gefordert [7]. Empirische Untersuchungen liegen zu diesem Thema nicht vor (eigene Medline-Recherche).

Mittlerweile ist die Sedierung mit Propofol in ein besonders günstiges Licht geraten. Propofol ist sicher ein gutes Sedativum in der Endoskopie. In einigen Fällen bringt es sogar möglicherweise Vorteile, wie bei der Tubage ohne Narkose bzw. Eingriffen, die einen ruhigen Patienten mit besonders schlaffem Schlund erfordern. Ein weiterer Vorteil liegt in der kurzen Halbwertszeit und sehr kurzen Aufwachphase bei mindestens gleich guter anterograder Amnesie wie Midazolam. Ideal ist Propofol auch für Patienten mit bekannter paradoxer Reaktion auf Benzodiazepine. Der Nachteil liegt in den Mehrkosten, dem geringeren therapeutischen Fenster, der erhöhten Rate an Blutdruckabfällen und gelegentlich auftretenden Injektionsschmerzen.

Für die Koloskopie konnte z.B. kein Vorteil gegenüber Midazolam nachgewiesen werden, für die ERCP zwar eine höhere Rate an adäquater Sedierung, aber auch bei 3 von 40 Patienten eine notwendige vorübergehende endotracheale Intubation/Beatmung [11].

Die pulsoxymetrische Überwachung sedierter Patienten wird mittlerweile von allen renommierten Fachgesellschaften empfohlen [3, 7, 17, 21]. Wenn auch bis heute keine Untersuchung eine geringere kardiale Komplikationsrate oder weniger letale Atemstillstände durch den Einsatz des Pulsoxymeters beweist [8, 11, 21], erscheint die frühe Erkennung kritischer Situationen, besonders gekennzeichnet durch einen raschen Abfall der Sauerstoffsättigung, von Vorteil [3], z.B. bei Untersuchungen in Bauchlage, bei denen bei notwendiger mechanischer Atemhilfe noch Zeit durch die notwendige Umlagerung des Patienten verloren geht.

Die prophylaktische Gabe von Sauerstoff bei Endoskopien senkt die Häufigkeit von kritischen Abfällen der Sauerstoffsättigung und von ST-Senkungen bei Koronarkranken, nicht aber sicher die kardiopulmonalen Komplikationsraten [11]. Trotzdem bietet sich die prophylaktische Sauerstoffgabe bei notwendigen Endoskopien von kardiopulmonal kritischen Patienten an, wenn aufgrund von Anamnese und Vorbefunden keine CO_2-Narkose zu befürchten ist.

Die oft übliche Kombination aus Rachenanästhesie und Sedierung mit Midazolam bei der Gastroskopie wird gegenüber der alleinigen Sedierung in Studien bezüglich der Patientenakzeptanz kontrovers beurteilt [5, 9]. Sie scheint auf jeden Fall keine nachteiligen Effekte zu haben.

Bezüglich der Dokumentation des Monitoring gehen die Minimalforderungen der ASA sehr weit [17]. Sie beinhalten, dass die Dokumentation von Puls, Sauerstoffsättigung und Blutdruck vor der Untersuchung, nach Verabreichung der Sedativa/Analgetika, bei Beendigung der Endoskopien, in der beginnenden Erholungsphase und vor Verlassen der Endoskopieabteilung erfolgen sollte. Dabei handelt es sich um einen Expertenrat, dessen Sinn mehr juristische als fachliche Gründe hat. Allerdings müssen besondere Vorkommnisse, die durch das Monitoring entdeckt werden, sicher in jedem Fall samt der erfolgten therapeutischen Maßnahmen detailliert beschrieben werden.

Literatur:

[1] American Academy of Pediatrics, Commitee on Drugs, Guidelines for monitoring and management of pediatric patients during and after sedation for diagnostic and therapeutic procedures. Pediatrics. (1992), 89, 1110–1115

[2] Arrowsmith J B, et al., Results from the American Society for Gastrointestinal Endoscopy/U.S. Food and Drug Administration collaborative study on complication rates and drug use during gastrointestinal endoscopy. Gastrointest Endosc. (1991), 37, 421–427

[3] Bell G D, et al., Recommendations of sedation and patient monitoring during gastrointestinal endoscopy (BSG, endoscopy committee working party). Gut. (1991), 32, 823–827

[4] Carlsson U, Gratidge P, Sedation for upper gastrointestinal endoscopy: A comparative study of propofol and midazolam. Endoscopy. (1995), 27, 240–243

[5] Davis D E, Jones M P, Kubik C M, Topical pharyngeal anesthesia does not improve upper gastrointestinal endoscopy in conscious sedated patients. Am J Gastroenterol. (1999), 94, 1853–1856

[6] Fleischer D (1991), Report of workshop on procedural safety. In: McCloy R (Hrsg.), Quality control in endoscopy, 46–51. Springer, Berlin, Heidelberg, New York

[7] Fröhlich F, Fried M, Sauerbruch T (1997), Patientenüberwachung. In: Leitlinien der DGVS, 2. Aufl., 137–142. Demeter, Balingen

[8] Fröhlich F, Convers J J, Fried M, Conscious sedation, clinically relevant complications and monitoring of endoscopy: results of a nationwide survey in Switzerland. Endoscopy. (1994), 26, 231–234

[9] Fröhlich F, et al., Conscious sedation for gastroscopy: patient tolerance and cardiorespiratory parameters. Gastroenterology. (1995), 108, 697–704

[10] Hofmann C, et al., Propofol zur Sedierung bei Gastroskopien – ein randomiserter Vergleich mit Midazolam. Z Gastroenterol. (1999), 37, 589–595.

[11] Holm C, Rosenberg J, Pulse oximetry and supplemental oxygen during gastrointestinal endoscopy: A critical review. Endoscopy. (1996), 28, 703–711

[12] Jung M, et al., Improved sedation in diagnostic and therapeutic ERCP: Propofol is an alternative to midazolam. Endoscopy. (2000), 32, 233–238

[13] Keeffe E B, Sedation and analgesia for endoscopy. Gastroenterology. (1995), 108, 932–933

[14] Monitoring equipment for gastrointestinal endoscopy. ASGE Technology Assessment Status Evaluation. Gastrointest Endosc. (1995), 42, 615–617

[15] Mulcahy H E, et al., A double-blind randomized trial of low-dose versus high dose topical anaesthesia in unsedates upper gastrointestinal endoscopy. Aliment Pharmacol Ther. (1996), 10, 975–979
[16] Pohlmann S, Herden H N, Hagenmüller F, Propofol-Narkose für die Endoskopie – gefährlicher als Midazolam? Bildgebung. (1993), 60, 61–63
[17] Practice guidelines for sedation and analgesia by non-anesthesiologists. Anesthesiology. (1996), 84, 459–471
[18] Preparation of patients for gastrointestinal endoscopy. ASGE Publication. Gastrointest Endosc. (1998), 48, 691–694
[19] Quality and outcomes assessment in gastrointestinal endoscopy. ASGE Publication No. 1042, Gastrointest Endosc. (2000), 827–830
[20] Rey J-F, Sedation for upper gastrointestinal endoscopy: as much as possible, or without? Endoscopy. (1996), 28, 308–309
[21] SAGES, AGA, ASGE, ACG, Sedation and monitoring of patients undergoing gastrointestinal endoscopic procedures. Gastrointest Endosc. (1995), 42, 626–629
[22] Schwenkmezger P, et al., Angst- und Stressreaktion und ihre Bewältigung bei ambulanter gastrointestinaler Endoskopie: Ist eine Prämedikation gerechtfertigt? Z Gastroenterol. (1997), 35, 913–920
[23] Sieg A, Hachmöller-Eisenbach U, Heisenbach Th, Wie sicher ist die Prämedikation in der ambulanten Endoskopie in Deutschland? Dtsch Med Wschr. (2000), 125, 1288–1293
[24] Tan C C, Freeman J G,. Throat spray for upper gastrointestinal endoscopy is quite acceptable to patients. Endoscopy. (1996), 28, 277–282
[25] Guidelines for training in patient monitoring and sedation and analgesia. ASGE Publication No. 1031. Gastrointest Endosc. (1998), 48, 669–671
[26] Woloskynowich M, et al., Psychological aspects of gastrointestinal endoscopy: A review. Endoscopy. (1996), 28, 763–767
[27] Sedation and monitoring of patients undergoing gastrointestinal endoscopic procedures. ASGE Publication No. 1022, Gastrointest Endosc. (1995), 42, 626–629

4.3 Gerinnung und Endoskopien (A)

4.3.1 Diagnostische Endoskopie

- Eine gründliche Anamnese bei erwachsenen und bewusstseinsklaren Patienten kann eine hämorrhagische Diathese gefährdenden Ausmaßes vor Endoskopien ausschließen oder auch aufdecken.
- Die Durchführung einer diagnostischen Endoskopie ist auch bei stark von der Norm abweichenden Gerinnungswerten möglich.
- Bei rein diagnostischen Endoskopien und unauffälliger gründlich erhobener Gerinnungsanamnese kann daher vollständig auf das Vorliegen von Gerinnungswerten verzichtet werden [1–3].

Wenn Biopsien entnommen werden sollen, sollten die Thrombozyten bis auf besondere Einzelfälle über 50.000 und der Quickwert über 40% liegen. Der Stellenwert der PTT bei Erwachsenen mit unauffälliger Gerinnungsanamnese ist bis heute weitgehend unklar [5].

Eine diagnostische Endoskopie, die ohne Biopsien erfolgt, kann auch bei ausgeprägter Thrombopenie erfolgen, wenn eine Indikation besteht. Natürlich ist auf die Vermeidung mechanischer Traumatisierung durch das Endoskop zu achten.

Eine therapeutische Marcumarisierung steht einer diagnostischen Endoskopie nicht im Wege. Im Einzelfall sind auch aus nicht stark blutungsgefährdeten Regionen Biopsien möglich [1], allerdings ist der Patient vorher über die etwas erhöhte Blutungsgefahr und evtl. notwendige Gegenmaßnahmen (PPSB mit HIV-Risiko, evtl. FFP mit HIV-Risiko, Konakion, stationärer Aufenthalt) aufzuklären.

4.3.2 Interventionelle Endoskopie

Vor interventionellen Endoskopien muss immer ein aktueller Gerinnungsstatus vorliegen. Außer bei der akuten Ösophagusvarizenblutung sollen die Thrombozytenwerte immer über 50.000 und der Quickwert über 50%, bei der Papillotomie über 80.000 bzw. 55% liegen. Nötigenfalls muss eine entsprechende Substitutionstherapie vorgenommen werden. Patienten mit Thrombozytopathien sind allerdings auch bei deutlich mehr als 50.000 Thrombozyten blutungsgefährdet [4].

Wegen des anderen Krankheitsspektrums stationärer Patienten (häufigere gerinnungsaktive Therapie, Krankheiten mit höherem Gefährdungspotenzial wie Verbrauchskoagulopathien, dekompensierte Leberzirrhose etc.) darf der Gerinnungsstatus (Quickwert und Thrombozyten) im ZKR vor interventionellen Endoskopien nicht älter als ca. drei Tage sein. Vorsicht ist auch bei sehr kachektischen und niereninsuffizienten Patienten (Kreatinin >1,5 mg/%) unter niedermolekularen Heparinen geboten.

Eine erhöhte Blutungsneigung besteht bei Patienten, die Thrombozytenaggregationshemmer erhalten und bei Dialyse-Patienten, auch wenn der Gerinnungsstatus in der Norm ist. Allerdings ergeben sich daraus keine generellen Kontraindikationen [1]. Im Einzelfall muss zwischen Ausmaß der Gefährdung durch den Eingriff, Ausmaß der Gefährdung durch Weglassen des Thrombozytenaggregationshemmers und Elektivität des Eingriffes abgewogen werden. Der Patient muss über die erhöhte Blutungsgefahr ohne eindeutige Erhöhung der Letalität aufgeklärt werden.

Für Ticlopidin/Clopidogrel gilt wahrscheinlich Gleiches. Die Datenlage ist aber noch unzureichend. Unter einer Kombinationstherapie mit Clopidgrel und ASS, z.B. nach Koronarstenting, nehmen wir keine elektiven Interventionen vor.

4.3.3 Patienten mit Verdacht auf oder bekannter hämorrhagischer Diathese

Alle Patienten mit dem Verdacht auf eine hämorrhagische Diathese sind vor einer interventionellen Endoskopie weiteren Gerinnungsuntersuchungen zu unterziehen, d.h. Anforderung von bekannten Vorbefunden bei schon erfolgter Diagnostik, Bestimmung der PTT, Blutungszeit, Thrombelastogramm, ggf. Einzelfaktoranalyse, insbesondere auch Faktor XIII-Bestimmung und Ausschluss eines v.Willebrandt-Jürgens-Syndroms.

Nach abgeschlossener Gerinnungsdiagnostik sind die entsprechenden Vorsorgemaßnahmen, wie Bereitstellung/Gabe von Gerinnungsfaktoren etc. zu treffen. Nötigenfalls ist mit einem Gerinnungsexperten Kontakt aufzunehmen.

Für Patienten mit besonderen Gerinnungsstörungen (Faktor VIII-Mangel, Faktor IX-Mangel, v.Willebrandt-Jürgens-Syndrom etc.) wird auf die Richtlinien der DGVS verwiesen [4].

4.3.4 Interventionelle Endoskopien und gerinnungsaktive Therapie

Interventionelle Maßnahmen sind unter therapeutischer Marcumarisierung zu unterlassen. Bei Patienten mit zeitlich befristeter Marcumarisierung (kürzlich behobenes Vorhofflimmern, nach erstmaliger tiefer Beinvenenthrombose) sollten elektive Interventionen auf die Zeit nach Beendigung der Marcumarisierung verschoben werden, wenn dies zu rechtfertigen ist. Anderenfalls muss die Marcumarisierung vor dem Eingriff beendet und ein ausreichender Anstieg des Quickwertes erzielt werden.

Gleiches gilt für die therapeutische Heparinisierung. Bei Patienten mit notwendiger interventioneller Endoskopie, die therapeutisch heparinisiert werden (PTT im therapeutischen Bereich), soll die Heparinisierung spätestens vier, besser sechs Stunden vor dem Eingriff beendet sein und kann zwei bis sechs Stunden nach dem Eingriff wieder aufgenommen werden. Bei Patienten mit subkutaner Heparinisierung und invasiven Eingriffen sollte am Morgen der Endoskopie Heparin maximal in der Dosis zur Thromboseprophylaxe gegeben werden.

Bei Patienten, die eine gastrointestinale Blutung unter therapeutischer Marcumarisierung oder Heparinisierung erleiden, ist die erste therapeutische Maßnahme die Gerinnungsnormalisierung und nicht die Endoskopie (s.a. Kap. 9.1).

Literatur:

[1] Management of anticoagulation and antiplatelet therapy for endoscopic procedures. ASGE Publication No. 1029. Gastrointest Endosc. (1998), 48, 672–675

[2] O'Conor K, et al., Recommended use of laboratory studies before endoscopic procedures. Gastrointest Endosc. (1993), 39, 892–894

[3] Position statement on laboratory testing before ambulatory elective endoscopic procedures. ASGE Guidelines for clinical application. Gastrointest Endosc. (1999), 50, 906–909

[4] Schepke M, Unkrig C, Sauerbruch, T, Endoskopie bei Patienten mit Blutungsrisiko. Z Gastroenterol. (1997), 35, 147–153

[5] Suchman A L, Mushlin A I, How well does the activated partial thromboplastin time predict postoperative hemorrhage? JAMA. (1986), 256, 750–753

4.3.5 Organisation und Ergebnisqualität von Gerinnungsproblemen

Idealerweise werden Gerinnungsprobleme in Zusammenhang mit einer geplanten Endoskopie schon im Vorfeld durch den Stations- bzw. betreuenden Oberarzt, im ambulanten Bereich den Hausarzt analysiert und behandelt. Bei mangelnder Kenntnis der endoskopiebedingten Risiken sollten sich diese in der Klinik mit dem ärztlichen Leiter der Endoskopie, in der Praxis mit dem niedergelassenen Untersucher zwecks Planung des weiteren Vorgehens in Verbindung setzen. In Zweifelsfällen muss die Endoskopie verschoben werden.

Die Ergebnisqualität von Gerinnungsproblemen in der Endoskopie kann ermittelt werden über die Dokumentation von Endoskopiestornierungen infolge unzureichender Gerinnungsdiagnostik, sowie durch die Komplikationsstatistik mit evtl. aufgetretenen Blutungen infolge von Gerinnungsproblemen. Bei Problemen ist eine Verbesserung der abteilungseigenen Leitlinien erforderlich.

4.4 Antibiotikaprophylaxe bei Endoskopien (A/E)

Die Indikation zu einer Antibiotikaprophylaxe wird anhand der Einschätzung des Gesamtrisikos aus der Gefährdung des Patienten für eine Endokarditis und der Wahrscheinlichkeit der Bakteriämie bei dem endoskopischen Eingriff gestellt.

Endokarditisrisiko und Bakteriämierisiko

- Ein hohes Endokarditisrisiko besteht in folgenden Situationen: Prothetische Herzklappen, Z.n. abgelaufener infektiöser Endokarditis, Z.n. arterio-pulmonaler Shuntanlage
- Ein mittelgradig erhöhtes Endokarditisrisiko besteht in folgenden Situationen: Angeborene Herzfehler, rheumatische Vitien mit Klappenfehlern, Mitralklappenprolaps mit Mitralklappeninsuffizienz, hypertrophe Kardiomyopathie
- Ein hohes Bakteriämierisiko besteht bei folgenden Endoskopien: Ballondilatation oder Bougierungsbehandlung im oberen und unteren Gastrointestinaltrakt, Sklerosierung von Ösophagusvarizen, ERCP (diagnostisch und thera-

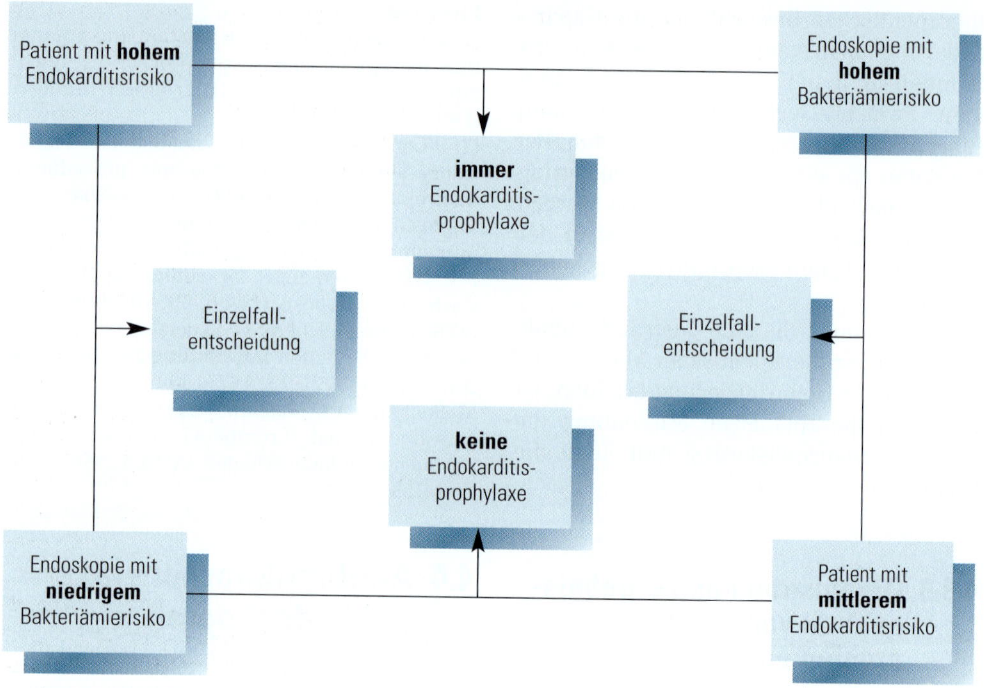

Abb. 4.5: Endokarditisprophylaxe bei Endoskopien.

peutisch), Lasertherapie und Argon-Beaming von malignen Stenosen im oberen und unteren Gastrointestinaltrakt
- Ein geringes Bakteriämierisiko besteht bei folgenden Endoskopien: Diagnostische Gastroskopie, diagnostische Koloskopie, Polypektomie

Die ASGE empfiehlt außerdem eine Antibiotikaprophylaxe im ersten Jahr nach Einsatz einer synthetischen Gefäßprothese bei Eingriffen mit hohem Bakteriämierisiko [1].

Regime der Antibiotikaprophylaxe bei Erwachsenen [4]:
- 2 g Amoxycillin i.v. 30–60 Minuten vor dem endoskopischen Eingriff
- sowie ggf. oral nach 8 und 16 Stunden.
- Bei Penicillinallergie 0,6 mg Clindamycin
- oder 1 g Vancomycin (letzteres langsam über 60 Minuten)
- Bei ERCP Mezlo-/Azlocillin oder bei Penicillinallergie Imipenem oder Ciprofloxacin (s.a. Kap. 11.2.4)

Im ZKR ist bereits dem Anforderungsformular (s.a. Kap. 4.1.1) zu entnehmen, ob der Patient eine Endokarditisprophylaxe braucht, damit diese durch die Assistenzkraft rechtzeitig bei telefonischer Bestellung des Patienten zur Endoskopie veranlasst werden kann.

Im ambulanten Bereich muss der Patient nach intravenöser Gabe noch 30 bis 60 Minuten bis zum Endoskopiebeginn warten.

Regime der Antibiotikaprophylaxe bei Kinder unter 10 Jahren [3]:
- 500 mg Amoxycillin in 2,5 ml 1% Lidocainhydrochlorid plus 2 mg/kg Gentamycin i.v.

- oder 500 mg Amoxycillin in 10 ml Aqua i.v. über 3–4 Minuten plus 2 mg/kg Gentamycin i.v.
- Dann eine orale Dosis Amoxycillin 6 Stunden später (5–9 Jahre 250 mg, 0–4 Jahre 125 mg).
- Bei Penicillinallergie: 20 mg/kg Vancomycin (oder 6 mg/kg Teicoplanin) als langsame Infusion,
- gefolgt von 2 mg/kg Gentamycin i.v.

Erwachsene und Kinder mit Neutropenie <1000 x 10^9/l erhalten zusätzlich 7,5 mg/kg Körpergewicht Metronidazol i.v. zu jedem Regime.

Literatur:

[1] Antibiotic prophylaxis for gastrointestinal endoscopy. ASGE Publication No. 1028. Gastrointest Endosc. (1995), 42, 630–635

[2] Infection control during gastrointestinal endoscopy. ASGE Publication No. 1035. Gastrointest Endosc. (1999), 49, 836–841

[3] Mani V, et al., Antibiotic prophylaxis in gastrointestinal endoscopy: A report by a working party for the British Society of Gastroenterology Endoscopy Committee. Endoscopy. (1997), 29, 114–119

[4] Sauter G, Ruckdeschel G, Sauerbruch T (1997), Antibiotische Prophylaxe und Therapie infektiöser Komplikationen. In: Leitlinien der DGVS, 2. Aufl., 153–159. Demeter, Balingen

4.5 Terminvergabe für Endoskopien und Wartezeit

(E/SSt-Stationspflege, -Stationsarzt, -HA)

Soweit nicht aufgrund besonderer Terminplanung von Patient oder zuweisender Stelle (Hausarzt/Station) gewünscht, ist die Vergabe eines schnellen Termins oberstes Prinzip. In jeder Endoskopieabteilung sollte eine Verfahrensanleitung zur Terminvergabe bestehen (Wer nimmt Termine an? Nach welchen Kriterien werden sie vergeben?).

Leitlinien zur Terminvergabe im ZKR sind:

- Gastroskopie am Folgetag, aber bei ordnungsgemäßer Aufklärung des Patienten, diagnostischer freier Kapazität und Nüchternheit des Patienten auch am Anmeldungstag.
- Koloskopie am Folgetag, wenn die Vorbereitung noch möglich erscheint, sonst am übernächsten Arbeitstag.
- ERCP am Folgetag, wenn noch ausreichend Röntgenkapazität.
- Notfallendoskopien erfolgen noch am gleichen Tag. Hat ein Patient kurz vor einer Notfallgastroskopie oder -ERCP feste Kost zu sich genommen, erhält er 20 mg Metoclopramid i.v. Die Endoskopie erfolgt zwei bis vier Stunden später.
- Geplante interventionelle Eingriffe (Papillotomie, Argon-Beaming, Polypentfernung, Varizenbanding etc.) müssen aus personalplanungstechnischen und vorbereitungstechnischen Gründen als solche von den Zuweisern angemeldet werden. Hier ist es wichtig, dies mit den Zuweisern zu besprechen.
- Seltene Spezialuntersuchungen werden terminlich mit der ärztlichen Organisationsleitung abgesprochen.
- Jede Endoskopieschwester kann Termine vergeben, da die maximal möglichen Untersuchungen für jeden Tag festgelegt sind.

In Zeiten von Personalknappheit findet bei Problemen eine Absprache zwischen der leitenden Endoskopiepflegekraft und dem für die Organisation verantwortlichen Endoskopiearzt statt, damit eine Entscheidung nach Dringlichkeits-, Patienten-, Sach- und Personalgesichtspunkten getroffen werden kann.

Bei der Anmeldung von Notfallendoskopien ist der für die Organisation verantwortliche Endoskopiearzt zu informieren, damit dieser die Dringlichkeit beurteilen kann zwecks evtl. Unterbrechung des geplanten Tagesablaufes. Weiterhin nimmt er die Arbeitseinteilung für diese Endoskopie vor (s. Abb. 4.2, S. 48).

Tabelle 4.6
Prozessablauf von der Indikationsstellung bis zum Beginn der Endoskopie im ZKR

Prozess/Schritt	Wer	Wie	Wann
Indikationsstellung	Stationsarzt	Patientengespräch/-untersuchung	Unterschiedlich
Weitergabe an Pflege	Stationsarzt	Schriftl. Anordnung der exakt gewünschten Endoskopie in Kurve, Ziehen des roten Reiters	Sofort
Bereitstellung von Anforderungs-/Aufklärungsformular, Anmeldung in Endoskopieabteilung	Zuständige Pflegekraft	Versehen der Formulare mit Patientendaten, Formulare ins Arztfach, Entfernen des Reiters in Kurve, tel. Anmeldung in Endoskopie für Folgetag, wenn möglich	Gleiche Schicht
Aufnahme ins Endoskopie-Programm	E	Eintrag von Patientenname, gewünschter Endoskopie am Folgetag/gewünschtem Termin in Programmkalender	Bei Anruf
Ausfüllen des Anforderungsformulars, Aufklärung und Einverständniseinholung	Stationsarzt	Formularkomplettierung, Patientengespräch, dann Abgabe aller Formulare zur Weiterleitung	Gleicher Tag
Patienteninformation/Termin	Pflegekraft/A	Patient erhält Bestätigung über Termin.	Gleicher Tag
Sicherung Einverständnis	Pflegekraft	Abheften der Erklärung in Krankenakte	Gleicher Tag
Weiterleitung des ausgefüllten Formulars in Endoskopie	Pflegekraft, Zivildienstl.	Abgabe in Endoskopie oder Einwurf in den vorgesehenen bekannten Briefkasten	Bis zum Abend des gleichen Tages
Erstellung des Endoskopie-Programms des Folgetages	Leitende E	Endoskopie - Arbeitstafel, Programmgestaltung nach den Einträgen Programmkalender	Vor Dienstschluss am gleichen Tag
Einteilung der E's für den Folgetag	Leitende E	Eintragung auf Endoskopie-Arbeitstafel, Berücksichtigung von Urlaub, Krankheit der MA	Dto.
Einteilung der A's für den Folgetag	Leitender A	Dto.	Dto.
Vollständigkeit aller Anforderungen für Untersuchungstag	E	Öffnen des Briefkastens und des entsprechenden Ordners. Bei Unvollständigkeit ggf. telefonische Nachforderung	Untersuchungstag
Bestellung des Patienten, Vorbereitung der Endoskopie	E	Vor Bestellung Studium der Anforderung, Regelung bei Besonderheiten, z.B. Monitor bei PM-Patient, Endokarditisprophylaxe etc.Tel. Bestellung des Pat. von Station. Endoskopie wird vorbereitet.	Vor (Endokarditisprophylaxe) oder nach Telefonat (Monitor holen)
Letzte Überprüfung der Vollständigkeit der Unterlagen	Pflegekraft	Checkliste (CD-ROM)	Vor Transport des Patienten in die Endoskopie

Fortsetzung Tabelle 4.6
Prozessablauf von der Indikationsstellung bis zum Beginn der Endoskopie im ZKR

Prozess/Schritt	Wer	Wie	Wann
Information des Patienten über bevorstehende Untersuchung und Verbringung in Endoskopie	Pflegekraft	Patient wird in den Wartebereich der Endoskopie gebracht und dort um einen kleinen Moment Geduld gebeten.	
Abgabe der Unterlagen in der Endoskopie	Pflegekraft	geht ins Endoskopiedienstzimmer.	Vor Untersuchung
Überprüfung der Unterlagen auf Vollständigkeit	E	Möglichst in Anwesenheit der Pflegekraft, ggf. Nachreichung fehlender Unterlagen	Vor Untersuchung
Information des A über baldigen Endoskopiebeginn	E	Telefonisch oder per Ansprache, wenn A in der Nähe	Vor Untersuchung
Übergabe des Patienten	Pflegekraft und E	Pflegekraft verabschiedet sich von Patienten, gibt Auskunft über noch erforderliche Wartezeit. E begrüßt Patienten, stellt sich vor.	Vor Untersuchung
Pat. wird in Endoskopie begleitet und aufgelegt.	Pflegekraft	gibt u.U. Hilfestellung, beantwortet Fragen, erklärt etc.	Untersuchungs-vorbereitung
Letzte Indikationsstellung	A	Arzt stellt sich vor, kontrolliert Unterlagen und Indikationsstellung, spricht mit Patienten.	Unmittelbar vor Endoskopie
Die Endoskopie beginnt.	A + E + Patient	Gutes Gelingen für alle!	

Die Patientenbestellung erfolgt so, dass die unmittelbare Wartezeit im Wartebereich bei maximal 15 Minuten liegt. Diese Zeit wurde auch in einer Befragung von der Mehrheit unserer Patienten als akzeptabel beurteilt.

Kommentar

Es ist hilfreich, elektive Endoskopien nach Uhrzeiten zu planen. Das hilft allen Beteiligten, den Tag grob vorauszuplanen. Als Richtzahlen können z.B. die von Staritz et al. ermittelten Endoskopiedurchschnittszahlen genommen werden [1]. Es empfiehlt sich aber, eigene Erfahrungswerte anzusetzen, die der Realität der eigenen Abteilung am nächsten kommen. Andererseits sollte zumindest im Krankenhaus immer ausreichend Platz für einzuschiebende Notfalluntersuchungen oder unvorhergesehene Untersuchungen vorhanden sein.

Die Zahl der täglich durchschnittlich möglichen Endoskopien unter Durchleuchtungskontrolle sollte ebenfalls bekannt sein.

Solche Planungen lassen, wenn sie nicht unrealistisch sind, die Endoskopiekapazität besser ausnutzen. Gegebenenfalls kann man diese Zahlen für die eigene Abteilung in einem Qualitätsprojekt ermitteln und so später exaktere Planungen vornehmen.

Literatur:

[1] Staritz M, et al., Zeitbedarf für endoskopische Diagnostik und Therapie: Ergebnisse einer Multizenterstudie. Z Gastroenterol. (1992), 30, 505–518

4.6 Standardvoraussetzungen vor jeder Routine-Endoskopie

4.6.1 Notwendige Patientenunterlagen (E)

Die Assistenzkraft prüft nach Eintreffen des Patienten die Unterlagen auf Vollständigkeit.

Checkliste der notwendigen Unterlagen bei jeder Endoskopie:

- schriftliches Einverständnis des Patienten (außer bei Notfalluntersuchungen)
- ausgefüllter Aufklärungsbogen (Unterschriften/Anamnesedaten)
- Endoskopieanforderung/Indikationsstellung (s. Kap. 2.4)
- Gerinnungsstatus (fakultativ, s. Kap. 4.3)
- Krankengeschichte/-kurve bzw. Ambulanzunterlagen
- Endoskopievorbefunde aus dem Endoskopie-Archiv, soweit vorhanden
- zugehörige Bilder von Röntgen, CT, MRT, soweit für die Untersuchung von Bedeutung

Sind die Unterlagen unvollständig, muss die Assistenzkraft sofort die fehlenden Unterlagen auf der Station bzw. im Sekretariat anfordern. Ist dies im stationären Bereich nicht möglich, hat sie den Endoskopiearzt über die fehlende Möglichkeit der Komplettierung zu informieren. Dieser muss dann, u.U. nach Rücksprache mit dem Patienten, Zuweiser und ggf. Vorgesetzten, über die Durchführung oder Absetzung der Endoskopie entscheiden.

4.6.2 Vorbereitung (E)

Grundsätzlich hat die Vorbereitung durch die Assistenzkraft so stattzufinden, dass zügig endoskopiert werden kann. Bevor der Arzt kommt, müssen die nachfolgenden Vorbereitungen getroffen sein.

Checkliste der Vorbereitung vor einer Endoskopie:

- i.v.-Medikation im Falle vorgesehener Sedierung, in der Regel 5 mg Midazolam, bereits aufgezogen und beschriftet, für spezielle Untersuchungen auch Pethidin oder Disoprivan
- Stauschlauch, Desinfektionsspray, Tupfer, Pflaster
- bei Gastroskopien Entschäumer und Rachenspray mit Einmalsprühkopf
- Venenverweilkanüle/Braunülenpflaster bei Risikopatienten, Sedierung, Koloskopien/ERCPs/interventionellen Eingriffen
- Gleitmittel, Kompressen
- bei Koloskopie und ERCP immer Neutralelektrode am Oberschenkel
- vorbereitetes einsatzfähiges Endoskop, komplett auf Funktionen (Lüftung, Saugung, Spülung, Optik, Licht) geprüft, Spülflasche zu 2/3 mit sterilem Wasser gefüllt
- vorbereitete Monitoranlage, bei Videoendoskopie-Anlage/EDV-Dokumentation auch bereits erfolgte Eingabe der Patientendaten
- Videoprinter eingeschaltet und ausreichend mit Papier versehen
- Videorecorder eingeschaltet, mit eingelegter bespielbarer Kassette versehen
- Patient aufgelegt zur Endoskopie, aber in entspannter Lage bis zum Endoskopiebeginn

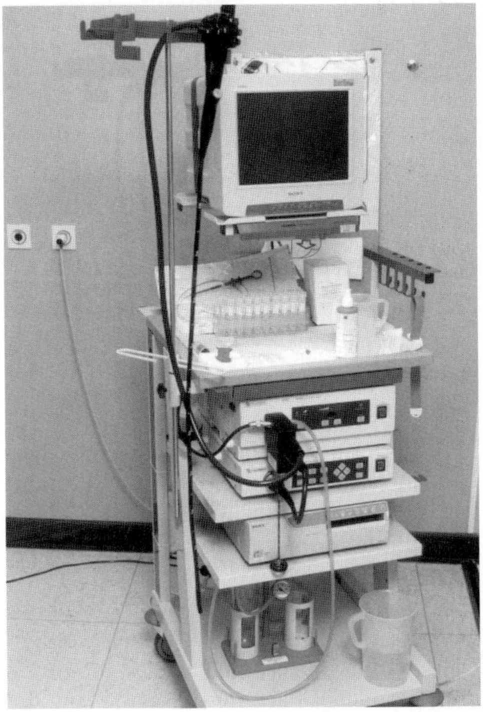

Abb. 4.6: Einsatzbereite Video-Endoskopieanlage (Fa. Fujinon) mit gerichteter Prämedikation, überprüftem Endoskop, Gleitmittel, Formalinröhrchen, Zange.

4.6.3 Patientenbetreuung vor Endoskopiebeginn (E)

Die Patienten sollen vor einer Endoskopie nicht unnötig lange in den Endoskopieräumen warten, um die Erwartungsängste nicht zu steigern. Sobald ein Patient die Endoskopieräume betreten hat, soll er von der Endoskopieassistenzkraft, die sich namentlich vorstellt, begrüßt werden und nicht mehr allein gelassen werden.

Sollte es zu unerwarteten Verzögerungen kommen, muss für eine bequeme Sitz- oder Liegemöglichkeit gesorgt sein.

Nach Möglichkeit sollen die Patientenunterlagen *vor* Eintritt des Patienten in die Endoskopieräume auf Vollständigkeit geprüft werden. Das Handling organisatorischer Probleme vor Endoskopien soll so stattfinden, dass der Patient nicht unnötig mit diesen Problemen belästigt wird.

Sollte es durch organisatorische Schwierigkeiten irgendwelcher Art zu Verzögerungen kommen, ist der Patient darüber zu informieren, dass die Wartezeit sich leider etwas verlängert (s.a. Kap. 17.4).

Auch die Endoskopieärzte sollen sich bei Beginn des Kontaktes dem Patienten namentlich vorstellen.

Die namentliche Vorstellung gilt noch einmal ganz besonders für einen Personalwechsel während einer Untersuchung, der aber ohne zwingenden Grund nicht vorkommen soll.

4.6.4 Letzte Indikationsüberprüfung vor Endoskopiebeginn (A)

Die Empfehlung der Bundesärztekammer lautet, nach Abschnitt 4.1 Endoskopie – Indikation und Aufklärung, hierzu: *„Der die Endoskopie durchführende Arzt entscheidet über Art und Umfang der Endoskopie. Dies geschieht in Abstimmung mit dem Patienten, unter Einbeziehung der Vorinformationen des überweisenden Arztes und unter Abwägung seines häuslichen Umfeldes, (...) Dabei ist der endoskopierende Arzt verpflichtet, in jedem Einzelfall zu prüfen, ob Art und Schwere des beabsichtigten Eingriffes, unter Berücksichtigung des Gesundheitszustandes des Patienten, potenzieller Komplikationen und möglicher therapeutischer Konsequenzen, die Endoskopie nach den Regeln der ärztlichen Kunst mit den zur Verfügung stehenden Möglichkeiten erlauben und die erforderliche Aufklärung, Einverständniserklärung und Dokumentation erfolgt sind.“* (s. CD-ROM)

Unter Klinikbedingungen entscheidet der endoskopierende Arzt, der den Patienten oft nicht vorher kennt, unmittelbar vor Endoskopiebeginn ein letztes Mal, ob die Endoskopie unter Berücksichtigung der Gesamtsituation durchzuführen ist. Wenn durch die Endoskopie, Sedierung etc. unverantwortbare Gefahren für den Patienten drohen, muss der Arzt die Endoskopie ablehnen und den Patienten verständnisvoll über seine Gründe aufklären. Der betreuende Stationsarzt bzw. der zuweisende Arzt muss unmittelbar telefonisch informiert werden.

Weniger erfahrene endoskopierende Ärzte müssen in Zweifelsfällen gemäß dem Zuständigkeitsplan (Kap. 16.1) einen erfahrenen Kollegen, in der Regel den in der fachlichen Hierarchie nach Zuständigkeitsplan ranghöchsten erreichbaren Kollegen zur Entscheidung hinzuziehen.

Nach Möglichkeit soll die Ablehnung einer Endoskopie unmittelbar vor Beginn dadurch vermieden werden, dass bereits im Vorfeld alle Probleme erörtert werden und die Entscheidung vorher endgültig getroffen ist.

Kommentar

Wie auch in den operativen Fächern ist die Unvollständigkeit von Unterlagen ein häufiges Problem und Ärgernis für alle Beteiligten. Hier kann u.U. ein Qualitätsverbesserungsprojekt unter Einbeziehung von Pflegepersonal der peripheren Stationen, Ärztepersonal der peripheren Stationen bzw. zuweisenden Ärzten und Endoskopieabteilung zu Verbesserungen hinsichtlich eines reibungslosen Ablaufes führen. Aus einem solchen Projekt entstand im ZKR die Vollständigkeitscheckliste (s. CD-ROM). Sie kann auch zu Auswertungen zwecks Erfassung von Schwachstellen dienen.

4.7 Leitlinien für die Biopsie-, Probenverarbeitung

(E/A)

Alle vom Patienten gewonnenen Proben/Biopsate werden so verarbeitet, dass eine intra- und interindividuelle Probenverwechslung unmöglich ist. Entsprechende Leitlinien sollen in jeder Endoskopieabteilung vorliegen.

Der Wunsch nach Spezialuntersuchungen muss vom Arzt klar geäußert werden. Hier kommt es weniger auf die Nennung der speziellen Färbungsmethode an, die letztlich dem Pathologen überlassen werden muss, als auf die klare Fragestellung wie nach Amyloidose, Kollagen-Colitis, Hämochromatose, Barrett-Ösophagus etc.

Alle gewonnenen Proben müssen noch am Entnahmetag an die Pathologie versandt werden zur weiteren Verarbeitung. Der optimale Zeitpunkt des Versandes (so

Jeweiliger Probenort wird der Assistenzkraft vom Arzt klar angegeben (z.B. Zökum, Transversum, Rektum).

↓

Assistenzkraft teilt dem jeweiligen Probenort ein Probengefäß mit Nummer zu (Zökum = 1, Transversum = 2, Rektum = 3), notiert diese Zuordnung und die Zahl der Biopsate pro Probenort.

↓

Arzt erhält Auflistung der Probenorte mit Gefäßnummern und Zahl der jeweiligen Biopsien und füllt dementsprechend das Pathologiebegleitschreiben aus.

↓

Assistenzkraft versieht Probengefäße sofort nach Endoskopieende mit den zugehörigen Patientenaufklebern und Probengefäßnummern.

↓

Probengefäße und Pathologie-Begleitschreiben werden zusammengebracht und für den Versand vorbereitet.

↓

Versand wird zu bestimmter Uhrzeit von benannter Person durchgeführt.

Abb. 4.7 Beispiel einer Verfahrensanleitung, Probenkennzeichnung und Versand.

spät, dass möglichst viele Untersuchungen des Tages verschickt werden können, aber so früh, dass das Pathologieergebnis möglichst rasch erfahren werden kann) ist mit dem jeweiligen pathologischen Institut abzusprechen.

Mit anderem Probenmaterial (Sekreten für Kulturen, Zytologieausstrichen, Punktaten etc.) ist entsprechend der oben beschriebenen Weise zu verfahren. Kulturmaterial muss rasch in die Bakteriologie verbracht werden.

Literatur:

[1] Beilendorf U (1999), Materialversorgung, Versand von Probenentnahmen. In: Lembcke B, Wehrmann T (Hrsg.), Die gastroenterologische Endoskopie, 51–55. Einhorn-Presse, Reinbek

[2] Stolte M (1999), Gastroenterologie und Pathologie: Wann, wo und wie punktieren und biopsieren? In: Frühmorgen P (Hrsg.), Gastroenterologische Endoskopie. 4. Aufl., 67–92. Springer, Berlin, Heidelberg, New York

4.8 Zahnprothesen, Schmuck, Brillen von Patienten in der Endoskopie (E)

Viele Patienten empfinden es als entwürdigend, wenn sie ohne Zahnprothese zur Endoskopie gebracht werden. Aus diesem Grund ist es im ZKR allen Patienten gestattet, mit Zahnprothese zur Endoskopie zu kommen. Unmittelbar vor Endoskopiebeginn müssen die Patienten bei oralen Endoskopien ihre Zahnprothesen entfernen. Diese werden dann in verschließbaren Einmalbehältern, die mit Patienten-Identifikationsaufklebern versehen werden, aufbewahrt und nach der Endoskopie auf die Station bzw. in den Aufwachraum mitgegeben oder bei vorhandenem klarem Bewusstsein nach Beendigung der Endoskopie vom Patienten wieder eingesetzt.

Kommen Patienten mit Schmuck zur Endoskopie, so kann auch bei Eingriffen mit HFD nicht hinderlicher Schmuck einschließlich Piercing-Materialien anbehalten werden. Hinderlicher oder verlustgefährdeter Schmuck wird in einem Behälter, der durch Patientenaufkleber identifizierbar ist, bei den Patientenunterlagen verwahrt, ein Vermerk in der Pflegedokumentation gemacht und der Schmuck nach der Endoskopie entweder auf die Station mitgegeben oder bei ambulanten Patienten bei vorhandenem klarem Bewusstsein nach Beendigung der Endoskopie von ihnen wieder angelegt, was ebenfalls in der Pflegedokumentation vermerkt wird.

Mit Brillen ist vergleichbar zu verfahren wie mit Zahnprothesen/Schmuck. Auf den Schutz der Brillengläser vor Kratzern ist zu achten.

4.9 Nachbereitung und Pflegedokumentation in der Endoskopie (E)

4.9.1 Administrative Nachbereitung nach Beendigung der Endoskopie

Nach Beendigung der Endoskopie erfolgt die Nachbereitung. Hierzu zählt die Geräteaufbereitung, wie im jeweiligen Hygieneordner und in Kapitel 3.1 beschrieben (s.a. CD-ROM: RKI Empfehlung).

Desweiteren erfolgt die administrative Nachbereitung nach einer Endoskopie:

- abschließende Verarbeitung der Probenröhrchen (nummeriert, mit Patientendaten versehen und mit dem vom Arzt ausgefüllten Pathologieschein versandbereit abgelegt)
- Überprüfung der Patientenunterlagen auf Vollständigkeit und Rückgabe ins Sekretariat/auf die Station
- Überprüfung der vollständigen Rückgabe von persönlichem Besitz des Patienten (Brille, Prothese, Schmuck etc.)
- Wiederaufrüstung des Endoskopiearbeitsplatzes mit allen verbrauchten

Materialien (Kompressen, Zangen, Formalinröhrchen etc.)
- Dokumentation des Materialverbrauchs und ggf. Veranlassung von Nachbestellung
- Bearbeitung von Defekten und Mängeln, die bei der vorausgegangenen Untersuchung aufgefallen waren

4.9.2 Nachsorge des Patienten (E)

Hilfsbedürftigen Patienten wird beim Aufstehen, Umlagern/Betten und evtl. Körperreinigung und Ankleiden geholfen. Entfernte Zahnprothesen und andere persönliche Gegenstände des Patienten werden zurückgegeben. Sedierte schläfrige Patienten werden bis zur Verlegung in die Nachsorgeeinheit oder auf die Station sorgfältig bezüglich der Atmung und Sturzvermeidung überwacht und bleiben bis zur Verlegung am Pulsoxymeter angeschlossen, Notfallpatienten auch am Überwachungsmonitor und der RR-Registrierung. Ein situationsgerechter Rücktransport des Patienten muss veranlasst werden.

4.9.3 Pflegedokumentation (Stationspflege/SSt-E)/(E/SSt-Stationspflege)

Die Pflegedokumentation umfasst Angaben, die nicht aus Anmeldeformular und Befunddokumentationsformular hervorgehen, und ist im besonderen Maße Bestandteil der stationären Endoskopie. Aus Gründen der Vereinfachung und lückenlosen Informationsweitergabe lässt sie sich im Krankenhaus mit der Vollständigkeitscheckliste (s. CD-ROM) kombinieren, da bereits das Pflegepersonal der peripheren Stationen damit wichtige Pflegedaten an das Endoskopieassistenzpersonal weitergibt.

Pflegedokumentation der peripheren Station zur Information des Endoskopieassistenzpersonals:

- Daten zur Pflegebedürftigkeit (selbstständig, teilweise hilfsbedürftig, komplett hilfsbedürftig/bettlägerig)
- Angaben zu besonderen Lagerungstechniken (nach Frakturen, Amputationen, Wirbelsäulen-Op etc.)
- Angaben zur geistigen Situation (orientiert, desorientiert)
- Angaben zur Bewusstseinslage (wach, somnolent, komatös, sediert)
- Angaben zu anderen Besonderheiten (Sprachprobleme, Taubheit, Blindheit, Angst etc.)
- Angaben zu mitgegebenen Zahnprothesen oder anderen persönlichen Gegenständen, Hilfsmitteln (Brille, Gehstock, Mikrophon etc.)

Nach Endoskopieende wird analog vom Assistenzpersonal der Endoskopie das Pflegepersonal der peripheren Station informiert durch Dokumentation von:
- Angaben zur Durchführung besonderer Lagerungen (z.B. Rechtseitenlage nach Leberbiopsie)
- Angaben über den Bewusstseinszustand des Patienten bei Verlassen der Endoskopie (wach, somnolent)
- Angaben über die Rückgabe von Zahnprothesen oder anderen persönlichen Gegenständen, Hilfsmitteln
- Angaben über in der Endoskopieabteilung neu aufgetretene gesundheitliche Probleme, insbesondere kardiopulmonal oder abdominell
- Angaben über besondere Pflegemaßnahmen während des Aufenthaltes in der Endoskopie
- Angaben über pflegerische Nachsorgemaßnahmen wie Sondenpflege, Nahrungskarenz, Bettruhe, eingeschränkte Mobilität, weitere Sauerstoffgabe etc.

Literatur:
[1] Philbert-Hasucha. A und S (1994), Pflegetätigkeiten und ihre Eingruppierung im Rahmen der Pflegepersonalregelung, 4. Aufl. interedition, Köln

5 Diagnostische Endoskopie des oberen Verdauungstraktes – Gastroskopie

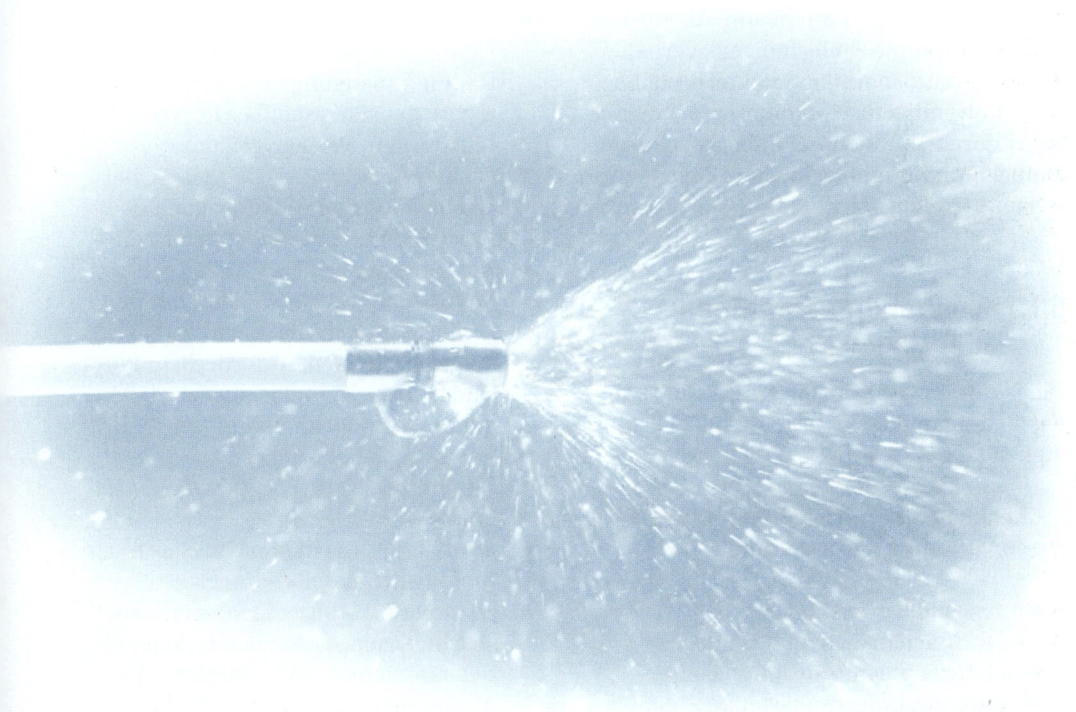

5 Diagnostische Endoskopie des oberen Verdauungstraktes – Gastroskopie

5.1 Vorbereitung und Durchführung der Gastroskopie

Der Patient sollte mindestens sechs bis sieben Stunden nichts gegessen und vier Stunden keine wesentlichen Mengen an Flüssigkeit zu sich genommen haben. Somit kann sich ein Patient am Abend vor der Gastroskopie völlig normal verhalten und muss nur morgens nüchtern bleiben. Bei notwendigen Notfalluntersuchungen kann durch intravenöse Gabe von 20 mg Metoclopramid eine schnellere Magenentleerung erreicht werden.

5.1.1 Notwendige Patientenunterlagen (E)

Die Assistenzkraft prüft nach Eintreffen des Patienten die Unterlagen auf Vollständigkeit (s.a. Kap. 4.6.1).

Checkliste der notwendigen Unterlagen vor einer Gastroskopie:

- ausgefüllter Aufklärungsbogen mit schriftlichem Einverständnis
- Endoskopieanforderung/Überweisung mit Indikationsstellung
- Gerinnungsstatus (u.U. fakultativ)
- Krankengeschichte/-kurve bzw. Ambulanzunterlagen
- Endoskopievorbefunde aus dem Endoskopie-Archiv, wenn vorhanden

5.1.2 Vorbereitung zur Gastroskopie (E)

Checkliste für die Gastroskopievorbereitung:

- neuer Nässeschutz für die Liege und saugfähiger Nässeschutz (Zellstoff/Moltex o.Ä.) für den Kopf
- vorbereitetes einsatzfähiges Endoskop, komplett auf Funktionen (Lüftung, Saugung, Spülung, Optik, Licht) geprüft, Spülflasche zu 2/3 mit sterilem Wasser gefüllt
- vorbereitete Endoskopieanlage, bei Videoendoskopie/EDV-Dokumentation Eingabe der Patientendaten
- Kompressen
- Mundstück (wird vor Einsetzen der Sedierung/nach Rachenanästhesie eingesetzt), nicht erforderlich bei transnasaler Endoskopie, dann aber Lokalanästhetikum-Gel (z.B. Xylocain Gel 2%)
- Gleitmittel
- Pulsoxymeter
- Spray zur Rachenanästhesie mit Einmalsprühkopf und/oder
- Sedativum, aufgezogen und beschriftet, mit Stauschlauch, Tupfer, Desinfektionsspray, Pflaster, Venenverweilzugang
- Einkleidung des Patienten mit Patientenschutzhemd o.Ä., evtl. Zudecke
- Verabreichung von Entschäumer (20 ml)
- Entfernung von Zahnprothesen (s. Kap. 4.8) mit Verwahrung in beschriftetem Prothesenbehälter
- Lagerung des Patienten in Linksseitenlage mit Rückenstütze (solange Patient wartet, Rückenlage)

in Bereitschaft sind zu halten:
- Biopsiezangen mit und ohne Dorn, Zytologiebürsten und Objektträger
- Helicobacter-Schnelltest
- Spülwasser, mit Endoparactol versetzt im Messbecher
- Nierenschale, Kompresse, Papiertuch für Patienten
- Formalinröhrchen/-behälter für PEs

5.1.3 Prämedikation (A)

Die Entscheidung über Rachenanästhesie und/oder Sedierung ist bereits bei der Aufklärung (s. Kap. 4.1) erfolgt.

Rachenanästhesie bei Gastroskopie
Der Patient erhält auf Wunsch Rachenanästhesie, wenn keine Allergie gegen Lokalanästhetika vorliegt. Eine großzügige Dosierung erhöht die Toleranz der Patienten. Bei Patienten mit bekannter paradoxer Reaktion auf Benzodiazepine ist Rachenanästhesie oder die Gabe von Propofol die Alternativprämedikation. Rachenanästhesie darf nicht bei Notfallendoskopien gegeben werden.

Sedierung
Die Standardmedikation muss in jeder Abteilung feststehen, sie liegt bei uns bei (1,25)–2,5–5 mg Midazolam. Nähere Erläuterungen finden sich im Kapitel 4.2.

5.1.4 Durchführung und Befunddokumentation (A)

Ein wichtiges Qualitätskriterium ist die Vollständigkeit der Untersuchung.

Checkliste zur Vollständigkeit der Gastroskopie:

- sorgfältige Inspektion des Ösophagus vom oberen Ösophagusmund bis zur Identifikation der Z-Linie
- sorgfältige orthograde Inspektion von Kardia, Korpus und Antrum
- Inversion mit retrograder Inspektion von Angulusfalte, Korpus, Kardia und Fundus
- ausreichende Luftinsufflation mit Einblick zwischen alle Magenfalten
- exakte Inspektion des Bulbus duodeni
- exakte Inspektion des postbulbären Duodenums, in der Regel bis zum Endoskopende

Sollte es einem Ausbildungsassistenzarzt nicht gelingen, eine Gastroskopie komplett durchzuführen, ist ein erfahrener Kollege gemäß dem Zuständigkeitsplan zu Hilfe zu holen (s. Kap. 15.1). Alle nicht komplett ausführbaren Manöver und nicht komplett einsehbaren Regionen müssen als solche dokumentiert werden.

Alle pathologischen Befunde sind mit möglichst exakter Lokalisation anzugeben (Korpus/Antrum/Vorderwand/kleine Kurvatur etc.). Blutende Ulzera, bei denen evtl. eine Operation notwendig werden könnte, und alle Karzinome werden in Zentimeterabständen von der Kardia (Magenkorpus) oder dem Pylorus (Magenantrum) oder ab Zahnreihe (Ösophagus) angegeben. Bei umschriebenen Befunden (Karzinome, Ulzera, Hernien) soll auch die Ausdehnung des Befundes in Zentimetern/Millimetern angegeben werden.

Alle relevanten pathologischen Befunde sollen bildlich dokumentiert werden.

Nach Rachenanästhesie muss die Uhrzeit der wieder möglichen Nahrungsaufnahme dokumentiert und dem Patienten mitgeteilt werden. Sie liegt bei einer Stunde nach der erfolgten Rachenanästhesie.

Die Befunddokumentation hat sorgfältig auf den jeweils vorgesehenen Dokumentationsformularen zu erfolgen, die im ZKR noch einmal vom Oberarzt oder einem anderen benannten Arzt auf ihre Vollständigkeit geprüft, ggf. nach Rücksprache mit dem Verfasser korrigiert und abgezeichnet werden. Befundbeschreibung und endoskopische Diagnosen sollen in der DGVS-Nomenklatur stattfinden.

Ab 2003 muss nach der Empfehlung der Bundesärztekammer, Absatz 6.3.2, bei jeder Endoskopie eine bildliche Dokumentation des Endpunktes vorgenommen werden (s. CD-ROM). Ob damit ein Bild oder eine Videosequenz des duodenalen Cs jedes Gastroskopiepatienten gemeint ist, bleibt unklar. Sicher macht es Sinn, nicht überwindbare Stenosen vor dem üblichen Endpunkt zu dokumentieren.

Eine Therapieempfehlung muss auf dem endoskopischen Befund ebenfalls enthalten sein. Bei konsiliarisch endoskopierten Patienten anderer Abteilungen im Krankenhaus soll die Therapieempfehlung unter Synopse aller Erkrankungen und Medikamente erfolgen.

5.2 Biopsie bei der Gastroskopie (A)

5.2.1 Biopsie zur histologischen Diagnostik

Alle endoskopisch abnormen und neu diagnostizierten Befunde bis auf das peptische Ulcus duodeni müssen biopsiert werden, es sei denn, es ergeben sich keinerlei Konsequenzen oder es besteht die Gefahr der Induktion einer bedeutsamen Blutung durch die Biopsie selber. In diesem Fall ist ein in der Blutstillung erfahrener Arzt hinzuzuziehen, der über die Frage der Biopsie entscheidet und ggf. eine Blutstillung vornehmen kann.

Bei multiplen gleichartigen Befunden (z.B. Erosionen, Drüsenkörperzysten) sollen einige repräsentative PEs erfolgen. Ulzera und Tumoren des Magens sollen im Zentrum und Randbereich (ca. fünf- bis zehnmal) biopsiert werden [22]. Magenulzera sind bis zu ihrer kompletten Abheilung endoskopisch und histologisch kontrollbedürftig.

Unabhängig von der Fragestellung sind weiterhin Biopsien zu entnehmen

- bei endoskopischem oder klinischem Verdacht auf atrophe Gastritis (Magen-PEs aus Korpus, Antrum und Korpus-Antrum-Übergang in separaten Pathologiegefäßen)
- bei endoskopischem oder klinischem Verdacht auf Zylinderepithelmetaplasie des distalen Ösophagus (= Barrett-Ösophagus, s.a. Kap. 5.3)
- bei stark abgeflachten Kerckring'schen Falten oder weniger als 7 Kerckring'schen Falten in der Pars descendens duodeni oder lupenendoskopisch abgeflacht erscheinenden Duodenalzotten. Bei Duodenalbiopsien ist auch immer eine lupenmikroskopische Beurteilung der Dünndarmzotten erforderlich.

Bei Diarrhö-Abklärung müssen ebenfalls mindestens drei tiefe Dünndarmbiopsien erfolgen und lupenmikroskopisch auf eine

Abb. 5.1: Binoskop Typ Bernstein 9-150 zur lupenmikroskopischen Beurteilung von Dünndarmzotten.

Zottenreduktion untersucht werden, bevor sie zur histologischen Untersuchung auf Sprue, Lambliasis, M. Whipple, Amyloidose, bei HIV-Patienten auch Kryptosporidiose, Mykobacterium avium-Komplex (MAC) gegeben werden. Bei Verdacht auf Infektion des Duodenums mit MAC sollte auch eine Kultur aus einem Biopsat in sterilem Röhrchen mit 0,9% Kochsalzlösung (nicht Formalin!) erfolgen [15].

Bei Riesenfalten im Magen werden zunächst normale PE´s entnommen. Kann damit die Ursache der Riesenfalten geklärt werden (MALTom, HP-assoziierte Riesenfaltengastritis, lymphozytäre Gastritis, CMV-Gastritis, Magenkarzinom), ist die Diagnostik beendet. Kann die einfache Biopsie keine Klärung erzielen, erfolgt eine Kontrollendoskopie mit Schlingenbiopsie nach entsprechender Aufklärung des Patienten.

Bei histologischem Verdacht auf M. Whipple sind Duodenalbiopsien zur PCR-Untersuchung auf Tropheryma whippeli in isotone Kochsalzlösung zu betten, nachdem zuvor Kontakt mit dem Labor aufgenommen wurde, das die Untersuchung durchführt.

Die Orte von Probeentnahmen müssen im Befund topographisch beschrieben und in der jeweiligen Anzahl dokumentiert werden.

5.2.2 Biopsie zur Helicobacter-Diagnostik (A-E), (AA/SSt-Stationspflege/-arzt, SSt-HA)

Die Indikation für die Helicobacterdiagnostik ergibt sich aus Tabelle 5.1. Sie besteht auch bei Vorliegen von Magendysplasien. Der Standard für die HP-Diagnostik (Histologie, Urease-Test) soll in jeder Endoskopieabteilung festgelegt sein.

Der HP-Schnelltest verbleibt zur Ablesung in der Endoskopieabteilung. Da er meistens nach einer halben bis drei Stunden, manchmal aber auch erst nach 24 Stunden beurteilbar ist, ist die Dokumentation gelegentlich erst am Folgetag möglich. Der Test wird von einer geschulten Assistenzkraft beurteilt. In Zweifelsfällen muss sie einen erfahrenen Arzt der Abteilung befragen. Das Testergebnis wird im ZKR von der Assistenzkraft auf die Station telefonisch durchgegeben und dort schriftlich von einer Pflegekraft mit gleichzeitiger Information des Stationsarztes in der Patientenakte vermerkt. Bei ambulanten Patienten müssen Dokumentation und die Information des zuweisenden Arztes als Verfahrensanweisung (Kap. 13.2) festgelegt sein.

HP-Schnelltests vom Freitag und Wochenende werden in unserer Klinik auf die Station mitgegeben, dort innerhalb von 24 Stunden vom diensthabenden Arzt beurteilt und dokumentiert. In der Praxis muss eine andere strukturierte individuelle Lösung bestehen. Dem ausgefüllten Befundformular muss zu entnehmen sein, ob ein HP-Schnelltest durchgeführt wurde.

In den Fällen eines Eradikations-Therapieversagens erfolgt die mikrobiologische Kultivierung und Resistenzprüfung von Helicobacter in den Magenbiopsien. Die PE´s können direkt aus dem Magen oder, bei positivem Test, dem Urease-Schnelltest-Gefäß entnommen werden.

Als Transportmedium ins Labor ist Port-a-Germ pylori (BioMerieux, Nürtingen, Deutschland) geeignet. Möglich ist die mikrobiologische Untersuchung z.B. im Institut für Medizinische Mikrobiologie und Hygiene der Universität Freiburg (Prof. Dr. M. Kist, Hermann Herder Str. 11, D-79104 Freiburg, Nationales Referenzzentrum für Helicobacter pylori).

In der Maastricht-Deklaration wird die Testung bereits nach dem ersten Therapieversagen empfohlen. Eine HP-Eradikationserfolgskontrolle erfolgt frühestens vier Wochen nach Beendigung der antibiotischen Behandlung.

Kommentar

Die DGVS empfiehlt in ihren Leitlinien die Untersuchung auf eine HP-Infektion [10] – ähnlich wie andere Autoren [14] – nur,

„wenn bei positivem Ergebnis auch eine Eradikationstherapie angestrebt wird“. Insbesondere der Nutzen der Eradikationstherapie bei der funktionellen Dyspepsie ist zur Zeit unklar [10, 11, 16], allerdings profitieren gerade diese Patienten nach einer neueren japanischen Arbeit [19] am meisten bezüglich einer Magenkarzinomprophylaxe. Ob diese Ergebnisse auf den Westen mit der antrumbetonten HP-Gastritis übertragbar sind, ist ebenfalls zur Zeit unklar. Weiterhin wird diskutiert, ob die Eradikation bei Refluxkrankheit nachteilig sein kann [20, 22], vielleicht auch bezüglich der Entwicklung eines junktionalen oder Kardiakarzinoms [5]. Insgesamt ist die HP-Diagnostik nicht mehr zwingend integraler Bestandteil jeder Gastroskopie, wie noch vor einigen Jahren z.T. postuliert [2]. Einer Ausweitung der Indikation steht außer Kostengründen sicher nichts im Wege. Tabelle 5.1 gibt Auskunft über die auf der Maastricht-2-2000-Konsensus-Konferenz getroffenen Empfehlungen zur Indikation der HP-Eradikationstherapie [23].

Keine der diagnostischen endoskopischen Methoden (Histologie, Kultur, Urease-Schnelltest) ergibt eine 100%ige Sensitivität oder Spezifität [1, 3, 7, 8, 13, 18]. Wahrscheinlich ist die Biopsie unter laufender Protonenpumpenhemmer- oder hochdosierter H_2-Blocker-Therapie sensitiver als der Urease-Test [13].

Eine kostengünstige Teillösung kann darin bestehen, dass zunächst Biopsien für Histologie und Schnelltest entnommen werden, die Biopsien für die histologische Untersuchung aber nur bei negativem Schnelltest zur Untersuchung gegeben werden.

Letztlich ist jeder Endoskopiker gezwungen, die weitere Diskussion um den Helicobacter pylori mitzuverfolgen und die abteilungseigenen Leitlinien zur Helicobacterdiagnostik dem neuesten Kenntnisstand anzupassen.

Im Übrigen sei der Vollständigkeit halber auf die nicht-endoskopischen Methoden zur HP-Diagnostik verwiesen, wie C13-Atemtest, Stuhl-Antigen-Test und immunologischer Serumtest.

Tabelle 5.1
Dringend empfohlene Indikationen zur HP-Eradikation nach der Maastricht 2 - 2000 Konsensus-Konferenz

Indikation (HP positiv)	Wissenschaftl. Evidenz*
Ulcus duodeni/ventriculi	1
MALTom	2
Atrophe Gastritis	2
Nach Magenkarzinomentfernung	3
Verwandte 1. Grades bei Magenkarzinom	3
Patientenwunsch	4

*) 1 = Gut konzipierte und kontrollierte Studien
2 = gut konzipierte Kohorten- oder Fall-Kontroll-Studien, Studien mit geringen Mängeln oder überzeugende indirekte Evidenz
3 = Fallberichte, Studien mit deutlichen Mängeln oder indirekte Evidenzhinweise
4 = klinische Erfahrung

Literatur:

[1] Andersen L P, et al., An analysis of seven different methods to diagnose Helicobacter pylori infections. Scand J Gastroenterol. (1998), 33, 24–30

[2] Caspary W F, et al., Diagnostik und Therapie der Helicobacter pylori-Infektion. Leitlinien der DGVS. Z Gastroenterol. (1996), 34, 392–401

[3] Chu K M, et al., A prospective comparison of locally rapid urease test and histology for the diagnosis of Helicobacter pylori infection. Gastrointest Endoscop. (1997), 46, 503–506

[4] Denesh J, Pounder R E, Eradication of helicobacter pylori and non-ulcer dyspepsia. Lancet. (2000), 355, 766–767

[5] Hansen S, et al., Helicobacter pylori infection and the risk of cardia cancer and non-cardia gastric cancer. Scand J Gastroenterol. (1999), 34, 353–360

[6] Labenz J, et al., Diagnostik der Helicobacter-pylori-Kolonisation der Magenschleimhaut. Med Klin. (1991), 86, 461–464

[7] Laheij R J, et al., Diagnostic performance of biopsy-based methods for determination of Helicobacter pylori infection without a reference standard. J Clin Epidemiol. (2000), 53, 742–746

[8] MacOni G, et al., Is routine histological evaluation an accurate test for Helicobacter pylori infection? Aliment Pharmacol Ther. (1999), 13, 327-331

[9] Malfertheiner P, et al., Current European concepts in the management of helicobacter pylori infection – the Maastricht Consensus Report. The European Helicobacter pylori Study Group. Eur J Gastroenterol Hepatol. (1997), 9, 1–2

[10] Malfertheiner P, et al., Leitlinien der Deutschen Gesellschaft für Verdauungs- und Stoffwechselkrankheiten zur Behandlung der Dyspepsie. Z Gastroenterol. (2001), 39, 937–956

[11] McColl K, et al., Symptomatic benefit from eradication of Helicobacter pylori infection in patients with non ulcer dyspepsia. New Engl J Med. (1998), 339, 535–540

[12] Mulcahy HE, et al., A double-blind randomized trial of low-dose versus high dose topical anaesthesia in unsedates upper gastrointestinal endoscopy. Aliment Pharmacol Ther. (1996), 10, 975–979

[13] Onders R P, Detection methods of Helicobacter pylori: accuracy and costs. Am Surg. (1997), 63, 665–668

[14] Peterson W L, et al., Helicobacter pylori-related disease. Guidelines for testing and treatment. Arch Intern Med. (2000), 160, 1285–1291

[15] Schmidt-Wieland T, Kist M (1999), Mikrobiologische und molekularbiologische Untersuchungen in Biopsaten. In: Frühmorgen P (Hrsg.), Gastroenterologische Endoskopie, 4. Aufl., 93–100. Springer, Berlin, Heidelberg, New York

[16] Stolte M (1999), Gastroenterologie und Pathologie: Wann, wo und wie punktieren und biopsieren? In: Frühmorgen P (Hrsg.), Gastroenterologische Endoskopie. 4. Aufl., 67–92. Springer, Berlin, Heidelberg, New York

[17] Talley N J, et al., Absence of benefit of eradicating Helicobacter pylori in patients with non ulcer dyspepsia. N Engl J Med. (1999), 341, 1106–1111

[18] Thijs J C, et al., Diagnostic tests for Helicobacter pylori: a prospective evaluation of their accuracy, without selecting a single test as a gold standard. Am J Gastroenterol. (1996), 91, 2125–2129

[19] Uemura N, et al., Helicobacter infection and the development of gastric cancer. N Engl J Med. (2001), 345, 784–789

[20] Varanasi R V, Fantry G T, Wilson K T, Decreased prevalence of H. pylori infection in gastrooesophageal reflux disease. Helicobacter. (1998), 3, 188–194

[21] Vicari J J, et al., The seroprevalence of cagA positive Helicobacter pylori strains in the spectrum of gastrooesophageal reflux disease. Gastroenterology. (1998), 115, 50–57

[22] Wrba F, Renner F, Empfehlungen für klinisch-pathologische Qualitätsstandards in der Gastroenterologie und Hepatologie. Z Gastroenterol. (1998), 36, 917–923

[23] Malfertheiner P, et al., The European Helicobacter pylori Study Group, Current concepts in the management of helicobacter pylori infection – the Maastricht Consensus Report 2-2000. Aliment Pharmacol Ther. (2002), 16, 167–180

5.3 Biopsie bei Verdacht auf Barrett-Ösophagus

(A/SSt-Stations-/Hausarzt)

Der Verdacht auf einen Barrett-Ösophagus ergibt sich, wenn bei der Endoskopie festgestellt wird, dass die Z-Linie höher als ca. 2 cm oberhalb der letzten Magenfalte liegt – ermittelt ohne wesentliche Luftinsufflation – oder wenn sich im distalen Ösophagus eine längerstreckige fleckige Veränderung ergibt.

Bei einer ersten endoskopischen Untersuchung ergibt sich die Verpflichtung zu distalen Ösophagusbiopsien bei Patienten

Tabelle 5.2
Empfehlung von Kontrolluntersuchungen [1, 10] und therapeutischen Maßnahmen in Abhängigkeit von der Histologie beim Barrett-Ösophagus

Befund	Konsequenz
Long-Barrett-Ösophagus	Kontrolle alle 2 Jahre
fragliche LGD	Refluxtherapie und Kontrolle nach 2 Monaten
bestätigte LGD	Kontrolle 2 mal nach 6 Monaten, dann jährlich
persistierende LGD	Kontrollen jährlich
bestätigte HGD	Operation, andernfalls Lokaltherapie
Karzinom T1; M1–3	Operation, andernfalls Lokaltherapie (Mukosektomie/PDT)
Karzinom > T1; M3	Operation, andernfalls evtl. palliative Lokaltherapie

über 50 Jahren mit typischer Anamnese und/oder wenn der endoskopische Verdacht auf eine Barrett-Schleimhaut besteht. Ein Barrett-Ösophagus im engeren Sinne mit erhöhter Gefahr für die Entwicklung eines Adenokarzinoms liegt nur vor, wenn histologisch ein so genanntes „spezialisiertes intestinales Epithel“ diagnostiziert wird.

Bei histologisch bestätigtem Barrett-Ösophagus wird zwecks Mapping in Abständen von etwa (1 bis) 2 cm möglichst aus jedem Quadranten eine PE mit einer Biopsiezange mit Dorn (wegen Abrutschgefahr) entnommen und diese PE´s nach Höhenlokalisation getrennt in unterschiedliche Pathologieröhrchen gegeben. Der untere Mappinganfang sollte bei ca. 1 cm unterhalb des gastroösophagealen Überganges, das obere Mappingende bei ca. 1 cm oberhalb des Zylinder-/Plattenepithel-Überganges liegen [5, 15]. Zusätzlich zu den Quadrantenbiopsien werden alle umschriebenen Besonderheiten (Erhebungen, Einsenkungen, Ulzera, Rötungen, Erosionen, Diskolorationen) biopsiert und mit Lokalisationsangaben dokumentiert.

Beim Auftreten von Dysplasien/Frühkarzinomen müssen die Biopsien dann auch nach Quadranten getrennt untersucht werden zwecks genauer Lokalisation und Kontrollmöglichkeit nach Therapiemaßnahmen. Wird erstmals ein Long-Barrett-Ösophagus (=3 cm) diagnostiziert, wird der Patient in ein Überwachungsprogramm aufgenommen (s. Tab. 5.2), wobei der Nutzen noch nicht wissenschaftlich evident ist.

Es ist Aufgabe des Endoskopikers, für die Aufnahme ins Überwachungsprogramm durch Information des Patienten und evtl. weiter betreuenden Arztes zu sorgen.

Generell sollten die distalen Ösophagusbiopsien in einem entzündungsarmen/-freien Intervall entnommen werden, damit entzündlich-regenerative Veränderungen nicht für dysplastische Veränderungen gehalten werden können.

Kommentar

Wie schwierig in der täglichen endoskopischen Praxis die endoskopische Festlegung des anatomischen gastroösophagealen Übergangs ist, wird aus vielen Studien und der sehr guten Übersicht von Ott und Mitarbeitern [9] klar.

Die Probleme bestehen u.a. darin, dass die Umwandlung des Plattenepithels in ein Barrett-Epithel oft mit dem Auge nicht wahrnehmbar ist, die Grenze zwischen Kardiaschleimhaut und Ösophagus- bzw. Barrett-Schleimhaut ebenfalls oft nicht erkennbar ist und auch die Kardiaschleimhaut mikroskopisch eine intestinale Metaplasie aufweisen kann, die nichts mit einer Barrett-Schleimhaut zu tun hat.

Weiterhin nimmt das Risiko einer Barrett-Schleimhaut mit dem Alter des Patienten (besonders über 50 Jahre) und der Dauer der Refluxkrankheit in seinem Leben zu, auch wenn in den letzten Jahren Beschwerdefreiheit eingetreten ist. Somit ergibt sich die Indikation zur Biopsie auch aus der Anamnese, die natürlich zuvor erhoben werden muss (Kap. 2.4.1).

Schließlich existieren noch zahlreiche wissenschaftliche Probleme, wie z.B. die Einschätzung der Bedeutung des Short- oder gar Ultra-Short-Segment-Barrett-Ösophagus und seine Überwachungsnotwendigkeit. Andererseits ist weitgehend gesichert, dass Routinebiopsien bei jeder Endoskopie ohne obige Risikosituationen ohne Wert sind.

Da sowohl hinsichtlich der Diagnostik und Überwachung des Barrett-Ösophagus als auch der Therapie von Dysplasien und Frühkarzinomen der medizinische Erkenntnisstand in starkem Fluss ist, ist jeder Endoskopiker gezwungen, auf aktuellem Wissensstand zu bleiben und seine Leitlinien zur bioptischen Untersuchung entsprechend zu ändern. Nach neueren Analysen wird möglicherweise das Risiko der Karzinomentwicklung überschätzt [11, 12]. Auch der Wert von Vorsorgeuntersuchungen befindet sich noch in einem Evaluationsprozess [6, 8, 14, 16–18].

Literatur:

[1] Boyer J, Robaszkiewicz M and the Council of the French Society of Digestive Endoscopy. Guidelines of the French Society of Digestive Endoscopy: Monitoring of Barrett's esophagus. Endoscopy. (2000), 32, 498–499

[2] Dent J, et al., Barrett's esophagus. Gastroenterol Hepatol. (1990), 22, 17–27

[3] Falk G W, Reflux disease and Barrett's Esophagus. Endoscopy. (1999), 31, 9–16

[4] Gonvers J-J, et al., Appropriateness of gastroscopy: Barrett's esophagus. Endoscopy. (1999), 31, 604–610

[5] Levine D S, et al., An endoscopic biopsy protocoll can differentiate high-grade dysplasia from early adenocarcinoma in Barrett's esophagus. Gastroenterology. (1993), 105, 40–50

[6] Macdonald C E, Wicks A C, Playford R J, Final results from 10 year cohort of patients undergoing surveillance for Barrett's esophagus: observational study. BMJ. (2000), 321, 1252–1255

[7] Management of Barrett'a esophagus. Consensus statement. J Gastrointest Surg. (2000), 4, 115–116

[8] Nilsson J, et al., Screening for esophageal adenocarcinoma: an evaluation of a surveillance program for columnar metaplasia of the esophagus. Scand J Gastroenterol. (2000), 35, 10–16

[9] Ott R, et al., Barrett-Ösophagus – Diagnose und Management. Der Internist. (2000), 41, 802–816

[10] Sampliner R E, Practice guidelines on the diagnosis, surveillance, and therapy of Barrett's esophagus. Am J Gastroenterol. (1998), 93, 1028–1032

[11] Shaheen N J, et al., Is there publication bias in the reporting of cancer risk in Barrett's esophagus. Gastroenterology. (2000), 119, 333–338

[12] Spechler S J, Barrett's esophagus: an overrated cancer risk faktor. Editorial. Gastroenterology (2000), 119, 587–589

[13] Stolte M (1999), Gastroenterologie und Pathologie: Wann, wo und wie punktieren und biopsieren? In: Frühmorgen P (Hrsg.), Gastroenterologische Endoskopie. 4. Aufl., 67–92. Springer, Berlin, Heidelberg, New York

[14] Streitz J M, et al., Endoscopic surveillance of Barrett's esophagus: a cost-effectiveness comparison with mammographic surveillance for breast cancer. Am J Gastroenterol. (1998), 93, 911–915

[15] The role of endoscopy in the surveillance of premalignant conditions of the upper gastrointestinal tract. ASGE-Publikation. Gastrointest Endosc. (1998), 48, 663–668

[16] Van der Burgh, Oesophageal cancer is an uncommon cause of death in patients with Barrett's oesophagus. Gut. (1996), 39, 5–8

[17] Van Sandick J W, et al., Impact of endoscopic biopsy surveillance of Barrett's oesophagus on pathological stage and clinical outcome of Barrett's carcinoma. Gut. (1998), 43, 216–222

[18] Wright T A, et al., Cost effectiveness of detecting Barrett's cancer. Gut. (1996), 39, 574–579

5.4 Chromoendoskopie (A/E)

Für die Darstellung kleiner Plattenepithelkarzinome wird im Ösophagus 3%ige Lugol'sche Lösung benutzt, für die Detektion eines Barrett-Ösophagus und darin vorkommender Dysplasien/Frühkarzinome sowie von Frühkarzinomen im Magen in einer intestinalen Metaplasie Methylenblau 1%.

Indigokarmin (0,2–0,5%) wird nicht resorbiert, verstärkt aber Unregelmäßigkeiten der Schleimhautoberflächen durch bessere Kontrastierung. Durch mehrmonatige Lagerung der fertigen Lösung kann es zu einer Oxidation der Lösung kommen, erkennbar am Farbumschlag von blau nach gelbgrün mit dann fehlender Färbewirksamkeit.

Mit den genannten Lösungen kommt man in der Regel für alle erforderlichen Zwecke aus. Toluidinblau verwenden wir nicht wegen der umständlichen Applikationsweise [5], Cresylviolett (0,2–0,4%) kann alternativ zu Indigokarmin im Kolon eingesetzt werden.

Checkliste zur Vorbereitung der Chromoendoskopie mit Methylenblau (E):

- Sprühkatheter
- 20 ml einer handelsüblichen N-Acetylcystein-Injektionslösung (10%ig)
- 20 ml Methylenblau 1%
- Spülwasser, mit Endoparactol versetzt

Bei der Anwendung von Methylenblau soll der Patient immer über die nachfolgende harmlose Grünfärbung des Urins aufgeklärt werden, um unnötige Aufregung zu vermeiden.

Tabelle 5.3
Möglichkeiten der Chromoskopie im oberen Gastrointestinaltrakt

	Lugol-Lösung (1–4%)	**Methylenblau (0,5–2%)**	**Toluidinblau (1%)**
Ösophagus			
• normal	dunkelbraun	ungefärbt	ungefärbt
• Barrett-Ösophagus	ungefärbt	**blau**	blau
• Barrett-Dysplasie, Frühkarzinome	ungefärbt	**farblos,** blau umgeben	**tiefblau**
• Refluxösophagitis	ungefärbt		
• Plattenepithel-Frühkarzinome	ungefärbt		**tiefblau**
Magen			
• normal	ungefärbt	ungefärbt	ungefärbt
• intestinale Metaplasie		**blau**	
• Karzinome in intest. Metaplasie		**farblos,** blau umgeben	**tiefblau**
• Karzinome ohne intest. Metaplasie	ungefärbt	ungefärbt	**tiefblau**

Abb. 5.2: Sprühkatheter für die Chromoendoskopie in Aktion.

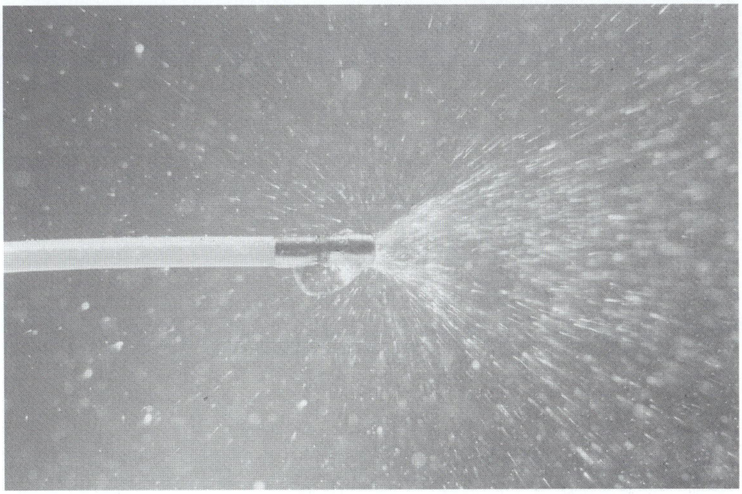

Literatur:

[1] Axon A, et al., Twenty questions on the esophagogastric junction. Endoscopy. (2000), 32, 411–418

[2] Canto M I, Staining in gastrointestinal endoscopy: the basics. Endoscopy. (1999), 31, 479–486

[3] Dawsey S M, et al., Mucosal Iodine Staining improves endoscopic visualization of squamous dysplasia and squamous cell carcinoma of the esophagus in Linxian. China Cancer. (1998), 83, 220–231

[4] Fagundues R B, et al., Staining in gastrointestinal endoscopy: clinical application and limitations. Endoscopy. (1999), 31, 487–496

[5] Nusko G, et al., Chromoendoskopie im Gastrointestinaltrakt. Leber Magen Darm. (2000), 30, 190–198

[6] Souto E B, Occult dysplasia is disclosed by Lugol chromoendoscopy in alcoholics at high risk for squamous cell carcinoma of the esophagus. Endoscopy. (1999), 31, 281–285

5.5 Ergebnisqualität der Gastroskopie

Bezüglich der Ergebnisqualität bei der Gastroskopie sind zu dokumentieren:

- Häufigkeit der Erreichung des anatomischen Endpunktes der Untersuchung (normalerweise mindestens duodenales C), Zielwert: 100% bei Fehlen organischer Stenosen

Bei Ösophagusfärbung Patient in leichter Kopfhochlage, sonst horizontal

↓

Absprühen der Schleimhaut mit dem Sprühkatheter mit 20 ml N-Acetylcystein-Lösung 10%

↓

Absprühen des N-Acetylcystein mit Leitungswasser nach 2–3 Minuten

↓

Färbung mit dem Sprühkatheter von distal nach kranial

↓

Nach 2 Minuten Einwirkzeit Absprühen der überschüssigen Farbe (Leitungswasser)

↓

Positive Färbung bleibt auch nach deutlichem Abwaschen

Abb. 5.3: Arbeitsanweisung Chromoskopie des Ösophagus mit Methylenblau.

- Gründe für eine evtl. Nicht-Erreichung des duodenalen Cs
- Komplikationen (Art, Häufigkeit, Untersucher)
- Patientenzufriedenheit

Ist die Ergebnisqualität unzureichend, müssen entsprechende Konsequenzen gezogen werden. Ein Nichterreichen des duodenalen Cs ohne anatomische Besonderheiten ist völlig inakzeptabel. Die Rate in unserer Klinik liegt bei über 99%, sodass wir nur noch die Fälle mit Nichterreichen des duodenalen Cs dokumentieren, die aber immer durch kranial gelegene Stenosen bedingt sind. Diese Statistik wird bei uns fortlaufend durch einen jeweils benannten Assistenzarzt geführt.

Komplikationen bei diagnostischen Gastroskopien hängen in der Regel mit einer falschen Indikationsstellung (Risikopatienten), der Sedierung, selten anatomischen Varianten [1] zusammen. Hier muss dann die Ursache analysiert und Abhilfe geschaffen werden (Kap. 14.2, CD-ROM: Komplikationsmeldung).

Die Patientenzufriedenheit muss in Befragungen eruiert werden (CD-ROM: Patientenfragebogen). Bei ungünstigem Ergebnis müssen Veränderungen veranlasst werden (Umgang mit Patienten, Terminprobleme, Sedierungsmodalitäten etc.) und ihre Effektivität überprüft werden (s.a. Kap. 17.4).

Literatur:

[1] Sieg A, Hachmöller-Eisenbach U, Heisenbach T, Wie sicher ist die Prämedikation in der ambulanten Endoskopie in Deutschland? Dtsch Med Wschr. (2000), 125, 1288–1293

6 Diagnostische Endoskopie des unteren Gastrointestinaltraktes – Koloskopie

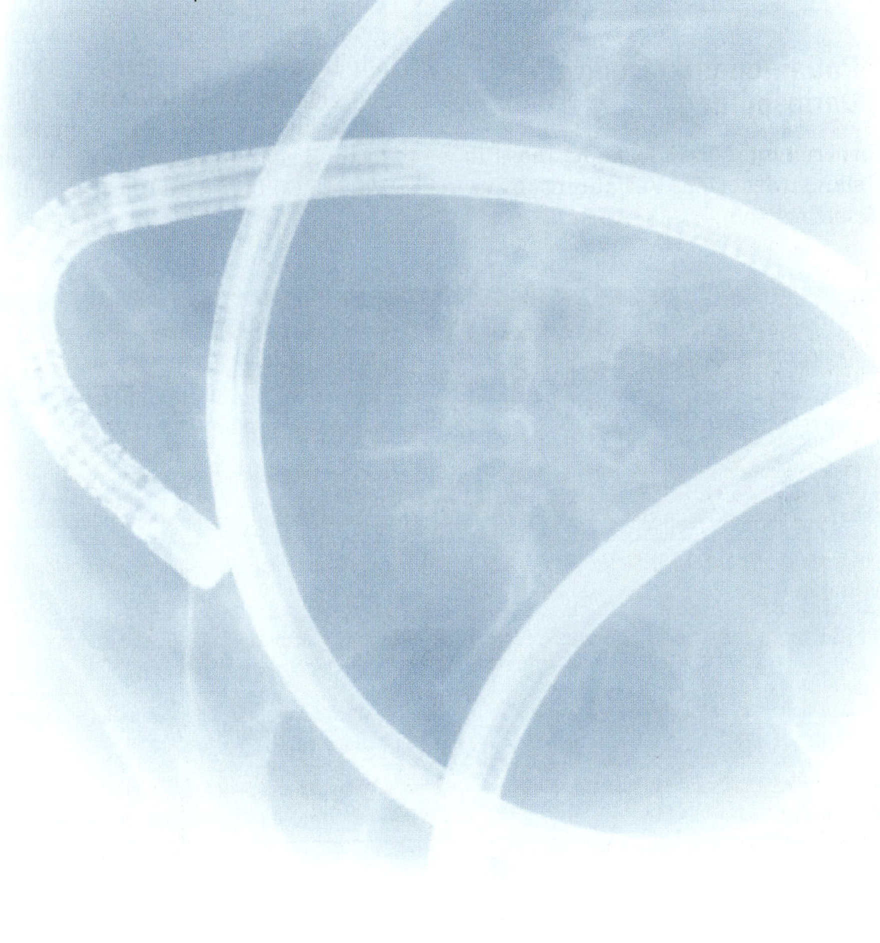

6 Diagnostische Endoskopie des unteren Gastrointestinaltraktes – Koloskopie

6.1 Vorbereitung zur Koloskopie, Darmspülung

Standard ist heute die Darmreinigung mit der so genannten „saline lavage“ mit Golytely-Trinklösung, für die kommerzielle Zubereitungen vorhanden sind.

6.1.1 Patientenaufklärung zur Darmspülung

Die Vorbereitung zur Koloskopie muss in einer standardisierten Verfahrensanweisung festgelegt sein.

6.1.2 Vorbereitung der Patienten
(AA/SSt-Stationspflege)

Die Vorbereitung in unserer Klinik sieht folgendermaßen aus:

- Drei Tage vor der Untersuchung: Vermeidung von Kernobst, Quellmitteln (Weizenkleie etc.), Eisenpräparaten.
- Ein Tag vor der Untersuchung: Morgens Frühstück, bei Patienten mit Obstipation oder bettlägerigen Patienten nur flüssige Kost, mittags für alle nur noch flüssige Kost (z.B. Suppe ohne feste Bestandteile), danach Prepacol. Von 15.00 bis 16.30 Uhr zwei Liter Go-

Tabelle 6.1
Wichtige Gesichtspunkte für eine Verfahrensanleitung Patienteninformation zur Koloskopie-Vorbereitung

Gesichtspunkt	Nähere Umstände (Wer? Wann? Wie?)
Zeitpunkt der Information	Spätestens am Morgen des Untersuchungsvortages
Mündliche patientenorientierte Aufklärung	Durch geschulte Arzthelferin, Pflegekraft, Sekretärin
Mitgabe eines schriftlichen Merkblattes an den Patienten	Aus der Packungsbeilage/Abteilungseigenes Infoblatt
Spätere Rückfragen/Probleme des Patienten	• Ambulant: Mitgabe der Praxis-Telefonnummer • Stationär: Betreuung durch Pflegekraft
Problemlösungen unter der Vorbereitung	Durch geschulte Assistenz-/Pflegekraft. Bei fehlenden Lösungen: Rücksprache mit dem Arzt
Problem-Patienten (Dialysepatienten; Patienten mit rez. Erbrechen, Herzinsuffizienz)	Werden im ärztlichen Aufklärungsgespräch erfasst; individuelles Vorgehen nach Angaben des Arztes

lytely-Trinklösung, danach stilles Wasser/ungesüßter heller Tee, wie beliebt.
- Am Morgen des Untersuchungstages: Von ca. 6.00 bis maximal 7.30 Uhr zwei Liter Golytely-Trinklösung. Bei klarem Stuhlwasser Beendigung der Vorbereitung, andernfalls pro 40–45 Minuten je ein weiterer Liter Golytely-Trinklösung, bis klares Stuhlwasser kommt. Danach stilles Wasser in Maßen erlaubt.

Die Golytely-Trinklösung ist aus Geschmacksgründen eisgekühlt zu servieren. Kann der Patient die Golytely-Lösung nicht trinken, erfolgt die Gabe über Magensonde. Vorsicht: Bei Nieren- und Herzinsuffizienz besteht die Gefahr der Überwässerung des Patienten, besonders bei zu langsamem Trinken.

Kommentar

Selbstverständlich sind auch andere Vorbereitungsarten möglich, z.B. Natriumdihydrogenphosphat (Fleet) [2], X-Prep und Einläufe, Magnesiumsulfat 25% (siebenmal 70 ml in 500 ml Wasser) oder nur Einläufe.

Zu beachten sind die Preisunterschiede der verschiedenen Produkte. Weiterhin ist bei bettlägerigen oder schwer kranken Patienten oft eine langwierigere Vorbereitung notwendig als bei ansonsten Gesunden. Im Übrigen lohnt es sich, verschiedene Varianten auszuprobieren und in einer Befragung der Patienten einerseits und einer Beurteilung des Verschmutzungsgrades andererseits die günstigste Vorgehensweise für das eigene Klientel zu ermitteln.

Literatur:

[1] Cohen S M, et al., Prospective, randomized, endoscopic blinded trial comparing precolonoscopy bowel cleaning methods. Dis Colon Rectum. (1994), 37, 689–696

[2] Hendersen J M, et al., Single day, divided-dose oral sodium phosphate laxative versus intestinal lavage as preparation for colonoscopy: efficacy and patients tolerance. Gastrointest Endosc. (1995), 42, 238–243

6.2 Durchführung der diagnostischen Koloskopie

6.2.1 Notwendige Unterlagen bei der Koloskopie (E)

Checkliste der notwendigen Unterlagen vor einer Koloskopie:

- ausgefüllter Aufklärungsbogen mit schriftlichem Einverständnis
- Einverständnis/Ablehnung bezüglich einer möglichen Polypektomie
- Endoskopieanforderung/Überweisung mit Indikationsstellung
- intakter Gerinnungsstatus bei vorgesehener Polypektomie
- Krankengeschichte/-kurve bzw. Ambulanzunterlagen
- Endoskopievorbefunde aus dem Endoskopie-Archiv, wenn vorhanden
- Röntgenunterlagen bei Kolonkontrasteinlauf oder Abdominal-CT jüngeren Datums

6.2.2 Unmittelbare Vorbereitung zur Koloskopie (E)

Checkliste für die Koloskopievorbereitung:

- neuer Nässeschutz für die Liege und gut saugfähiger Nässeschutz (Moltex o.Ä.) im Gesäßbereich
- vorbereitetes einsatzfähiges Endoskop, komplett auf Funktionen (Lüftung, Saugung, Spülung, Optik, Licht) geprüft, Spülflasche zu 2/3 mit sterilem Wasser gefüllt
- vorbereitete Endoskopieanlage, bei Videoendoskopie-Anlage/EDV-Dokumentation Eingabe der Patientendaten

- Patient mit Patientenhemd o.Ä. bekleidet (stationäre Patienten auch im Schlafzeug), Unterlage für Kopf
- Zudeckmöglichkeit, spätestens nach Entfernung der Unterhose und/oder perforierbare Einmal-Unterhose
- Venenverweilkanüle mit Braunülenpflaster, Hautdesinfektionsmittel, Tupfer, Stauschlauch
- Sedativum gemäß abteilungseigener Leitlinie, in beschrifteter Spritze aufgezogen und injektionsbereit
- Kompressen
- Gleitmittel
- Pulsoxymeter
- Lagerung des Patienten auf dem Bucky-/Untersuchungstisch in Rückenlage, bis der Arzt kommt
- Anlage einer Neutralelektrode, wenn Polypektomie nicht untersagt und wieder verwendbare Neutralelektrode verwandt wird
- bei Einmal-Neutralelektroden aus Kostengründen erst Anlage bei klarer Indikation zur Polypektomie

in Bereitschaft sind zu halten:

- Biopsiezangen mit und ohne Dorn
- Polypenschlinge samt Griff
- Polypengreifer
- Spülkatheter
- Hochfrequenzdiathermiegerät
- Messbecher mit Spülwasser, mit Endoparactol versetzt
- frische 20 ml-Spritze für Spülmanöver
- Pethidin/Pentazocin (noch nicht aufgezogen!)
- Hodenkapsel/Bleischutz für Ovarien insbesondere bei Durchleuchtung junger Menschen
- Bleihandschuh für durchleuchtenden Arzt
- Versteifungsdraht

6.2.3 Rektale Voruntersuchung, Sedierung und Monitoring bei der Koloskopie (A/E)

Eine Koloskopie kann selbstverständlich ohne Sedierung [3] durchgeführt werden. Der Patient sollte immer über zu erwartende Sensationen (Schmerz, Luftinsufflation, Flatulenz) gut aufgeklärt sein.

Unmittelbar vor der Sedierung hat eine rektale Untersuchung zu erfolgen, um den Verlauf des Analkanals und evtl. dortige Besonderheiten zu erkennen, Aufschluss über die evtl. Verschmutzung zu erhalten und ggf. die Untersuchung bei starker Verschmutzung nicht durchzuführen. Erst danach soll die evtl. Sedierung erfolgen, damit bei unmöglicher Untersuchung wegen hochgradiger Verschmutzung keine sinnlose Sedierung erfolgt.

Die Standardsedierung muss in jeder Abteilung festgelegt sein, sie besteht in unserer Klinik aus 2 bis 5 mg Midazolam i.v. (s. Kap. 4.2). Der Patient erhält grundsätzlich bei der Koloskopie einen permanenten Venenzugang. Auf Atemstillstände muss besonders geachtet werden, wenn der Patient nach stärkerer Analgosedierung bei Untersuchungsende oder nach Begradigungsmanövern keinen Schmerzreizen mehr ausgesetzt ist.

Bei Sedierung und Risikopatienten ist immer eine Pulsoxymeter-Kontrolle durchzuführen.

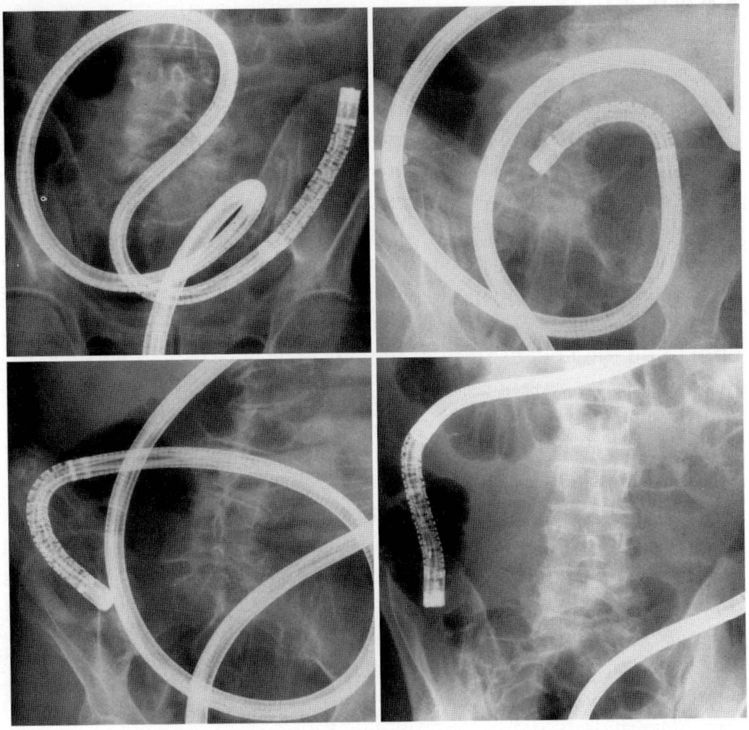

Abb. 6.1: Erhöhte Gefahr einer Atemdepression: Angesichts der starken Schleifenbildung (obere Reihe und unten, links) besteht zunächst starker Analgetikabedarf des Patienten. Nach endgültiger Begradigung (unten rechts) hat der Patient eine maximale Analgosedierung, aber keine Beschwerden mehr.

6.2.4 Durchführung der Koloskopie (A)

Grundsätzlich werden nur hohe Koloskopien bis zum Zökum bzw. Kolonende durchgeführt. Ausnahmen sind z.B. Koloskopien mit von vornherein eingeschränkter Indikation (z.B. Kontrolle einer Blutung im Sigma). Die Durchführung unter Durchleuchtungsmöglichkeit zur Lokalisationsdiagnostik pathologischer Befunde und gelegentlich zur Hilfe bei schwierigen Koloskopiemanövern ist grundsätzlich wünschenswert, aber nicht zwingend. Aus Strahlenschutzgründen ist die Strahlendosis möglichst gering zu halten. Als Zielwert sind Durchleuchtungszeiten unter einer Minute anzustreben [1].

Im ZKR sind die Ärzte angehalten, das Endoskop selber zu schieben. Oft wird diese Aufgabe einer Assistenzkraft übertragen. Zumindest in allen schwierigen Situationen sollte der Arzt aber selber das Gerät führen, um den Widerstand des Darmes etc. besser bezüglich der Gefährdung des Patienten beurteilen zu können.

Bei der assistierten Koloskopie kann es u.U. nützlich sein, die günstigste Stelle für die Ausübung umschriebenen Drucks auf das Abdomen unter Durchleuchtung manuell, unter Zuhilfenahme eines Bleihandschuhs, festzulegen.

Bei ausgeprägten Schwierigkeiten ist die hohe Koloskopie nie unter Inkaufnahme einer Perforation zu erzwingen. Dann muss die Koloskopie abgebrochen werden. Assistenzärzte im Krankenhaus müssen vor vorzeitigem Abbruch immer einen erfahrenen Kollegen zur Hilfe rufen (s. CD-ROM Zuständigkeitsplan).

Bei chronischen Diarrhöen, Verdacht auf Morbus Crohn oder Verdacht auf andere Erkrankungen des terminalen Ileums soll immer auch das terminale Ileum intubiert und biopsiert werden.

6.2.5 Befunddokumentation (A)

Alle relevanten umschriebenen pathologischen Befunde werden nach ihrer anatomischen Lage im Kolon beschrieben (z.B. „im aboralen Drittel des Colon transversum, flexurnah"). Die Zentimeterangabe ab ano ist nur für Prozesse im Rektosigmoid verwertbar. Für die Dokumentation ist die Benutzung eines Histogramms vorgeschrieben, in das der Untersuchungsendpunkt und die Lokalisation pathologischer Befunde eingezeichnet werden. Nicht sicher beurteilbare Kolonabschnitte sind als solche zu beschreiben.

Ab 2003 muss nach Absatz 6.3.2 der Empfehlung der Bundesärztekammer (s. CD-ROM) bei jeder Endoskopie eine bildliche Dokumentation des Endpunktes/der maximalen Reichweite vorgenommen werden. Dies geschieht in der Regel durch eine mit Datum und Uhrzeit versehene Abbildung der Bauhin-Klappe oder von Zoekum/terminalem Ileum, wenn das Kolon vollständig erhalten ist. Pathologische Befunde müssen bildlich oder histologisch dokumentiert werden ebenso wie interventionelle Maßnahmen. Die Bilddokumente sind gemäß den gesetzlichen Bestimmungen aufzubewahren.

Befundbeschreibung und endoskopische Diagnosen sollen in der DGVS-Nomenklatur stattfinden.

Der Grund einer unvollständigen Koloskopie ist immer anzugeben (Schmerzen, Stenose, technische Probleme, Verschmutzung etc.).

Die Güte der Darmvorbereitung muss mit der Graduierung in die Kategorien "sauber/mit absaugbaren/mit nicht absaugbaren Verunreinigungen" dokumentiert sein. Der Grad der Verunreinigung wird im Rahmen der Ergebnisqualitätsbeurteilung (s.a. Kap. 6.5) ausgewertet.

Weiterhin müssen die Durchleuchtungszeiten dokumentiert werden.

Unter Beachtung der Gesamtsituation des Patienten schließt die Befunddokumentation mit einer Empfehlung zur eventuellen weiteren Therapie und dem weiteren sinnvollen Vorgehen ab. Unter Umständen muss die endgültige Stellungnahme nach Eintreffen des histologischen Ergebnisses erfolgen (s.a. Kap. 13.3).

Literatur:

[1] Heldwein W, et al. für den QZGE München, Qualitätssicherung bei der Koloskopie in Praxis und Klinik. Dtsch Med Wschr. (1996), 121, 1040–1045

[2] Hermanek P, Qualitätsmanagement bei Diagnose und Therapie kolorektaler Karzinome. Leber Magen Darm. (1996), 26, 20–24

[3] Ladas S D, Factors predicting the possibility of conducting colonoscopy without sedation. Endoscopy. (2000), 32, 688–692

[4] Pott G (1995), Koloskopie-Atlas. Schattauer, Stuttgart, New York

[5] Preparation of patients for gastrointestinal endoscopy. ASGE Publication. Gastrointest Endosc. (1998), 48, 691–694

[6] Storr M, Allescher H D, Back-to-back-Koloskopie: Anzahl der in einer Koloskopie übersehenen Adenome. Z Gastroenterol. (1998), 36, 797–800

6.3 Entnahme von Biopsien bei Koloskopien (A)

Alle neu entdeckten *pathologischen Befunde* werden bei fehlenden Kontraindikationen biopsiert. Nekrotisch erscheinende Tumoren müssen ca. zehnmal biopsiert werden. In diesem Fall sind auch PEs aus dem Randbereich wichtig, da dort oft das Gewebe noch vitaler ist.

Bei *chronischer Diarrhö* sind auch bei unauffälligem Kolon Stufenbiopsien mit der Frage nach Kollagen-, lymphozytärer oder einer anderen Form der mikroskopischen Kolitis (z.B. NSAR-Kolopathie) nötig.

Bei unklarer Differenzialdiagnose zwischen Erstmanifestation einer chronisch-entzündlichen Darmerkrankung oder protrahiertem Verlauf einer *infektiösen Kolitis* sollten auch PE´s zur Kultur in eine geringe Menge steriler Kochsalzlösung gegeben werden und anschließend zur Kultivierung ins Labor/Hygiene verbracht werden.

Bei *Pancolitis ulcerosa* mit Krankheitsdauer über mehr als sieben Jahre sind immer zum Dysplasieausschluss PEs aus verschiedenen Abschnitten zu entnehmen (ca. alle 5 cm ein bis zwei Biopsien, die bei fehlenden makroskopischen Hinweisen auf ein Karzinom nach den unterschiedlichen Kolonabschnitten in den Biopsiegefäßen zusammengefasst werden können). DALM-verdächtige Stellen müssen unter jeweiliger genauer Lokalisationsangabe in gesonderten Biopsiegefäßen fixiert werden.

Bei der Erstdiagnose eines *M. Crohn* sind PEs sowohl aus makroskopisch gesunden als auch kranken Arealen aus den verschiedenen Abschnitten des unteren Gastrointestinaltraktes zu entnehmen. Bei späteren Kontrolluntersuchungen sind Biopsien nicht erforderlich, wenn sich keine zusätzliche Fragestellung ergibt.

Grundsätzlich sind PEs überall erlaubt, außer bei schweren Gerinnungsstörungen (s. Kap. 4.3 und Anhang 3).

Die Orte von Probeentnahmen müssen im Befund topographisch beschrieben und in der jeweiligen Anzahl dokumentiert werden. Die Probenverarbeitung ist in Kap. 4.7 beschrieben.

Sollte nur eine *partielle Koloskopie* möglich sein, sodass ein Kolonkontrasteinlauf nachfolgen muss, muss abgewogen werden, ob man evtl. Polypektomien nicht unterlässt. Unter Umständen ist es sinnvoller, zunächst den Barium-Kontrasteinlauf durchzuführen und dann in einer zweiten Koloskopie zu polypektomieren. Polypektomien und Biopsien aus gesunder Schleimhaut mit großkalibrigen starren Rektoskopiezangen oberhalb der peritonealen Umschlagsfalte erfordern wegen der Perforationsgefahr eine Röntgen-Karenzzeit von 14 Tagen. PEs mit kleinkalibrigen Zangen erfordern keine Karenzzeit [1, 3, 7]. Eine Barium-Kontrastmitteluntersuchung unmittelbar nach Koloskopie ist wegen des schlechten Kontrastmittelbeschlages in dem noch mit Lavage-Lösung partiell gefüllten Darm nicht mit guter Qualität durchführbar [4].

Literatur:

[1] Brambs H J, Jenss H, Zeitintervall zwischen Koloskopie mit Biopsie und Kolonkontrasteinlauf. Dtsch Med Wschr. (1994), 119, 1333–1334
[2] Fernándes-Banares F, et al., Incidence of collagenous and lymphocytic colitis: A 5-year population-based study. Am J Gastroenterol. (1999), 94, 418–423
[3] Frühmorgen P, Intervall zwischen Biopsie und Kolon-Kontrasteinlauf. Dtsch Med Wschr. (1984), 109, 554
[4] Kröger W, Zeitintervall zwischen Koloskopie mit Biopsie und Kolonkontrasteinlauf. Dtsch Med Wschr. (1995), 120, 1530
[5] Levison D A, Lazenby A J, Yardley J H, Microscopic colitis: a „Transatlantic" unifying concept. Gastroenterology. (1994), 106, 1727
[6] Marshall J B, Singh R, Diaz-Arias A A, Chronic, unexplained diarrhea: are biopsies necessary: if colonoscopy is normal? Am J Gastroenterol. (1995), 90, 372–376
[7] Rosenbusch G, Reeders J W A J (1993), Klinische Radiologie. Endoskopie. Georg Thieme, Stuttgart, New York
[8] Surawitz C M, et al., Mucosal biopsy diagnosis of colitis: acute self-limited colitis and idiopathic inflammatory bowel disease. Gastroenterology. (1994), 107, 755–763

6.4 Vorgehen bei schlechter Vorbereitung

(A, AA/SSt-Stationspflege)

Bei hochgradiger Verschmutzung ist die Koloskopie u.U. abzubrechen. Hier ist abzuwägen zwischen den objektiven Möglichkeiten des Untersuchers, der Fragestellung und der Situation des Patienten. Auch ist die Anwendung von Hochfrequenzdiathermie wegen Explosionsgefahr verboten.

Bei stationären Patienten erhält das Stationspersonal im ZKR das "Merkblatt Koloskopievorbereitung" (s. CD-ROM), um das Pflegepersonal neu in Kenntnis zu setzen, zu motivieren und um systematische Fehler bei der Vorbereitung nicht aufkommen zu lassen.

6.5 Ergebnisqualität der Koloskopie

Die Kriterien der Ergebnisqualität sind wie folgt aufgelistet. Sie sind mindestens jährlich zu ermitteln:

- Effektivität der Vorbereitung
- Vollständigkeit der Koloskopie
- Durchleuchtungszeiten
- Komplikationen (Häufigkeit, Art, Untersucher)
- Patientenzufriedenheit

Im ZKR wird die Qualitätskontrolle der Koloskopie monatlich von einem benannten Assistenzarzt durchgeführt. Die Vorbereitungsqualität wird nach den verschiedenen Stationen und der Ambulanz aufgeschlüsselt. Daher kann Problemen gezielt nachgegangen werden. Bei der Beurteilung der Effektivität der Vorbereitung sollten nichtabsaugbare Verunreinigungen, die die Beurteilbarkeit deutlich beeinträchtigen, in weniger als 10% der Fälle vorliegen [1–4]. Allerdings hängt dies auch von der Zusammensetzung des Klientels ab. Verschlechterungen der Vorbereitung müssen zu Verbesserungsmaßnahmen führen (s.a. Kap. 17.1).

Die Vollständigkeit der Koloskopie (Erreichen des Kolonendes bei gewünschter hoher Koloskopie) soll bei ca. (90 bis) 95% [1,4] liegen. Bei Unterschreiten des Richtwertes müssen nach einer Ursachenforschung Verbesserungsmaßnahmen erfolgen und in ihrer Effektivität überprüft werden.

Durchleuchtungszeiten über 60 Sekunden sollten selten sein [1], wenn man bedenkt, dass eine Koloskopie im Prinzip auch ohne Durchleuchtung durchführbar ist. Hohe Durchleuchtungszeiten müssen zu Verbesserungsmaßnahmen führen (erneute Schulung der Ärzte hinsichtlich endoskopischer Technik und Durchleuchtungsverhalten). Leider sind die Literaturdaten zu Durchleuchtungszeiten bei der Koloskopie sehr dürftig, obwohl dies für die Sicherheit der Patienten und den Strahlenschutz der Endoskopieabteilung von großer Bedeutung ist. Auch wir werten unsere Durchleuchtungszeiten noch nicht aus.

Komplikationen sind im Rahmen der jährlichen Komplikationsstatistik zu ermitteln (s.a. Kap. 14.2).

Die Patientenzufriedenheit ist in Patientenbefragungen zu überprüfen (s. Kap. 17.4). Bei der Koloskopie ist insbesondere die Schmerzangabe von besonderer Bedeutung [1]. Ggf. ist ein anderes Analgesieregime erforderlich. Andere Ursachen für Patientenunzufriedenheit sind ebenfalls zu ermitteln und ggf. abzustellen.

Literatur:

[1] Heldwein W, et al. für den QZGE München, Qualitätssicherung bei der Koloskopie in Praxis und Klinik. Dtsch Med Wschr. (1996), 121, 1040–1045

[2] Hsu C W, Imperiale T F, Metaanalysis and cost comparison of polyethlen glycol lavage versus sodium phosphate for colonoscopy preparation. Gastrointest Endosc. (1991), 37, 597–599

[3] Krakamp B, et al., Koloskopievorbereitung: ein Vergleich von 3 Fertig-Golytely-Lösungen. Z Gastroenterol. (2001), 39, 561–569

[4] Minoli G, et al., Quality assurance and colonoscopy. Endoscopy. (1999), 31, 522–527

6.6 Rektoskopie (A)

Die Vorbereitung erfolgt mit einem Klysma ca. 30 Minuten vor der Untersuchung (E oder AA/SSt-Stationspflege).

Nach Inspektion des Anus mit Spreizung der Nates bei guten Beleuchtungsverhältnissen erfolgt die digitale Untersuchung vom Analkanal und Rektum, anschließend die Untersuchung der Sphinkterfunktion. Dann erst erfolgt die endoskopische Untersuchung. Bei der Rektoskopie wird nur so viel Luft gegeben wie zur Untersuchung nötig. Gelingt es nicht, eine Stenose zu überwinden, darf nicht weiter vorgegangen werden (ggf. Entnahme von PEs).

Grundsätzlich sind PEs überall erlaubt, außer bei starken Gerinnungsstörungen (s. Kap. 4.3 und Anhang 3).

Bei in den nächsten 14 Tagen vorgesehenem Kolon-Kontrast-Einlauf dürfen PEs mit der starren Zange oberhalb der peritonealen Umschlagsfalte nur aus proliferierendem Tumorgewebe, nicht aber aus gesundem Gewebe entnommen werden (s.a. Kap. 6.3).

Bei der Dokumentation muss die Patientenpositionierung (Steinschnitt-, Sims-, Knie-Ellenbogenlage) beschrieben werden. Ansonsten entsprechen Dokumentation und Qualitätskontrollen denen der Koloskopie.

7 Polypektomie im oberen und unteren Verdauungstrakt

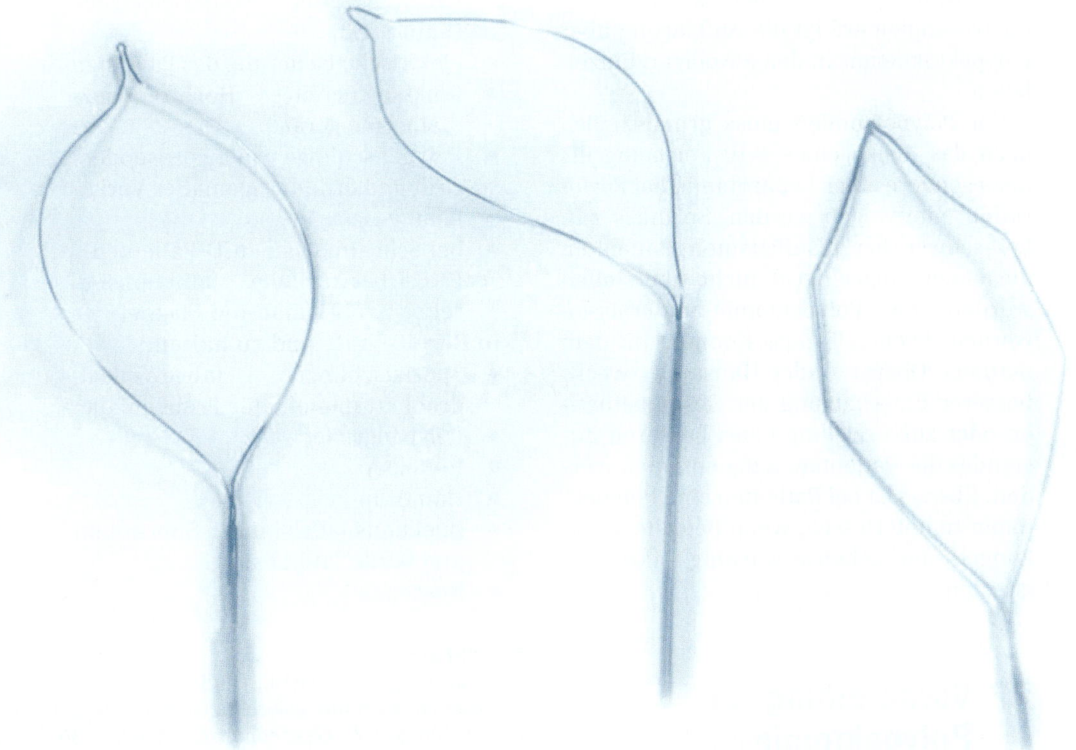

7 Polypektomie im oberen und unteren Verdauungstrakt

7.1 Vorüberlegungen

(A, AA/SSt-Stationsarzt)

Jeder zu koloskopierende Patient muss auch über eine evtl. Polypektomie aufgeklärt werden. Einverständnis, Ablehnung oder Kontraindikationen müssen dokumentiert werden (s.a. Kap. 4.1.5). Im ZKR dürfen nur kommerzielle Koloskopie-Aufklärungsbögen mit integrierter Polypektomieaufklärung verwendet werden. Bei Gastroskopien erfolgt die Aufklärung über Polypektomie nur in den jeweiligen Einzelfällen.

Vor Polypektomien muss grundsätzlich auch das Risiko eines evtl. Folgeeingriffs insbesondere einer Laparotomie bei Perforation miterwogen werden. So muss z.B. bei schwer herzinsuffizienten Patienten, die einen Folgeeingriff nicht überstehen würden, die Polypektomie unterlassen werden. Eventuell muss Kontakt mit dem Stations-/Oberarzt oder Hausarzt, zwecks besserer Einschätzung der Gesamtsituation oder zur Erzielung eines besseren Zustandes des Patienten, aufgenommen werden. Ebenso ist bei Patienten eine Polypektomie zu unterlassen, wenn Begleiterkrankungen die Lebenserwartung stark begrenzen.

7.2 Vorbereitung zur Polypektomie (E/A)

Zusätzlich zu den Unterlagen für die Endoskopie muss zwingend auch ein intakter aktueller Gerinnungsstatus vorliegen (Kap. 4.3). Der Quickwert sollte über 50%, die Thrombozyten über 50.000 liegen [1]. Die weiteren notwendigen Vorbereitungen ergeben sich aus der folgenden Checkliste.

Checkliste für die Vorbereitung zur Polypektomie:

- Venenverweilzugang, Tupfer, Hautdesinfektionsspray, Braunülenpflaster
- ordnungsgemäße Anlage und Verkabelung der Neutralelektrode (Kap. 8.1.3)
- elektrische Isolierung des Patienten
- funktionsbereites Hochfrequenzdiathermiegerät
- Polypenschlinge mit passendem Griff und ordnungsgemäßer Verkabelung
- bei Schrittmacher-/ICD-Patienten: EKG-Überwachung, funktionsbereiter Defibrillator und Magnet

in Bereitschaft sind zu halten:

- Spezialschlingen (abgewinkelt, drehbar, monofil) für Problemfälle
- Polypengreifer
- Endoloop
- Hämoclip
- Injektionsnadel mit Suprarenin und 0,9% NaCl-Lösung
- Buscopan

Literatur:

[1] Frühmorgen P, Kriel L, Leitlinien zur endoskopischen Ektomie kolorektaler Polypen mit der Schlinge. Z Gastroenterol. (1998), 36, 117–120

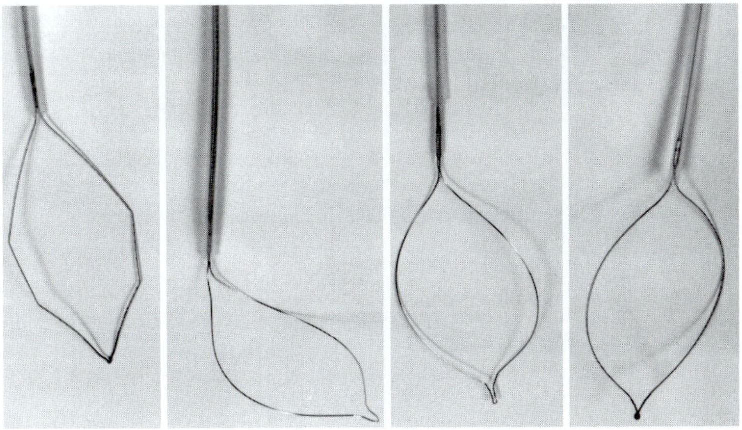

Abb. 7.1: Verschiedenartige Polypektomieschlingen (hexagonal, abgewinkelt, ovalär, monofil) erlauben eine Polypektomie in fast jeder Situation.

7.3 Durchführung (A-E)

Bei klarer Indikation und vorliegendem Einverständnis sind im Colon alle sichtbaren Polypen zu entfernen und zu bergen. Polypen unter 5 mm werden per Zangenabtragung, alle größeren per Polypektomie-Schlinge entfernt [1].

Bei Piecemeal-Technik oder flachen Adenomen wird vor der Polypektomie mit einer Suprarenin-Lösung ausreichend unterspritzt (wie bei Mukosektomie, Kap. 9.9.2).

Bei Polypektomien mit höherem Blutungsrisiko soll bereits eine Injektionslösung zur endoskopischen Applikation vorbereitet sein (s. Kap. 9.1) und eine Sklerosierungsnadel bereitliegen, bei großen Polypen mit dickem Stiel dieser prophylaktisch unterspritzt oder mit Endoloop bzw. Hämoclips stranguliert werden.

Bei einer erheblichen Blutung ist die Blutstillung wichtiger als die Bergung.

Bei gestielten Polypen ist der Stiel so weit unterhalb der Adenomgrenze zu durchtrennen, dass der Polyp sicher und komplett im Gesunden entfernt ist. Andernfalls erfolgt eine Nachresektion des Stiels. Beim Zuziehen der Schlinge darf die Endoskopieassistenz keine Kraft anwenden und so den Polypen mechanisch entfernen. Arzt und Assistenzkraft müssen optimal zusammenarbeiten. Eine gute Anhaftung der Polypenschlinge an der Polypenbasis kann durch eine initiale kurze Anwendung von 60 Watt „forced coagulation" bei ERBE-Geräten erzielt werden, während der eigentliche Schnitt dann mit monopolarem Mischstrom von 120 Watt erfolgt.

Falls sehr viele Polypen vorhanden sind, sind diese u.U. arealmäßig in mehreren Einzelsitzungen entsprechend den üblichen Operationsgrenzen (Hemicolektomie re/li, Transversum-/Sigmaresektion) abzutragen. Die größten sind jeweils zu bergen, die kleineren per Polypenfalle zu aspirieren oder, nach erneutem Trinken von Golytely-Lösung, aus dem Stuhlwasser zu filtern und zur pathologischen Untersuchung zu geben (Mitgabe von Pathologie-Röhrchen auf die Station/in den Nachüberwachungsbereich).

Bei störender Hyperperistaltik ist vor der Polypektomie Buscopan zu geben. Für den Fall einer sehr schweren Positionierung der Polypektomie-Schlinge stehen drehbare und abgewinkelte Polypektomie-Schlingen zur Verfügung.

Lokalisation, Größe und Form (sessil, gestielt, flach etc.) aller entfernten Polypen müssen möglichst exakt im Befundbericht beschrieben sein. Im Kolon ist eine Lokalisationsdiagnostik per Durchleuchtung wünschenswert. Anderenfalls muss versucht werden, die Lokalisation anhand von Diaphanoskopie und Endoskopie möglichst exakt festzulegen (s.a. Kap. 6.2.5 und

Übergabe der Polypektomieschlinge mit eingefahrener Schlinge an den Arzt
↓
Ausfahren der Schlinge nach Anweisung des Arztes
↓
Zuziehen der Schlinge nach Anweisung des Arztes
↓
Bei fühlbarem Widerstand Beendigung des weiteren Zuziehens und Rückmeldung an den Arzt
↓
Mit Beginn der Hochfrequenzdiathermie weiteres Zuziehen der Schlinge ohne größere Kraftanwendung, entsprechend dem Schneidefortschritt
↓
Bei vollständigem Schlingenschluss Rückmeldung an den Arzt
↓
Polypenbergung, Markierung der Abtragungsstelle, Fixierung in Formalin
↓
Beschriftung des Probenröhrchens mit Namen und Probennummer (Kap. 4.7), Vorbereitung zum Versand mit Pathologiebegleitzettel nach Untersuchungsende

Abb. 7.2: Verfahrensanleitung Polypektomie für die Endoskopieassistenz.

Kap. 13). Nach Bergung mittels Schlinge oder Greifer sollte der Polyp an seiner Abtragungsstelle markiert werden (mit Tipp-Ex oder Stecknadel), anschließend in Formalin konserviert und zur pathologischen Untersuchung verbracht werden.

Literatur:

[1] Frühmorgen P, Kriel L, Leitlinien zur endoskopischen Ektomie kolorektaler Polypen mit der Schlinge. Z Gastroenterol. (1998), 36, 117–120

7.4 Unmittelbare Patientennachsorge nach Polypektomien

7.4.1 Nachsorge stationärer Patienten (AA/SSt-Stationspflege)

Abweichend vom Wachbogen nach Sedierung (s. Kap. 4.3) wird der Wachbogen in unserer Klinik unter klinischer Beobachtung eventueller Blutungszeichen bis Mitternacht fortgeführt. Die Nachsorge von Patienten mit stärkeren, aber letztlich gestillten Blutungen oder sehr ausgiebigen Resektionen erfolgt nach Angaben des Arztes. Sie dürfen bis zum nächsten Morgen nur Tee oder stilles Wasser trinken. Ansonsten ist Normalkost erlaubt.

7.4.2 Nachsorge ambulanter Patienten (A)

Die Patienten sollten in Abhängigkeit vom Ausmaß der Polypektomien noch einige Zeit in der Endoskopie bzw. Aufwacheinheit überwacht werden. Sie sind bereits vorab über die Symptome von Komplikationen nach Polypektomien aufzuklären und über die dann notwendigen Verhaltensweisen samt Adressen/Telefonnummern für Rückfragen und Notfallbehandlungsmöglichkeiten außerhalb der üblichen Endoskopiezeiten zu informieren (s.a. Kap. 4.1.7 und CD-ROM Aufklärung-Koloskopie-Polypektomie).

7.5 Befunddokumentation und Ergebnisqualität von Polypektomien (A)

Erfordernisse an die endoskopische Befunddokumentation bei der Polypektomie:

- Polypenform (gestielt, breitbasig etc.)
- Polypengröße (möglichst in cm)
- Aussage über die makroskopische Einschätzung der Entfernung im Gesunden
- Anatomischer Sitz des Polypen
- alle Umstände der Resektion (mit/ohne Unterspritzung etc.)
- intrainterventionelle Komplikationen und Gegenmaßnahmen
- erforderliche weitere Maßnahmen (z.B. Fortsetzung in zweiter Sitzung)
- besondere unmittelbare Nachsorgemaßnahmen

Die Zahl aller Polypektomien und ihre Komplikationsrate (intra- und postinterventionell) muss in Jahresabständen erfasst werden. Sinnvollerweise empfiehlt sich eine differenzierte Dokumentation für Sonderfälle wie Piecemeal-Polypektomien oder Entfernung großer Polypen, da hier die Komplikationsrate erhöht ist.

Benchmarks oder andere Anhaltswerte bezüglich der Ergebnisqualität von Polypektomien liegen bisher weder in der Literatur noch von Fachgesellschaften vor. Zur Häufigkeit von Komplikationen von Polypektomien in der Literatur als Anhaltswerte für die eigene Endoskopieabteilung empfiehlt sich Anhang 2.

7.6 Kontrolluntersuchungen nach Polypektomien von Kolon-Adenomen (A)

Nach kompletter Polypektomie erfolgt nach drei Jahren die erste Kontrolluntersuchung, danach alle fünf Jahre [1]. Bei noch vorhandenen Adenomen hat eine kurzfristigere Nachendoskopie zu erfolgen. Der Zeitraum hängt u.a. von der Größe der verbliebenen Adenome, der Sicherheit der Beurteilbarkeit der Erstendoskopie und der Gesamtsituation des Einzelfalles ab. Bei verbliebenen größeren Adenomen erfolgt die baldige, bei verbliebenen kleinen Polypen (<5 mm) eine erneute Koloskopie in spätestens einem Jahr. Der endoskopierende Arzt muss den Patienten und den zuweisenden Arzt über die notwendigen Kontrolluntersuchungen informieren.

Literatur:

[1] Schmiegel W et al., Kolorektales Karzinom: Prävention und Früherkennung in der asymptomatischen Bevölkerung – Vorsorge bei Risikopatienten – Endoskopische Diagnostik, Therapie und Nachsorge von Polypen und Karzinomen. Z Gastroenterol. (2000), 38, 49–75

7.7 Folgeuntersuchungen und -eingriffe nach Polypektomie eines Kolon-Karzinoms (A)

Ergibt der histologische Befund eines Kolonpolypen eine inkomplette Entfernung, einen Karzinombefund oder einen Befund, der weiter gehende Maßnahmen erfordert, so muss der Arzt, der die Polypektomie vorgenommen hat, den Patienten und den Zuweiser darüber informieren.

Nach Teilentfernung eines invasiven Karzinoms oder Komplettentfernung eines Karzinoms mit schlechter Differenzierung (G3/G4) muss eine chirurgische Nachresektion erfolgen. Bei unklarer exakter Tumorlokalisation und damit unklarer Operationstechnik muss innerhalb von 7 bis 10 Tagen eine Nachkoloskopie zur exakten Lokalisation (qualitativ am besten Röntgenlokalisation oder intraoperative endoskopische Lokalisation, evtl. Markierung mit Scriptol-Tusche und/oder Clip) erfolgen [8], um die Resektionsgrenzen unter karzinomchirurgischen Gesichtspunkten festlegen zu können.

Bei Polypektomie eines pT1-Karzinoms mit dem Differenzierungsgrad G1/G2 im Gesunden ohne Gefäßeinbrüche ist die Therapie mit der Polypektomie beendet. Es erfolgen endoskopische Kontrolluntersuchungen nach 6, 24 und 60 Monaten [3,10].

Bei einem unvollständig entfernten G1/G2-Karzinom, dessen Stiel/Tumorrest voraussichtlich endoskopisch noch im Gesunden nachresezierbar ist, hat die Nachresektion mit histologischer Kontrolle unverzüglich zu erfolgen.

Literatur:

[1] Frühmorgen P, Richtlinien für die endoskopischen Untersuchungen bei kolorektalen Polypen. Z Gastroenterol. (1994), 32, 371–374

[2] Frühmorgen P, Kriel L, Leitlinien zur endoskopischen Ektomie kolorektaler Polypen mit der Schlinge. Z Gastroenterol. (1998), 36, 117–120

[3] Hackelsberger A, Frühmorgen P, Die endoskopische Behandlung von pT1-Karzinomen im Kolorectum. Leber Magen Darm. (1998), 28, 107–112

[4] Heldwein W, et al. für den QZGE München, Qualitätssicherung bei der Koloskopie in Praxis und Klinik. Dtsch Med Wschr. (1996), 121, 1040–1045

[5] Marshall J B, Barthel J S, The frequency of total colonoscopy and terminal ileal intubation in the 1990s. Gastrointest Endosc. (1993), 39, 518

[6] Minoli G, et al., Quality assurance and colonoscopy. Endoscopy. (1999), 31, 522–527

[7] Parra-Blanco A, et al., Colonoscopic polypectomy with cutting current: is it safe? Gastrointest Endosc. (2000), 51, 676–681

[8] Schmiegel W, et al., Kolorektales Karzinom: Prävention und Früherkennung in der asymptomatischen Bevölkerung – Vorsorge bei Risikopatienten – Endoskopische Diagnostik, Therapie und Nachsorge von Polypen und Karzinomen. Z Gastroenterol. (2000), 38, 49–75

[9] Schmiegel W, et al., Kolorektales Karzinom. Ergebnisse einer interdisziplinären Konsensuskonferenz, Bochum 1999. Der Internist. (2000), 41, 230–240

[10] Schmiegel W, et al., Endoskopische Diagnostik und Therapie von Polypen und Karzinomen. Dtsch Ärztebl. (2000), 97, B1980–1981, A2319–2320

7.8 Besonderheiten bei der Polypektomie im Magen und Duodenum (A)

Die folgenden abweichenden Gesichtspunkte bei der Polypektomie des Magens sind zu beachten:

Nur wenige polypöse Veränderungen im Magen sind entfernungsbedürftig, da echte Adenome selten sind. Bei den meisten polypösen Veränderungen des Magens handelt es sich um pseudopolypöse komplette Erosionen, hyperplasiogene Polypen oder Drüsenkörperzysten, die nicht entfernungsbedürftig, aber oft multipel sind. Wegen makroskopisch schwieriger Differenzierung müssen besonders polypöse Strukturen, die unklar, solitär oder in geringer Zahl vorhanden sind, immer biopsiert werden. Adenome als präkanzeröse Läsionen müssen immer komplett entfernt werden. Im Magen und Duodenum empfiehlt sich vor Polypektomie eine Biopsie, da hier eine größere Gefahr eines kompletten Polypenverlustes besteht und anderenfalls überhaupt keine Histologie vorliegt. Auch hyperplastische Polypen über 2 cm Größe sollten immer entfernt werden, da hierbei Zangenbiopsien nicht repräsentativ sind und es sich um gemischte Polypen mit adenomatösen Anteilen oder auch Karzinoidanteilen handeln kann [1, 4, eigene Erfahrungen].

Neuere Untersuchungen haben auch schon bei hyperplastischen Polypen ab 6 mm Durchmesser fokale Karzinome nach Polypektomie gezeigt, die zuvor einer Biobsie entgangen waren [5,6], sodass auch schon die Entfernung hyperplastischer Polypen ab dieser Größe sinnvoll erscheint.

Nach kompletter Entfernung von echten Adenomen sollte nach einem Jahr eine Kontrollendoskopie zum Ausschluss eines lokalen oder metachronen Rezidivs, einer Dysplasie oder eines Frühkarzinoms an anderer Stelle erfolgen. Danach sollten Kontrollendoskopien alle drei bis fünf Jahre stattfinden.

Bei reinen hyperplastischen Polypen oder Drüsenkörperzysten ist eine Nachsorge nicht sinnvoll.

Literatur:

[1] Heine M, Rautert-Kreisen U, Multiple primary stomach carcinoids in hyperplastic polyps. Z Gastroenterol. (1984), 22, 294–299

[2] Seifert E, Elster K, Endoskopische Polypektomie am Magen. Dtsch Med Wschr. (1972), 97, 1199–1203

[3] Stolte M, Clinical consequences of the endoscopic diagnosis of gastric polyps. Endoscopy. (1995), 27, 32–37

[4] The role of endoscopy in surveillance of premalignant conditions of the upper gastrointestinal tract. ASGE Publication. Gastrointest Endosc. (1998), 48, 663–668

[5] Kudis V et al., Der hyperplastische Polyp des Magens – Eine Präkanzerose? Z. Gastroenterol. (2002), 40, 295–298

[6] Muehldorfer S M et al., Diagnostic accuracy of forceps biopsy versus polypectomy for gastric polyps: a prospective multicentre study. Gut (2002), 50, 465–470

8 Koagulation und Vaporisation im Gastrointestinaltrakt

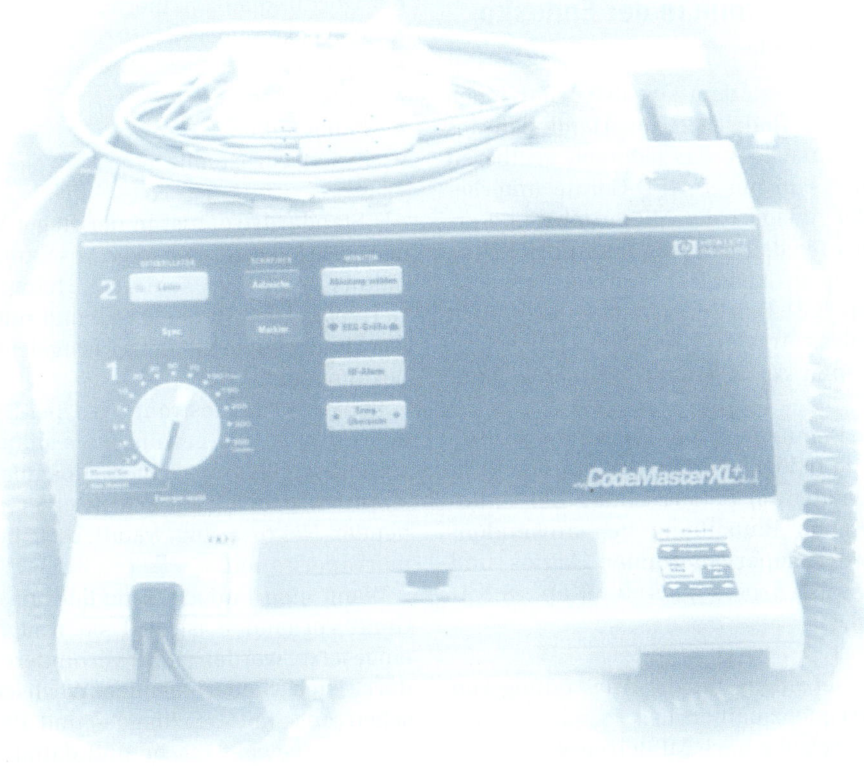

8 Koagulation und Vaporisation im Gastrointestinaltrakt

8.1 Hochfrequenzdiathermie in der Endoskopie

8.1.1 Voraussetzungen für den Umgang mit Hochfrequenzdiathermie in der Endoskopie (A-E)

Einzelheiten zu dem jeweils vorhandenen HFD-Gerät finden sich im Handbuch des Geräteherstellers, das jederzeit griffbereit gelagert sein muss. HFD-Geräte unterliegen der Anlage 1 der MPBetreibV und erfordern für den Umgang eine Einweisung durch eine „befugte/beauftragte Person" (s. Kap. 3.2). Das Gerät muss so aufgestellt sein, dass Arzt und Assistenz die Frontplatte und Anzeigetafeln gut sehen können.

Die Benutzung von Hochfrequenzdiathermie (HFD) erfordert wegen der Blutungsgefahr die Beherrschung der endoskopischen Blutstillung des anwendenden oder supervidierenden Arztes und des Assistenzpersonals (s. Kap. 8.3.1, Tab. 8.1).

Voraussetzungen für die Anwendung von Hochfrequenzdiathermie:

- Einweisung nach MPBetreibV
- Sachkenntnis von Gerät und Zubehör
- fachliche Qualifikation
- Beherrschung von Methoden der Blutstillung

8.1.2 Anwendungsbereiche und -arten der HFD

HFD in der Endoskopie wird fast nur mit unipolarem Instrumentar und Neutralelektrode betrieben.

Endoskopische Verfahren mit Einsatz der Hochfrequenzdiathermie:

- Polypektomie
- Koagulation
- Mukosektomie
- Papillotomie
- Zystogastrostomie

Als Standardstrom ist in der Regel Mischstrom festgelegt. Wie das Mischungsverhältnis festgelegt sein soll, hängt vom Gerätetyp bzw. Hersteller ab und soll in jeder Endoskopieabteilung festgelegt und bekannt sein.

Reiner Schneidestrom wird bei Schneideprozessen mit gewünschter minimaler Tiefenkoagulation, reiner Koagulationsstrom wird in Fällen erwünschter tiefgehender Nekrose angewandt, z.B. bei Tumorvaporisation.

Wenn eine Endocut-Funktion am HFD-Gerät vorhanden ist, soll sie weitgehend eingesetzt werden. Sie verhindert, u.a. durch sich wiederholenden Wechsel zwischen Anschnitt-, Schneide- und Pausenphase, ungewollt rasche und damit unberechenbare Schnitte etwa bei der Papillotomie [2, 3] oder zu kurze Koagulationszeiten mit erhöhter Blutungsgefahr bei der Polypektomie.

Die für den jeweiligen Eingriff vorgesehene Standardeinstellung muss in den Leitlinien jeder Endoskopieabteilung festgelegt sein, Abweichungen in Einzelfällen müssen dokumentiert werden. Ort der Anlage der Neutralelektrode und die Art (Gummi-, Einmalelektrode) sollten dokumentiert sein.

8.1.3 Praktische Hinweise für Neutralelektroden und Fehlstromverhinderung (E)

Die Neutralelektrode ist regulär am Oberschenkel mit ihrer Längsachse quer zur Beinachse anzulegen.

Bei starker Behaarung muss im Bereich der Neutralelektrode rasiert werden. Die Anlage soll möglichst nicht über Metallimplantanten (TEP) erfolgen. Im Falle einer beidseitigen Hüft-TEP können Einmalelektroden über Gesäß oder Rücken befestigt werden. Allerdings haben wir niemals in solchen Fällen bei Anlage am Oberschenkel Probleme festgestellt.

Einmalelektroden dürfen niemals kleiner geschnitten werden. Wieder verwendbare Gummi-Neutralelektroden sollen nicht an Gesäß oder Rücken angebracht werden und müssen nach jedem Gebrauch desinfiziert werden.

Vor Einsatz der HFD muss darauf geachtet werden, dass der Patient keinen direkten Kontakt mit stromleitenden Metallteilen oder über Flüssigkeit (z.B. ausgetretene Darmspülungslösung) indirekten Kontakt mit diesen hat.

Anderenfalls können Fehlströme mit unangenehmen Körpersensationen oder gar Verbrennungen auftreten. Eheringe, Edelmetall- und Piercing-Schmuck müssen nicht vor HFD-Anwendung entfernt werden [1]. So kann z.B. dem Verlust von Eheringen in der Endoskopie vorgebeugt werden.

HF-Kabel sollen sich nicht kreuzen und möglichst kurz sein, etwa durch Verwendung eines mobilen Gerätewagens.

Bei Interferenzen z.B. mit der Videoendoskopieanlage empfiehlt sich die Benutzung eines separaten Stromkreises für das HFD-Gerät (SSt-Medizintechnik, -Haustechnik, -Elektrowartungsfirma).

Kommentar

Die Umgangsweise mit den verschiedenen Anwendungsarten der HFD beruht z.T. auf Tradierung, Empfehlungen der Hersteller und theoretischen Betrachtungen. Es gibt nur sehr wenige wissenschaftliche Untersuchungen zu diesem Thema. Eine Untersuchung von Van Gossum et al. [5] an fast 1.500 Polypektomien ergab, dass die Blutungsraten bei Mischstrom und reinem

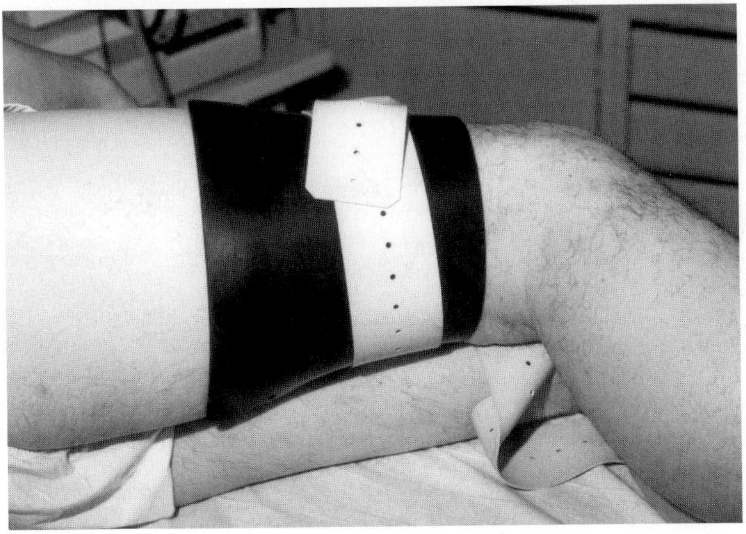

Abb. 8.1: Exakte Anbringung einer Gummi-Neutralelektrode: Quer zur Oberschenkelachse.

Schneidestrom zwar gleich waren, unter Mischstrom aber die Blutungen meist sofort auftraten und somit einer Blutstillung leicht zugänglich waren. Eine italienische Studie ergab, dass die Gesamtblutungsrate bei fast 4.800 Polypektomien mit reinem Schneidestrom bei 1,1% lag, davon 66% mit Sofortblutungen [4]. Die Autoren kommen zu dem Schluss, dass Polypektomien auch mit reinem Schneidestrom durchgeführt werden können, wenn Methoden der Blutstillung in erforderlichen Fällen angewandt werden.

Literatur:

[1] Gottwald M, Persönliche Mitteilung. Fa. ERBE Elektromedizin GmbH, Tübingen

[2] Kalthoff F, Hagg M (ohne Jahr), HF-chirurgische Polypektomie mit softwaregesteuerten Schnitten (ENDO-CUT). Fa. ERBE Elektromedizin GmbH, Waldhörnlestr. 17, D-72072 Tübingen (http://www.erbe-med.de)

[3] Kohler A, et al., A new HF current generator with automatically controlled system (endocut mode) for endoscopic sphincterotomy – preliminary experience. Endoscopy (1998), 30, 351–355

[4] Parra-Blanco A, et al., Colonoscopic polypectomy with cutting current: is it safe? Gastrointest Endosc. (2000), 51, 676–681

[5] Van Gossum A, et al., Colonoscopic snare polypectomy: analysis of 1485 resections comparing two types of current. Gastrointest Endosc. (1992), 38, 472–475

8.2 Argon-Plasma-Koagulation (APC) in der Endoskopie (A-E)

Einzelheiten zu jedem Gerät finden sich im Handbuch des jeweiligen Herstellers, das jederzeit griffbereit gelagert werden muss. Die hier angegebenen Wattzahlen beziehen sich auf das Gerät ICC200/Beamer 2 der Firma ERBE.

Die Voraussetzungen für den Umgang mit dem Argon-Beamer entsprechen denen des HFD-Gerätes (s. Kap. 8.1.1).

Bei Inbetriebnahme des Argon-Beamers soll die Beamer-Sonde vor dem Applikationsbeginn durch Betätigung des Druckknopfes „Spülen“ mit Argon durchflutet werden.

Bei der Elektrokoagulation, z.B. von Angiodysplasien im Magen, kann der Argon-Beamer mit einer Stärke von 40 bis 60 Watt benutzt werden, im Dünndarm und Kolon (besonders Zökum) nur bis 40 Watt, um evtl. Perforationen zu vermeiden [6]. Bei Tumorvaporisation kann die Energie auch bis zu einem effektiven Grad über 60 Watt hinaus hochgeregelt werden.

Es ist immer darauf zu achten, dass die Beamer-Sonde mindestens einen knappen

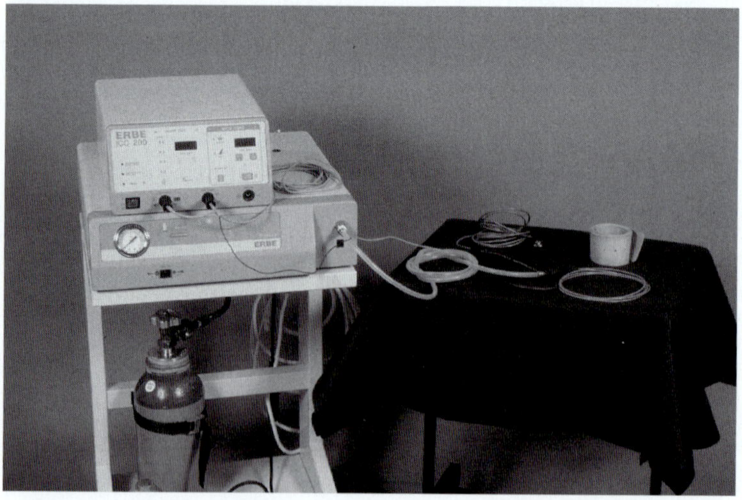

Abb. 8.2: Hochfrequenzdiathermiegerät mit integrierter Argon-Plasma-Koagulations-Einheit.

Zentimeter aus dem distalen Ende des Endoskops ausgefahren ist, um evtl. Koagulationsschäden am Endoskop oder elektronische Störungen durch die Hochfrequenzspannung zu verhindern. Weiterhin muss die Koagulationssonde ein unversehrtes Distalende mit intakter Keramikkappe haben. Sonden mit frei herausragenden Drahtenden haben eine hohe Perforationsgefahr und sind sofort zu entsorgen und zu ersetzen [1].

Die angewandten Energiestärken müssen im Befundprotokoll dokumentiert sein.

Analgosedierung und Monitoring/Überwachung

Die Insufflation größerer Mengen von Argongas bewirkt durch stärkere Dehnungsreize des Magendarmtraktes Schmerzen, sodass eine Analgosedierung bei der APC in der Regel sinnvoll ist. Es darf nicht außer Acht gelassen werden, dass es durch die Kombination von Analgosedierung und Argon-Meteorismus zur Beeinträchtigung der Atmung des Patienten kommen kann. Dies stellt erhöhte Anforderungen an die Überwachung und kardiopulmonale Versorgung des Patienten. Besonders kritisch ist die Anwendung bei Stenosen des unteren Gastrointestinaltraktes, da sehr schnell das gesamte Intestinum mit Gas gefüllt ist, ohne dass der Patient es zügig wieder loswerden kann.

Literatur:

[1] Gottwald M, Persönliche Mitteilung. Fa. ERBE Elektromedizin GmbH, Tübingen

[2] Grund K E., Zindel C, Farin G, Argonplasmakoagulation in der flexiblen Endoskopie. Dtsch Med Wschr. [1997], 122, 432–438

[3] Kalthoff F, Hagg M. (ohne Jahr), HF-chirurgische Polypektomie mit softwaregesteuerten Schnitten (ENDO-CUT). Fa. ERBE Elektromedizin GmbH, Waldhörnlestr. 17, D-72072 Tübingen (http://www.erbe-med.de)

[4] Kohler A, et al., A new HF current generator with automatically controlled system (endocut mode) for endoscopic sphincterotomy – preliminary experience. Endoscopy (1998), 30, 351–355

[5] Parra-Blanco A, et al., Colonoscopic polypectomy with cutting current: is it safe? Gastrointest Endosc. (2000), 51, 676–681

[6] Probst A, Scheubel R, Wienbeck M, Die endoskopische Argon-Plasma-Koagulation (APC) beim Wassermelonenmagen (GAVE-Syndrom). Z Gastroenterol. (2001), 39, 447–452

[7] Van Gossum A, et al., Colonoscopic snare polypectomy: analysis of 1485 resections comparing two types of current. Gastrointest Endosc. (1992), 38, 472–475

[8] Wahab P J, et al., Argon plasma coagulation in flexible gastrointestinal endoscopy: pilot experiences. Endoscopy. (1997), 29, 176–181

8.3 Besonderheiten bei Hochfrequenzdiathermie und Argon-Plasma-Koagulation

8.3.1 Patienten mit Herzschrittmacher (A/E) (A/SSt-Konsi-liararzt/-Stationsarzt)

Vor möglicher Anwendung von HFD ist jeder Patient vom Arzt und/oder der Assistenzkraft nach einer Schrittmacheranlage zu fragen. Patienten mit aktivem Herzschrittmacher dürfen nur unter EKG-Monitoring und in Defibrillator-Bereitschaft mit Hochfrequenzdiathermie behandelt werden. Weiterhin muss immer ein Magnet griffbereit sein, der im Notfall durch Auflegen auf das Schrittmacher-Aggregat die programmierte Starrfrequenz auslöst.

Daher muss vor Anwendung der HFD auch die Lokalisation des Schrittmacheraggregates im Patienten bekannt sein. Da u.U. bis unmittelbar vor der Untersuchung und besonders bei Notfalluntersuchungen weitere Einzelheiten über den Patienten und seinen Schrittmacher nicht bekannt sind, sind dies die Minimalanforderungen.

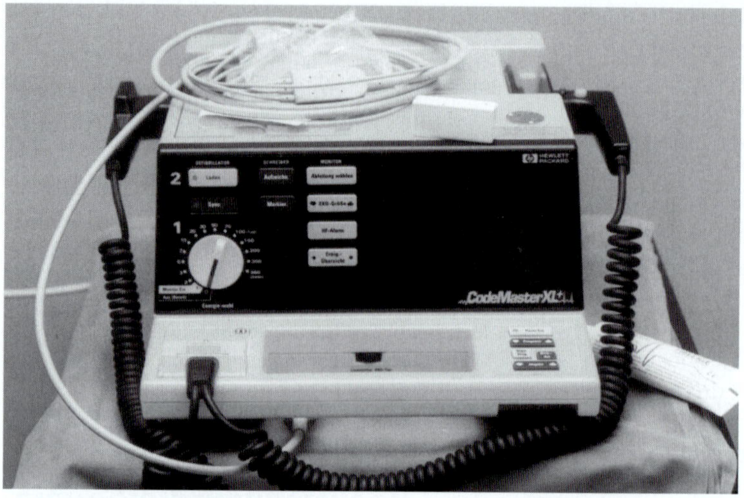

Abb. 8.3: Erforderliche Ausrüstung für Schrittmacherprobleme unter Hochfrequenzdiathermie: EKG-Monitor mit Defibrillator und Magnet.

Voraussetzungen für HFD-Anwendung bei Schrittmacherpatienten:

- EKG-Monitoring
- Defibrillator-Bereitschaft
- Magnet in Griffbereitschaft und Kenntnis der Schrittmacheraggregatlokalisation
- optimal: peri-interventionelle Kooperation mit dem betreuenden Schrittmacherarzt

Das weitere Vorgehen ergibt sich aus Tabelle 8.1. Liegt die letzte Schrittmacherkontrolle länger als drei Monate (Schrittmacherausweis) zurück, sollte der Schrittmacher nach Möglichkeit vor der Diathermiebehandlung überprüft werden. Die DGVS empfiehlt auch die regelmäßige Schrittmacherüberprüfung nach jeder HFD-Anwendung [2].

Die Entfernung zwischen Aktivelektrode und Neutralelektrode sollte möglichst kleiner sein als die zwischen Aktivelektrode und Schrittmachersystem. Ist dies bei Anlage der Neutralelektrode am Oberschenkel nicht möglich, kann das Problem durch die Anlage einer Einmalelektrode am Rücken oder dorsolateral umgangen werden mit Erzielung einer ventrodorsalen Ausrichtung zwischen Aktiv- und Neutralelektrode.

Polypektomien im Rektum und tiefem Sigma können in Einzelfällen auch ohne EKG-Monitoring vorgenommen werden, da hier ein ausreichender Sicherheitsab-

Tabelle 8.1
Arbeitsanweisung für HFT-Anwendung bei Herzschrittmacherpatienten

Situation	Vorgehen
Völlig schrittmacherabhängige Patienten	Programmierung in asynchrone Stimulation
Patienten mit erhaltenem Eigenrhythmus	Herunterprogrammierung von Frequenz und Hysterese
Evtl. HF-Einflüsse auf PM-Programmierung	Schrittmacherkontrolle vor und nach Eingriff
Akute Notfallendoskopie	Magnet, EKG-Monitoring, Defibrillator-Bereitschaft

stand zum Schrittmacheraggregat eingehalten wird, sofern der Patient sein Schrittmacheraggregat nicht in der Bauchdecke trägt.

8.3.2 Patienten mit Cardioverter-Defibrillator (A/SSt-Kardiologe)

Bei Patienten mit Cardioverter/Defibrillator muss vor Anwendung jeder Hochfrequenzdiathermie die Defibrillatorfunktion inaktiviert und unmittelbar nach Beendigung des Eingriffs wieder aktiviert werden. Auch diese Patienten müssen per Monitor und in Defibrillationsbereitschaft überwacht werden. Hier empfiehlt sich die Endoskopie in einem Krankenhaus mit dem passenden Cardioverter-Programmiergerät, in der Regel dem Krankenhaus der Implantation.

Literatur:

[1] Imich W, Herzschrittmacher: Störmöglichkeiten durch medizintechnische Behandlungsverfahren. Dtsch Ärztebl. (1992), 89, B1880–1883

[2] Jung W, Neubrand M, Lüderitz B, Einsatz von Hochfrequenzstrom in der Endoskopie bei Patienten mit Herzschrittmachern. Z Gastroenterol. (1994), 32, 479–482

[3] Kimmey M B, et al., ASGE technology assessment. Electrocautery use in patients with implanted cardiac devices. Gastrointest Endosc. (1994), 40, 794–795

8.4 Lasertherapie (A/E)

Zum Laserstrahlenschutz sei auf Kapitel 3.5.2 verwiesen. Auf einen sachgemäßen Umgang mit dem Lichtleiterkabel sowohl außerhalb als auch innerhalb des Patienten hat der Anwender zu achten. Für die Reinigung des Distalendes des Lichtleiterkabels müssen Kompressen und Wasserstoffsuperoxid 30% bereitstehen.

Die Anzahl der abgegebenen Impulse, die Einzelimpulsstärke und die verabreichte Gesamtenergie jeder Behandlung müssen dokumentiert sein.

Analgosedierung und Monitoring/Überwachung

Die Insufflation größerer Mengen von Kohlendioxid als Inertgas ist oft unumgänglich bei der Anwendung eines Neodym-YAG-Lasers. Dies erfordert meist eine Analgosedierung und führt zu gleichen Problemen wie bei der Argon-Plasma-Koagulation (Kap. 8.2).

9 Operative, interventionelle Endoskopie des oberen Gastrointestinaltraktes

9 Operative, interventionelle Endoskopie des oberen Gastrointestinaltraktes

9.1 Notfallgastroskopie bei oberer Gastrointestinalblutung

9.1.1 Besondere Gefahren und Sicherheitsmaßnahmen bei Notfallgastroskopien

Vielen unproblematischen Notfallendoskopien stehen immer wieder recht dramatische Fälle gegenüber, die teilweise erst unter der Endoskopie entstehen, z.B. bei Manipulationen an Gefäßstümpfen.

Besondere Gefahren einer Notfallgastroskopie bei oberer Gastrointestinalblutung:

- Schock-/Verblutungsgefahr während der Endoskopie
- stark erhöhtes Aspirationsrisiko durch verminderte Schutzreflexe
- verminderte Kooperationsfähigkeit des Patienten (Schock, u.U. Entzug)
- verstärkte Atemdepression durch Sedativa bei instabilem Kreislauf
- besonders lange Untersuchungsdauer bei verminderter Übersicht durch Blut/Koagel

Wegen der besonderen Gefahren darf daher eine Notfallgastroskopie nur von einem darin erfahrenen Arzt oder unter seiner Aufsicht erfolgen. Aber auch dann sind weitere besondere Sicherheitsmaßnahmen erforderlich:

- Untersuchung nur durch interventionell und intensivmedizinisch kundigen Arzt
- Endoskop mit möglichst weitem Absaugkanal (ca. 4–6 mm) zur Beseitigung von Blut/Koageln
- keine Rachenanästhesie
- Minimierung von Zeitverzögerungen durch schnellstmöglichen Zugriff auf alles erforderliche interventionelle Zubehör
- Entlastung des Endoskopikers und Assistenzpersonals von allen flankierenden Maßnahmen durch Dritte
- Abbruch der Endoskopie bei anhaltendem Schock ohne begleitende Intensivtherapie und Beatmung
- verschärftes Monitoring mit Pulsoxymetrie, RR-Kontrollen und ggf. EKG-Monitoring
- Versorgung des Patienten mit großlumigen Braunülen bei aktiver Blutung

Eine Notfallgastroskopie ohne gleichzeitige intensivmedizinische Betreuung des Patienten darf nur bei stabilen Kreislaufverhältnissen stattfinden. Patienten im Schock müssen auf der Intensivstation zunächst stabilisiert werden. Ist dies nicht möglich, ist eine primäre chirurgische Intervention zu erwägen. Erscheint dies nicht sinnvoll, soll die Notfallgastroskopie nur in Intubation stattfinden.

Im Übrigen muss sich weiteres ärztliches und Pflegepersonal um Transfusions-/Infusionstherapie sowie Atmung und Kreislauf des Patienten kümmern, damit der endoskopierende Arzt sich ganz auf die endoskopischen Prozeduren konzentrieren kann. Der endoskopierende Arzt muss über die Gesamtsituation des Patienten jederzeit informiert sein und entscheidet über Fortsetzung oder Abbruch der Endoskopie.

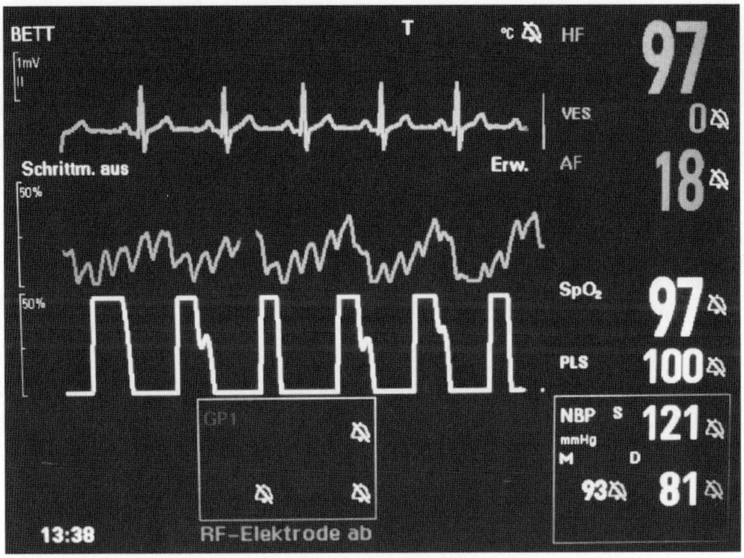

Abb. 9.1: Monitorbild bei simultaner Überwachung von Puls, RR, EKG und SpO2.

Monitoring (E)
Puls, Blutdruck und Sauerstoffsättigung sind unmittelbar vor jeder Notfallendoskopie von der Assistenzkraft zu messen und zu dokumentieren. Sie werden fortlaufend während der Notfallendoskopie gemessen. Im ZKR steht dafür ein Überwachungsmonitor zu Verfügung.

Die fortlaufende automatische, unblutige Blutdrucküberwachung erfolgt in 3-Minuten-Intervallen. Zur Vermeidung von Fehlalarmen sollen die unblutige Blutdruckmessung und Pulsoxymetrie nicht am gleichen Arm durchgeführt werden.

Venenzugang (A)
Ein intravenöser Verweilzugang muss bei jeder Notfallendoskopie vorhanden sein. Bei Verdacht auf eine aktive Blutung müssen vor Endoskopiebeginn mehrere, möglichst großlumige, Braunülen für evtl. nötige großvolumige Infusionen/Transfusionen angelegt sein.

Gerinnungsstatus (A)
Bei fehlender Antikoagulation des Patienten kann eine Notfallendoskopie vor Fertigstellung des Gerinnungsstatus begonnen werden, dieser sollte aber möglichst rasch vorliegen.

Blutung unter Antikoagulation oder stark veränderter spontaner Gerinnung (A)
Bei Blutungen unter Marcumarisierung muss vor einer Endoskopie der Quickwert über 50% angehoben werden. Bei Blutungen unter Vollheparinisierung soll die PTT weitgehend normalisiert werden. Die Entscheidung bezüglich Abwarten, Gabe von Antidots oder Endoskopiezeitpunkt trifft der endoskopierende Arzt. Bei sehr schlechten spontanen Gerinnungswerten fällt der endoskopierende Arzt eine individuelle Entscheidung, wie der zeitliche Ablauf von Gerinnungstherapie und Endoskopie gestaltet wird.

9.1.2 Aufklärung und Einverständnis vor Notfallgastroskopien (A)

Auf eine schriftliche Einverständniserklärung und Aufklärung kann im Notfall verzichtet werden. Der Patient hat aber, wenn er bei klarem Bewusstsein ist, der

Untersuchung mündlich zuzustimmen. Aufklärung und mündliches Einverständnis des Patienten müssen vom Arzt an festgelegter Stelle (im ZKR z.B. im Befunddokumentationsformular) dokumentiert werden.

9.2 Blutstillungsverfahren
(A-E)

Alle Blutstillungsverfahren dürfen nur von Ärzten vorgenommen werden, die die entsprechenden Verfahren per Supervision/Hospitation samt der Handhabung des dazugehörigen Instrumentars beherrschen. Auch das Assistenzpersonal soll die Handhabung des Blutstillungsinstrumentars beherrschen.

9.2.1 Blutstillung bei Ulkusblutung, Gefäßstümpfen und Angiodysplasien

Folgende Blutstillungsverfahren stehen u.a. zur Verfügung:

Suprarenin-Kochsalz-Injektion (Sklerosierungsnadel)
Suprarenin wird in der Regel auf 1:10.000 bis 1:100.000 verdünnt (1 Ampulle Suprarenin auf 10 ml bis 100 ml 0,9%ige Kochsalzlösung). Damit können spritzende oder umschrieben sickernde Blutungen aus Ulzera, Gefäßstümpfen und Angiodysplasien per Injektion über eine Sklerosierungsnadel behandelt werden. Die hergestellte Injektionslösung wird in 5-ml-Spritzen aufgezogen. Lässt ein harter Ulkusgrund eine Injektion nicht zu, wird die Lösung in 2-ml-Spritzen aufgezogen. Bei der Injektion muss die Assistenzkraft die Anzahl der jeweils injizierten Milliliter jeder Spritze ansagen, damit erkannt wird, wie viel Milliliter jeweils injiziert sind und wann ein Spritzenwechsel bevorsteht. Das Kommando zum Injektionsbeginn und Injektionsende erfolgt jeweils vom Arzt.

Fibrinkleber/Thrombin-Injektion (doppellumige Injektionsnadel)
Fibrinkleber kann u.a. zur Sklerosierung von Gefäßstümpfen und gelegentlich auch zur Varizensklerosierung benutzt werden, wenn aus besonderen Gründen andere Substanzen nicht verwandt werden können [7, 9]. Die beiden Lumina der Applikationssonde werden zunächst mit je 1 ml NaCl 0,9% vorgefüllt. Anschließend werden die fertiggestellten Injektionslösungen aufgesetzt. Unter simultaner Applikation beider Komponenten wird in die betroffene Läsion gespritzt und anschließend simultan mit je 1 ml Kochsalzlösung nachgespritzt. Der Fibrinkleber kann auch nach Angaben des Arztes portioniert werden, es muss aber nach jeder verabreichten Portion (z.B. halbe Substanzmenge) sofort mit Kochsalz nachgespült werden, um die Substanz aus der Sonde in das Gewebe zu befördern und die Sondenlumina wieder freizuspülen.

Für Fibrinkleber als Blutplasmaderivat gilt das Transfusionsgesetz vom 1.7.98. Die Anwendung muss sowohl patienten- als auch produktbezogen dokumentiert werden. Im ZKR erhält die Apotheke ein ausgefülltes Formblatt „Applikationsrückmeldung Blutplasmaderivate“ zur weiteren Dokumentation und Archivierung. In diesem Formblatt sind Datum und Uhrzeit der Anwendung, Patientendaten und Präparat mit Chargennummer und Menge/Stärke aufgeführt. Weiterhin werden die Chargenaufkleber jeder einzelnen Packung ins Krankenblatt, auf den Endoskopie-Originalbefund und den Archivdurchschlag geklebt.

Bei elektiver Anwendung von Fibrinkleber (z.B. Fistelverklebung) muss über das HIV-Risiko aufgeklärt werden. Das v/CJD-Risiko ist nach Auskunft des Paul-Ehrlich-Institutes äußerst gering.

Argon-Plasma-Koagulation (Koagulationssonde)
Die APC eignet sich besonders zur Behandlung von Sickerblutungen und Angiodysplasien, nicht aber zur Beseitigung von Gefäßstümpfen. Zur Handhabung siehe Kapitel 8.2.

Hämoclip (Clip-Applikator)
Der Hämoclip ist besonders geeignet zum Abklemmen freiliegender Gefäßstümpfe, aber auch zum prophylaktischen/therapeutischen Abklemmen von Polypenstielen vor/nach Polypektomie. Weiterhin kann er bei Mallory-Weiss-Rissen, Divertikelblutungen, Post-Papillotomieblutungen und bei der aktiven Blutung kleiner Varizen eingesetzt werden [6, 23]. Die Verwendung von Hämoclips erfordert ein ausreichendes Training für Assistenzpersonal und Ärzte. Die Hersteller der Clip-Applikatoren sind zur Demonstration und Hilfe bei „Trockenübungen" immer bereit. An endoskopisch schwer zugänglichen Stellen (besonders kleine Kurvatur und Hinterwand) ist u.U. das Duodenoskop einzusetzen. Eventuell ist die konsekutive Anwendung von Injektion und Hämoclip die effizienteste Methode [24].

Polidocanol 1% (Sklerosierungsnadel)
Nach erfolgreicher Blutstillung mit Adrenalin-Kochsalzgemisch kann Polidocanol zur Sklerosierung eines Ulkusgefäßes verwandt werden. Dabei erfolgt abschließend die Injektion nur weniger Milliliter Polidocanol. Bei größeren Mengen entstehen u.U. schwer abschätzbare ulzerogene Sklerosierungseffekte.

Ethanol 96%
Ethanol kann zur Sklerosierung von Gefäßstümpfen in 1–4 Portionen zu 0,1–0,2 ml gegeben werden. Wegen der kleinen Mengen wird zur Applikation eine Insulinspritze verwandt. Es besteht die Gefahr der Induktion schwer abschätzbarer Sklerosierungsulzera.

Helicobacter-Eradikation und Säurehemmung
Bei blutenden Helicobacter-pylori-assoziierten Ulzera ist die Helicobacter-Eradikation Bestandteil der Blutungsrezidiv-Prophylaxe, ebenso wie die hochdosierte Protonenpumperhemmertherapie bei Forrest-I- und-IIa/b-Blutungen [11].

9.2.2 Therapie von Ösophagus-, Fundus- und anderen Varizen bei portaler Hypertension

Varizenbanding
Das Banding von Ösophagusvarizen ist wegen seiner Komplikationsarmut und einfachen Anwendung beim elektiven Einsatz die Methode der ersten Wahl [1], in der Akutsituation ebenfalls prinzipiell anwendbar, aber gelegentlich bei schlechter Übersicht technisch unmöglich. Das Varizenbanding wird grundsätzlich nur noch mit einem Multiligator und nicht mehr mit Overtube durchgeführt [22].

Polidocanol 1%
Polidocanol eignet sich besonders für die Blutungen aus Ösophagusvarizen und Mallory-Weiss-Rissen. Bei elektiven Sklerosierungen von Ösophagusvarizen sollen in der Regel 30 bis 40 ml nicht überschritten werden. Pro Varize werden 0,5 bis 5 ml injiziert. Die hergestellte Injektionslösung wird in 2-ml- oder 5-ml-Spritzen aufgezogen. Bei der Injektion muss die Assistenzkraft die Anzahl der jeweils injizierten Milliliter jeder Spritze ansagen, damit erkannt wird, wie viel Milliliter jeweils injiziert sind und wann ein Spritzenwechsel bevorsteht.

Histoacryl/Lipiodol-Gemisch:
Ein Gemisch aus 0,5 ml Histoacryl (N-Butyl[2]-Cyanacrylat) und 0,8 ml Lipiodol steht zur streng intravasalen Behandlung von Fundusvarizen zur Verfügung [3, 8].

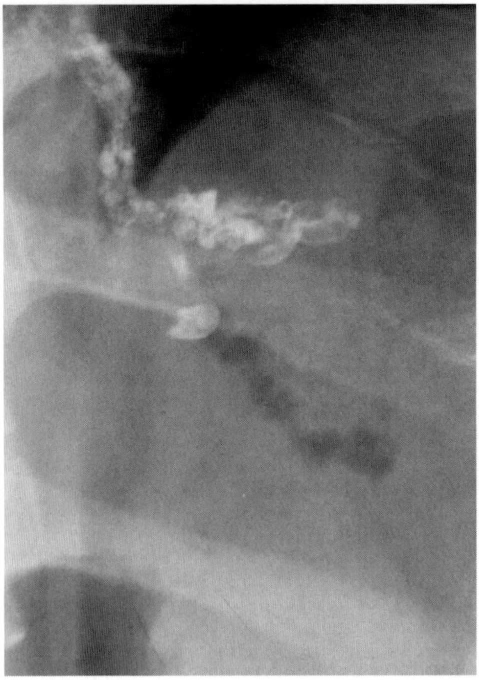

Abb. 9.2: Röntgenologische Darstellung von Fundus- und Ösophagusvarizen, die mit Lipiodol/Histoacryl-Gemisch obliteriert wurden.

Das Gemisch kann auch in Ösophagusvarizen gespritzt werden, hat dabei aber gegenüber dem preiswerteren Polidocanol keine sicheren Vorteile, außer bei nicht stillbaren Blutungen oder umgebenden ausgedehnten Sklerosierungsulzera. Das Gemisch erfordert besondere Umsicht, da Verklebungen an der Geräteoptik zu enorm hohen Reparaturkosten führen. Es muss immer so gespritzt werden, dass ein Austritt aus Gefäßlecks nie das Endoskop treffen kann.

Der Umgang mit Histoacryl außerhalb des Patienten erfordert die gleichen Vorsichtsmaßnahmen für Haut und Augen wie bei jedem handelsüblichen Sekundenkleber. Daher müssen alle anwesenden Personen (Patient, Assistenz, Arzt) Schutzbrillen tragen. Das Distalende des Endoskops soll zur Vermeidung von Verklebungen mit Silikonöl eingerieben werden. Die Sklerosierungsnadel bzw. -sonde wird zuerst mit Aqua pro injectione vorgefüllt. Nach Gabe des Lipiodol-Histoacryl-Gemischs, das durch heftiges Schütteln der 2-ml-Spritze zur Mischung gebracht worden ist, wird wieder mit Aqua unter heftigem Druck nachgespritzt. Wegen der Emboliegefahr werden bei der Notfallsklerosierung nur so viele Injektionen durchgeführt, wie zur Blutstillung eben erforderlich (ca. ein bis drei), für die elektive Sklerosierung ca. zwei bis drei Injektionen pro Sitzung. Mittlerweile ist der Gewebekleber Glubran für die endoskopische Anwendung zugelassen.

9.2.3 Handhabung von Sklerosierungsnadeln

Einmal-Injektionsnadeln dürfen nicht wiederverwendet werden. Die Injektionsnadel sollte distal mindestens 4 mm, aber nicht weiter als 7 mm aus der Ummantelung herausragen. Es ist darauf zu achten, dass die Injektionsnadel nicht versehentlich im Endoskoparbeitskanal ausgefahren ist, da dies zu schweren Schäden am Endoskop führen kann. Im ZKR ist die Assistenz angewiesen, selbstständig auf die geschützte bzw. ungeschützte Position der Nadel zu achten, da sich der Arzt erfahrungsgemäß bei Notfallblutstillungen oft auf andere Aspekte konzentriert. Weiterhin besteht die Gefahr, dass sich die Injektionsnadel in Inversion oder im distalen Albarankanal in ihrer Ummantelung zurückzieht, sodass sich die Nadelspitze bei schon sichtbar ausgefahrener Ummantelung noch im Gerät befindet und beim Versuch, sie auszufahren, Ummantelung und Arbeitskanalauskleidung perforiert. Metallummantelungen oder sorgfältige Handhabung schützen vor diesem kostenträchtigen Problem.

9.2.4 Nahrungsaufnahme nach oberer gastrointestinaler Blutung (A, AA/SSt-Stationspflege, -arzt)

Es gibt keine Untersuchungen, die beweisen, dass eine mehrtägige Nahrungskarenz Rezidivblutungen verhindert [20]. Trotzdem empfiehlt sich bei Blutungen mit hohem Blutungsrezidivrisiko (Forrest Ia, Ib, IIa) eine bis zu dreitägige Nahrungskarenz, um beim Blutungsrezidiv nicht durch kürzlich erfolgte Nahrungsaufnahme unnötige Zeitverzögerungen für die Reendoskopie zu haben. Bei Varizenblutungen muss sowieso in den nächsten 24 Stunden das evtl. Eintreten einer akuten hepatischen Enzephalopathie abgewartet werden. Daher empfiehlt sich auch hier eine 24- bis 48-stündige Nahrungskarenz.

Kommentar

Die verschiedenen konkurrierenden Blutstillungsverfahren zeigen untereinander keine wesentlichen Vorteile oder Nachteile. Wesentlich ist die Erfahrung des einzelnen Endoskopikers und auch des Assistenzpersonals im Umgang mit den verschiedenen Verfahren. Viele Unizenterstudien, sogar Studien mit einem einzigen Endoskopiker [9], zeigen sehr günstige Zahlen für einzelne Verfahren, was aber mehr die ausgeprägten Erfahrungen der Therapeuten mit der jeweiligen Methode widerspiegelt und in Multizenterstudien oft nicht mit gleich gutem Erfolg zu reproduzieren ist.

Bei Ulkusblutung mit erfolgreicher endoskopischer Blutstillung sind tägliche Kontrolluntersuchungen für die Senkung der Mortalität ohne Vorteil [16, 20]. Auch Rezidivblutungen können mit hoher Erfolgsrate endoskopisch gestillt werden, ohne dass Nachteile gegenüber dem chirurgischen Vorgehen auftreten [10].

Die Injektionstherapie mit einem Adrenalin-Kochsalz-Gemisch ist sicher die am schnellsten verfügbare, preiswerteste und wahrscheinlich am meisten verbreitete Methode. Der Verdünnungsgrad des Adrenalins ist wahrscheinlich von minderer Bedeutung, zumal eine Blutstillung mit reiner Kochsalzlösung auch effektiv ist [5, 9, 11]. Wir verwenden eine Verdünnung von 1:40.000, da wir bei höheren Konzentrationen und größeren Injektionsmengen die Auslösung bedeutsamer Tachykardien und pektanginöser Beschwerden befürchten.

In der Behandlung der Ösophagusvarizen ist nach einer der wenigen Meta-Analysen für Endoskopiemethoden die Ligatur der Sklerosierung mit höchster Evidenz überlegen [10], allerdings ist die Sklerosierung in der Hand des Erfahrenen immer noch vertretbar [14, 21] und bei schlechter Übersicht in Akutsituationen unvermeidbar.

Die Ergebnisqualität aller Blutstillungen zu dokumentieren ist sicher sinnvoll. Erfolgsmindestwerte sollen hierbei aber nicht angegeben werden. Es sei auf die Untersuchung von Rockall et al. [19] verwiesen, die erhebliche Unterschiede zwischen verschiedenen Kliniken hinsichtlich der Letalität zeigte, die aber weniger durch die Fertigkeiten der Untersucher als durch erhebliche Unterschiede in der Zusammensetzung des Patientengutes bedingt waren und nach Neubeurteilung mit einem Risiko-Score völlig andere Erfolgsraten zeigte.

Literatur:

[1] Baroncini D, et al., A prospective randomized trial of sclerotherapy versus ligation in the elective treatment of bleeding esophageal varices. Endoscopy. (1997), 29, 235–240

[2] Binmöller K F, Vadeyar HJ, Soehendra N, Treatment of esophageal varices. Endoscopy. (1994), 26, 42–47

[3] Binmöller K F, Soehendra N, „Superglue": the answer to variceal bleeding and fundal varices? Endoscopy. (1995), 27, 392–396

[4] Ell C, et al., Multizentrische, prospektive Untersuchung zum aktuellen Stand der Ulcusblutung in Deutschland. Dtsch Med Wschr. (1995), 120, 3–9

[5] Fleig W E, Solute or solvent? Does water do the hemostatic job. Endoscopy. (1994), 26, 362–363

[6] Jäckle S, et al., Endoskopische Therapie bei nichtvariköser gastrointestinaler Blutung. Dtsch Ärztebl. (2001), 98, B507–509

[7] Jäckle S, et al., Endoskopische Therapie bei variköser gastrointestinaler Blutung. Dtsch Ärztebl. (2001), 98, A608–611, B509

[8] Kind R, et al., Bucrylate treatment of bleeding gastric varices: 12 years'experience. Endoscopy. (2000), 32, 512–519

[9] Kubba A K K, Murphy W, Palmer K R, Endoscopic injection for bleeding peptic ulcer: a comparison of adrenaline alone with adrenaline plus human thrombin. Gastroenterology. (1996), 111, 623–628

[10] Lai K H, et al., Endoscopic injection for the treatment of bleeding ulcers: local tamponade or drug effect? Endoscopy. (1994), 26, 338–341

[11] Laine L, Cook D, Endoscopic ligation compared with sclerotherapy for treatment of esophageal variceal bleeding. Ann Intern Med. (1995), 123, 280–287

[12] Lau J Y W, et al., Endoscopic retreatment compared with surgery in patients with recurrent bleeding after initial endoscopic control of bleeding ulcers. New Engl J Med. (1999), 340, 751–756

[13] Lau J Y W, et al., Effect of intravenous omeprazol on recurrent bleeding after endoscopic treatment of bleeding peptic ulcers. New Engl J Med. (2000), 343, 310–316

[14] Lux G, et al., Treatment of bleeding esophageal varices with cyanoacrylate and polidocanol, or polidocanol alone: results of a prospective study in an unselected group of patients with cirrhosis of the liver. Endoscopy. (1997), 29, 241–246

[15] Maluf-Filho F, et al., Endoscopic sclerosis versus cyanoacrylate endoscopic injection for the first episode of variceal bleeding: a prospective, controlled, and randomized study in Child-Pugh Class C patients. Endoscopy. (2001), 33, 421–427

[16] Messmann H, et al., Effect of programmed endoscopic follow-up examinations on the rebleeding rate of gastric or duodenal peptic ulcers treated by injection therapy: a prospective, randomized controlled trial. Endoscopy. (1998), 30, 583–589

[17] Nelson D B, et al., The role of endoscopic therapy in the management of variceal hemorrhage. ASGE Publication. Gastrointest Endosc. (1998), 48, 697–698

[18] Niederau C, Qualitätskontrolle in der Gastroenterologie: Vorsicht ist geboten! Z Gastroenterol. (1996), 34, 258–259

[19] Rockall T A, et al., Variation in outcome after acute upper gastrointestinal haemorrhage. Lancet. (1995), 346–349

[20] Rollhauser C, Fleischer D E, Nonvariceal upper gastrointestinal bleeding: an update. Endoscopy. (1997), 29, 91–105

[21] Sauerbruch T, Schepke M, Sclerotherapy is out – nearly. Endoscopy. (1997), 29, 281–282

[22] Schepke M, Robertz-Vaupel G-M, Sauerbruch T (1997), 2. Aufl., 26–31, Ösophagusvarizen. Leitlinien der DGVS. Demeter, Balingen

[23] Seewald S, et al., Variceal bleeding and portal hypertension: still a therapeutic challenge? Endoscopy. (2001), 33, 126–139

[24] Soehendra N, et al., Hemostatic clip in gastrointestinal bleeding. Endoscopy. (2001), 33, 172–180

[25] Stiegman G V, et al., Endoscopic sclerotherapy as compared with endoscopic ligation for bleeding esophageal varices. N Engl J Med. (1992), 326, 1527–1532

[26] Strohm W D, et al., Injektionstherapie des blutenden Ulcus pepticum mit Fibrin oder Polidocanol. Dtsch Med Wschr. (1994), 119, 249–256

[27] Wassef W Y, Technology status evaluation report: Injection needles. Gastrointest Endosc. (1999), 50, 928–931

9.3 Perkutane endoskopische Gastrostomie, Jejunostomie und intestinale Ernährungssonde

9.3.1 Gastrale PEG

Notwendige Unterlagen, Vorbedingungen und Vorbereitung (E)

Notwendige Unterlagen und Vorbedingungen für eine gastrale PEG:

- komplette Unterlagen samt Einverständniserklärung des Patienten oder gesetzlichen Betreuers (s.a. Kap. 5.1)
- aktueller Gerinnungsstatus (Quickwert, Thrombozyten), nicht älter als drei Tage
- Quickwert über 50%, Thrombozyten über 50.000
- Nüchternzustand des Patienten über Mitternacht

Checkliste für die Vorbereitung zur gastralen PEG:

Vorbereitungsmaßnahmen wie bei Gastroskopie (Kap. 5.1.2), **zusätzlich:**
- PEG-Set gastral, PEG-Sondendurchmesser nach Angaben des Arztes (Standard meist ca. 15 F)
- steriler Tisch mit Tupfern, Kompressen, Schlitzkompressen
- vier sterile Tücher oder ein großes steriles Schlitztuch
- Schale mit 10 ml Lokalanästhesie (Lidocain 1%)
- eine 10-ml-Spritze
- eine lange 1er-Kanüle
- steriler Kittel, sterile Handschuhe, Mundschutz und Haube
- sterile weiche Bürste für die chirurgische Händedesinfektion
- Fixiergurte für die Arme beidseits
- PE-Zange
- permanenter Venenzugang mit Tupfer, Braunülenpflaster, Hautdesinfektionsspray
- Midazolam und Pethidin in Abhängigkeit von Patientengewicht und Bewusstseinslage
- Antibiotikum nach abteilungseigenen Leitlinien
- Fixomull o.Ä.
- Pulsoxymeter
- Patientenlagerung in Rückenlage
- Absauger für Rachensekret
- bei ambulanten Patienten 1 l NaCl 0,9% als Infusion

Rasur, lokale Desinfektion (E)
Die lokale Desinfektion hat vom epigastrischen Winkel bis zum Nabel einschließlich mit flüssigem Jod-PVP und Alkohol (z.B. Braunoderm) zu erfolgen. Zuvor muss der Patient vom epigastrischen Winkel bis zum Nabel einschließlich mit einem Einmalrasierer rasiert sein, wenn eine Behaarung vorhanden ist.

Fixierung (E)
Vor Beginn der Sedierung werden die Hände des Patienten so fixiert, dass er sich während der Sedierung nicht auf den sterilen Bauch fassen kann. Allen Patienten muss in verständlicher und einfühlsamer Weise der Grund der Fixierung klargemacht werden.

Prämedikation (A)
- Standardprämedikation: Vor Beginn der Untersuchung erhält der Patient 50 mg Pethidin bei einem Körpergewicht bis 70 kg, 100 mg Pethidin bei einem Körpergewicht über 70 kg. Anschließend wird fraktioniert Midazolam injiziert, bis der beginnende Schlaf eintritt. In der Regel sind dies Dosen bis 5 mg.
- Bei hirngeschädigten Patienten und leicht dyspnoischen Patienten sind Pethidin und besonders das Midazolam wesentlich vorsichtiger zu handhaben (s.a. Kap. 4.2).
- Somnolente Patienten erhalten zunächst nur fraktioniert Pethidin, Midazolam kann nachgespritzt werden, wenn man den Eindruck hat, dass der Patient unter der Untersuchung leidet.
- Komatöse Patienten erhalten keine Prämedikation, allenfalls Pethidin, aber immer Lokalanästhesie.

Antibiotikaprophylaxe (A/E)
Der Wert einer generellen Antibiotikaprophylaxe ist durch Studien nicht belegt. Seit einer Serie von Lokalinfekten im ZKR ist in unserer Klinik bei fehlenden Kontraindikationen die Gabe von 2 g Cephazolin i.v. 20 Minuten vor PEG-Anlage vorgeschrieben.

Durchführung der PEG (A)
Sterile Abdeckung des Abdomens mit vier sterilen Tüchern. Durchführung der Gastroskopie unter Pulsoxymeterkontrolle. Eine PEG darf nur an einer Stelle mit sicherer Diaphanoskopie gelegt werden.

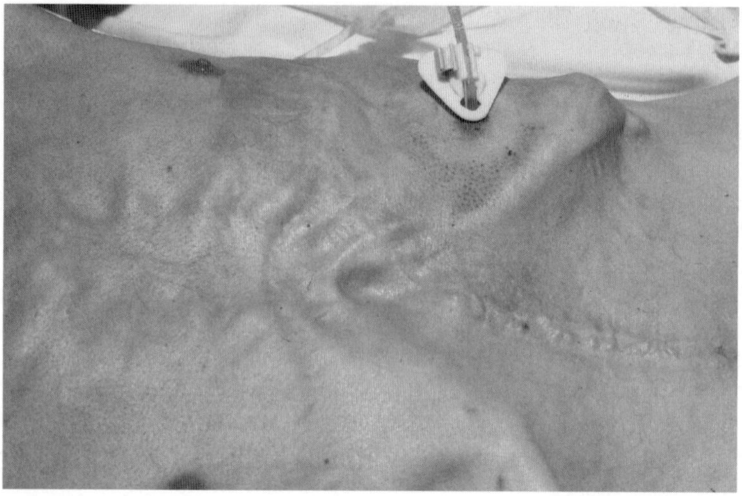

Abb. 9.3: Die Diaphanoskopie erlaubt auch eine PEG-Anlage an unüblichen Orten: Hier Anlage einer transthorakalen PEG bei BillrothII-Magen.

Ohne Diaphanoskopie ist die rein endoskopisch gesteuerte Einlage einer PEG obsolet, auch wenn der Magen gut eindrückbar erscheint. Vor Anlage der Lokalanästhesie soll der Patient über die Injektion in die Bauchdecke informiert werden, auch wenn er sediert ist. Nach Setzen einer intrakutanen Quaddel mit Lidocain 1% Vorgehen mit der Nadel unter Vorspritzen bis in den Magen. Bei neurochirurgischen Patienten mit ventrikuloperitonealem Shunt ist darauf zu achten, dass die Shuntleitung nicht beschädigt wird (Orientierung an Narbe und Tastbefund). Der Endoskopiker hat reichlich Luft in den Magen zu insufflieren und darauf zu achten, dass die Endoskopspitze etwas oberhalb der vermuteten Einstichstelle im Magen ist, damit nicht versehentlich die Endoskopummantelung durch die Nadel verletzt wird. Nach Stichinzision im Bereich der Quaddel Eingehen mit der Braunüle des PEG-Sets in den Magen. Nach Mandrainentfernung Einlage des Fadens über die Braunüle in den Magen. Der Faden wird mit der PE-Zange gefasst und mit dem Endoskop zum Mund ausgeleitet. Nach Verknüpfung Durchzug der PEG mit dem Kegel in die Braunüle und mit dieser durch die Bauchdecke. Die PEG soll mit der äußeren Silikonhalteplatte so verankert sein, dass ein leichter Zug auf den inneren Halteteller besteht. Nach Anlage der PEG Ablassen der Luft aus dem Magen. Anschließend Wundverschluss mit Schlitzkompresse unter und Kompressen über der Silikonhalteplatte, abschließend Fixomull. Zum Schluss müssen Ritsch-Ratsch-Klemme und externe Öffnung der PEG verschlossen sein.

Befunddokumentation (A)
Wenn Lokalanästhesie und Anlage der PEG mit jeweils einem Stich erfolgen, wird dies als komplikationslose Anlage vermerkt, anderenfalls erfolgt eine detaillierte Beschreibung des Vorgehens. Durchmesser, Sondentyp und -lokalisation müssen aus dem Befund hervorgehen.

Nachsorge (AA/SSt-Stationspflege/-arzt/-HA)
Am Tag nach Anlage der PEG soll beim Verbandswechsel die Halteplatte gelockert werden. Am Folgetag müssen Abdomen und Lokalbefund der Patienten von einem Arzt untersucht werden. Ambulante Patienten erhalten zwecks ausreichender Flüssigkeitszufuhr am Endoskopietag, während der PEG und der Aufwachphase, 1 l NaCl 0,9% infundiert.

9.3.2 Gastral-intestinale PEG/PEJ

Vorbereitung (E)
Die Vorbereitung für eine gastral-intestinale PEG ist deutlich aufwändiger als für die gastrale PEG, die Intervention muss unter Röntgenkontrolle stattfinden.

Checkliste für die Vorbereitung zur gastral-intestinalen PEG:

Vorbereitungsmaßnahmen wie bei gastraler PEG (Kap. 9.3.1), **aber** PEG-Set intestinal, **zusätzlich:**

- Polypenschlinge, Fasszange oder 3,2 m lange Ernährungssondenfasszange
- Lagerung des Patienten in Rückenlage
- Durchleuchtungsmöglichkeit erforderlich

in Bereitschaft ist zu halten:

- knickstabiler Führungsdraht

Durchführung der Anlage einer gastral-intestinalen PEG (A)
Zunächst Anlage der gastralen PEG. Danach führt der „sterile Arzt" über diese den intestinalen Schenkel weit in den Magen ein, während der endoskopierende Arzt dessen Distalende mit einer Schlinge, Dreifußfasszange oder einer sehr langen Fasszange (Fa. Wieser Medizintechnik, D-82281 Egenhofen) fasst und hinter das Treitz'sche Band führt. Danach wird das Endoskop vorsichtig unter Durchleuchtung mit Luftinsufflation und evtl. Buscopangabe entfernt, ohne den intestinalen Schenkel wesentlich zurückzuziehen, evtl. unter gleichzeitigem Vorschieben der Zange oder Schlinge mit dem gefassten Distalende. Dann Freigabe der Sondenspitze und Rückzug von Zange und Endoskop. Ggf. kann später unter Durchleuchtung auch noch mit manuellem Druck der intestinale Schenkel vorwärts gedrückt werden.

Alternativ wird über die gastrale PEG ein knickstabiler Führungsdraht mit weicher Spitze eingeführt und mittels Endoskop und Polypenschlinge hinter das Treitz'sche Band gebracht. Darüber wird das Distalende der intestinalen Sonde eingeführt und über den Führungsdraht bis in die gewünschte Position vorgeschoben. Anschließend werden Führungsdraht und Endoskop entfernt und gastraler und intestinaler Schenkel fest nach Herstellerangaben konnektiert.

9.3.3 Direkt-jejunale PEJ

Die direkte PEJ wird in der Regel verwandt, wenn eine PEG-Anlage wegen Magenresektion nicht möglich ist. Die Vorbereitung entspricht völlig der gastralen PEG (Kap. 9.3.1). Der Unterschied bei der Durchführung besteht darin, dass das Jejunum direkt punktiert wird und dass die Punktion durch das relativ kleine Lumen

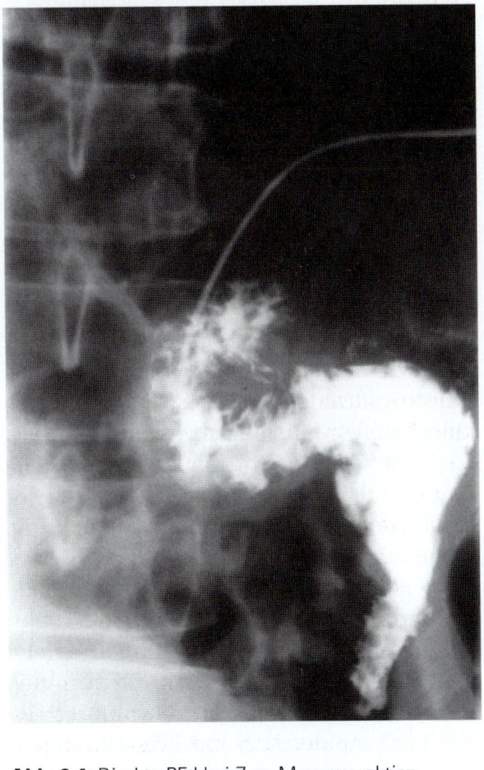

Abb. 9.4: Direkte PEJ bei Z. n. Magenresektion.

des Jejunums sehr präzise zu erfolgen hat. Auch hier ist die Diaphanoskopie absolute Voraussetzung für die endoskopisch kontrollierte Punktion. Es empfiehlt sich, die Lokalanästhesie-Nadel nach erfolgreicher Punktion des Jejunums in der Bauchdecke zunächst als „Wegweiser" liegen zu lassen und an ihr entlang mit dem eigentlichen Punktionsset die Jejunalpunktion vorzunehmen.

9.3.4 Intestinale Ernährungssonde (A/E)

Checkliste zur Vorbereitung für die Anlage einer intestinalen Ernährungssonde (E):

Vorbereitungsmaßnahmen wie bei Gastroskopie (Kap. 5.1.2), **zusätzlich:**

- 0.035 knickstabiler Führungsdraht, 4 m lang
- Ernährungssonden-Set einschließlich Sonde für nasale Ausleitung

in Bereitschaft sind zu halten:

- wasserlösliches orales Kontrastmittel (z.B. Gastrografin)
- je nach Fall mit oder ohne Röntgendurchleuchtung

Mit dem Endoskop Vorgehen bis hinter das Treitz'sche Band, dann Einbringen des Führungsdrahtes ins Jejunum über den Arbeitskanal und anschließende Ausleitung des Endoskops unter Vorschieben des Führungsdrahtes. Die Verwendung eines knickstabilen Führungsdrahtes verhindert weitgehend eine Schleifenbildung und ermöglicht dadurch meistens die Anlage der Ernährungssonde ohne Durchleuchtung. Ausleitung des Drahtes aus der Nase über eine nasoorale Sonde. Dann wird die Ernährungssonde über den Draht ins Jejunum geschoben. In Zweifelsfällen erfolgt eine Röntgenkontrolle mit Kontrastmittel. In jedem Fall muss die Sonde vom Arzt sofort nach Applikation auf ihre Durchgängigkeit hin überprüft werden.

9.3.5 Ernährung über endoskopisch gelegte Sonden und Pflege (AA/SSt-Stationspflege,/HA)

Alle Patienten mit PEG/PEJ und/oder ihre Betreuer erhalten in unserer Klinik die Hersteller-Broschüre, die im PEG-Set der Firma Fresenius enthalten ist, sowie ein Merkblatt zum Kostaufbau und zur Pflege (s. CD-ROM, Merkblatt PEG/PEJ).

Die Ernährung über gastrale Sonden kann nach dem Bolusprinzip erfolgen, die Gabe durch Einlaufenlassen der Sondenkost mittels Schwerkraft ist günstiger. Die Applikation über Pumpe ist kostenintensiv und nicht zwingend. Vor jeder Sondenapplikation soll durch Aspiration auf evtl. Rückstau untersucht werden. Nach Verabreichung der Sondenkost und ganz besonders nach Verabreichung gemörserter Medikamente muss die Sonde mit klarer Flüssigkeit (z.B. Leitungswasser oder Tee) nachgespült werden, um eine Verstopfung zu verhindern. Im Übrigen ist zu beachten, dass einige Medikamente nach Mörsern ihre Säureresistenz verlieren und bei gastraler Applikation unwirksam werden [2, 10], besonders Protonenpumpenhemmer. Nur Esomeprazol behält seine Wirksamkeit, wenn es vor der Applikation in Wasser aufgelöst wird.

Die Ernährung über intestinale Sonden muss zwingend mittels Ernährungspumpe kontinuierlich geschehen. Ein Vorschlag für den Kostaufbau nach Anlage einer intestinalen Ernährungssonde kann dem Merkblatt für PEG/PEJ-Patienten entnommen werden (auf CD-ROM).

Kommentar

Im Prinzip kann schon am Tag der Anlage die PEG mit größerer Flüssigkeitsmenge in Betrieb genommen werden. In den wenigen Fällen mit Frühkomplikation ist die Beurteilung der Gesamtsituation allerdings einfacher, wenn noch keine größeren Mengen an Sondenkost über die PEG gegeben wurden.

Der Wert einer routinemäßigen antibiotischen Infektionsprophylaxe ist umstritten, in den meisten Untersuchungen zu diesem Gesichtspunkt als unnötig eingestuft worden [1, 6]. Wir haben sie in unserer Klinik erfolgreich eingeführt, nachdem wir nach Jahren ohne Komplikationen eine Häufung von Infekten hatten, ohne dass wir eine Ursache finden konnten.

Kommt es gehäuft zu Lokalinfekten nach PEG-Anlage, so sollte zunächst – evtl. mit der Hygienefachkraft zusammen – der gesamte PEG-Anlage-Vorgang auf mögliche Verfahrensfehler hin untersucht werden. Lassen sich diese ausschließen, empfehlen wir eine 24-stündige perioperative Infektionsprophylaxe mit einem Antibiotikum, das nach den Ergebnissen der Erregerkulturen und Resistenztestungen ausgewählt wird.

Auch der Wert einer Medikamentenpause mit H2-Blockern über 24 bis 48 Stunden und Protonenpumpenhemmern über 4 bis 5 Tage ist nicht bewiesen. Wir führen sie durch, wenn keine medizinischen Gründe gegen ein Absetzen dieser Medikamente sprechen. ASS/Clopidogrel kann, wenn es nötig ist, weitergegeben werden. Die Patienten/ihre eingesetzten Betreuer sind aber auf das möglicherweise erhöhte Blutungsrisiko hinzuweisen.

Literatur:

[1] Antibiotic prophylaxis for gastrointestinal endoscopy. ASGE Publication No. 1028. Gastrointest Endosc. (1995), 42, 630–635

[2] Auringer M, Kreckel H, Sind Retardarzneiformen (zer-)teilbar? Krankenhauspharmazie (1996), 17, 478–483

[3] 15 Jahre PEG – Möglichkeiten und Grenzen. Abstracts (1999). Fresenius Kabi AG, D-61346 Bad Homburg – http://www.fresenius.de

[4] Löser C, Fölsch U R, Richtlinien der Deutschen Gesellschaft für Verdauungs- und Stoffwechselkrankheiten (DGVS) – Richtlinien für die Anlage einer perkutan endoskopischen Gastrostomie (PEG-Sonde). Standards in Gastroenterology. Z Gastroenterol. (1996), 34, 637–641

[5] Löser C, Endoskopische Anlage von Sondensystemen (PEG/PEJ-Sonde) für die enterale Ernährung. Dtsch Med Wschr. (2000), 125, 805–809

[6] Löser C, Keymling M, Antibiotikaprophylaxe vor Anlage einer perkutan-endoskopischen Gastrostomie. Z Gastroenterol. (2000), 38, 271–273

[7] Löser C, Keymling M (Hrsg.) (2001), Praxis der enteralen Ernährung. Georg Thieme, Stuttgart, New York

[8] Pflegestandards-Enterale Ernährungstherapie (ohne Jahr). Fresenius Kabi AG, D-61346 Bad Homburg – http://www.fresenius.de

[9] Role of PEG/PEJ in enteral feeding. Gastrointest Endosc. (1998), 48, 663–668

[10] Wagner R (2001), Medikamentengabe über Sonde. Fresenius Kabi AG, D-61346 Bad Homburg – http://www.fresenius.de

9.4 Bougierung und Dilatation im Ösophagus und Magen

9.4.1 Vorbemerkung (A)

Bei jeder Bougierungs-/Dilatationsbehandlung muss geklärt sein, ob es sich um eine maligne oder benigne Stenose handelt. Damit eine maligne Stenose nicht einer potenziell kurativen Operation oder einer palliativen Therapie mit langfristiger therapeutischer Lösung vorenthalten wird, müssen immer eine suffiziente bioptische Klärung und ein therapeutisches Gesamtkonzept vorhanden sein.

9.4.2 Instrumentar und Vorbereitung

Instrumentar für Bougierung und Dilatation

Angesichts der großen Auswahl an Bougies und verschiedenartigen Dilatationsballons wird darauf nicht im Einzelnen eingegangen. Zum geplanten Vorgehen ist aber bemerkenswert, dass 20-mm- und 25-mm-TTS- („Through The Scope") und 10-mm-OTW- („Over The Wire")Dilatationsballons mancher Anbieter nur mit einem Arbeitskanal ab 3,5 mm Weite benutzt werden können.

Notwendige Unterlagen und Vorbereitung (E)

Checkliste der notwendigen Unterlagen vor Bougierung/Dilatation:
- ausgefüllter Aufklärungsbogen mit schriftlichem Einverständnis
- Endoskopieanforderung/Überweisung mit Indikationsstellung
- aktueller Gerinnungsstatus
- Krankengeschichte/-kurve bzw. Ambulanzunterlagen
- Endoskopievorbefunde aus dem Endoskopiearchiv, wenn vorhanden
- Röntgenunterlagen, wenn Röntgenuntersuchung des Ösophagus vorausgegangen

Checkliste zur Vorbereitung vor Bougierung/Dilatation:
Vorbereitungsmaßnahmen wie bei Gastroskopie (Kap. 5.1.2), **zusätzlich:**
- Endoskopauswahl je nach Arbeitskanaldurchmesser entsprechend Ballondicke und Anbieter
- permanenter Venenzugang mit Stauschlauch, Desinfektionsspray, Tupfer, Braunülenpflaster
- bei Bougierung Savary-Set oder Stufen-Bougie, steifer, monofiler (Savary) Führungsdraht, Mundkeil (ab 18-mm-Bougie erforderlich) und Gleitmittel für die Bougies
- bei Dilatation TTS-/OTW-/Max Force-Ballons (nach Vorgabe des Arztes) und Manometer
- Pethidin (unter 70 kg: 50 mg, über 70 kg: 100 mg), aufgezogen und beschriftet
- Sedativum nach abteilungseigener Leitlinie (z.B. 5 mg Midazolam), aufgezogen und beschriftet
- Pulsoxymeter
- Durchleuchtungsbereitschaft

in Bereitschaft sind zu halten:
- flexible 0.035er Führungsdrähte (hydrophile, knickstabile)
- wasserlösliches orales Kontrastmittel
- Silikonspray für Ballons

Die Patientenlagerung erfolgt meistens in Seitenlage auf dem Röntgentisch, in Fällen mit komplizierten Stenosen ist die Rücken- oder auch Bauchlage u.U. von Vorteil.

Röntgen- und Videomonitor sollen so beieinander stehen, dass eine simultane Betrachtung leicht möglich ist.

9.4.3 Durchführung der Bougierung (A)

Endoskopie bis vor die Stenose, anschließend vorsichtige Passage der Stenose mit dem steifen Führungsdraht. Danach Entfernung des Endoskops unter Belassung des Führungsdrahtes mit seiner Spitze deutlich unterhalb der Stenose (am besten unter Durchleuchtungskontrolle). Dann Bougierung über den Führungsdraht unter Durchleuchtungskontrolle. Es muss beachtet werden, dass der Führungsdraht so weit vorgeschoben ist, dass jeder Bougie die Stenose mit seiner maximalen Dicke noch ausreichend passieren kann. Das externe Ende der Führungsdrähte muss so gesichert werden, dass keine Kontamination und keine Verletzungen (besonders am Auge) des Personals stattfinden. Insbesondere peptische Stenosen werden mehrschrittig bougiert.

Bei schwierigen, besonders bei stark geknickten Stenosen gelingt die Passage oft besser mit einem flexiblen, u.U. hydrophilen Führungsdraht. Ist auch dieser Versuch frustran, erfolgt die Darstellung der Stenose mit jodhaltigem Kontrastmittel. Gelingt dann in Kenntnis des Stenoseverlaufes die Überwindung, beginnt die Bougierung mit dem kleinsten Bougie. Es ist zu beachten, dass flexible Führungsdrähte nicht die axiale Führungskonstanz für Bougies gewährleisten wie steife Führungsdrähte [4] und hydrophile Drähte leicht dislozieren. Bei fortschreitender Bougierung ist u.U. ein Austausch des flexiblen gegen einen steifen Führungsdraht nötig, z.B. über einen Katheter oder endoskopisch.

9.4.4 Durchführung der Dilatation (A)

Sehr enge Stenosen werden zuerst unter Röntgensicht mit flexiblem Führungsdraht überwunden, über den liegenden Führungsdraht dann mit kleinen TTS- oder OTW-Ballons dilatiert.

Bei passierbaren Stenosen wird zuerst mit dem Endoskop passiert, dann ein TTS-Ballon distal der Stenose komplett ausgefahren und anschließend das Endoskop mit dem ausgefahrenen Ballon so weit zurückgezogen, bis der Ballon etwa mittig in der Stenose liegt.

Bei nicht passierbaren, aber gut einsehbaren Stenosen kann der TTS-Ballon vorsichtig unter endoskopischer, evtl. auch radiologischer Beobachtung durch die Stenose geführt werden, bis er ideal liegt. Ist eine ausreichende Einführung nicht möglich, weil man auf Widerstand stößt, muss die weitere Sondierung mit dem Ballon abgebrochen und auf alternative Möglichkeiten (Bougierung, Rückgang auf kleinen Führungsdrahtballon, OTW-Ballon, Schienung mit Führungsdraht etc.) umgestiegen werden.

Die anzuwendenden Drucke richten sich nach den Herstellerangaben und werden durch Manometerkontrolle überwacht.

9.4.5 Besonderheiten zur Stenoseerweiterung im Magen (A)

In der Regel handelt es sich um Magenausgangs- oder Anastomosenstenosen. Diese Stenosen werden meist mit Ballons dilatiert. Bei peptischen Magenausgangsstenosen ist eine Dilatation bis maximal 18 mm das Ziel [2, 9]. Um bei peptischen Stenosen eine Perforation zu vermeiden, wird in Abhängigkeit von der Schwere des Ausgangsbefundes eine mehrschrittige Dilatation durchgeführt.

9.4.6 Nachsorge (A, SSt-Stationsarzt)

Eine Kontrastmitteluntersuchung zum Ausschluss einer Perforation erfolgt nach Anweisung des Arztes, ebenso Angaben zum Zeitpunkt und der Art der Nahrungsaufnahme.

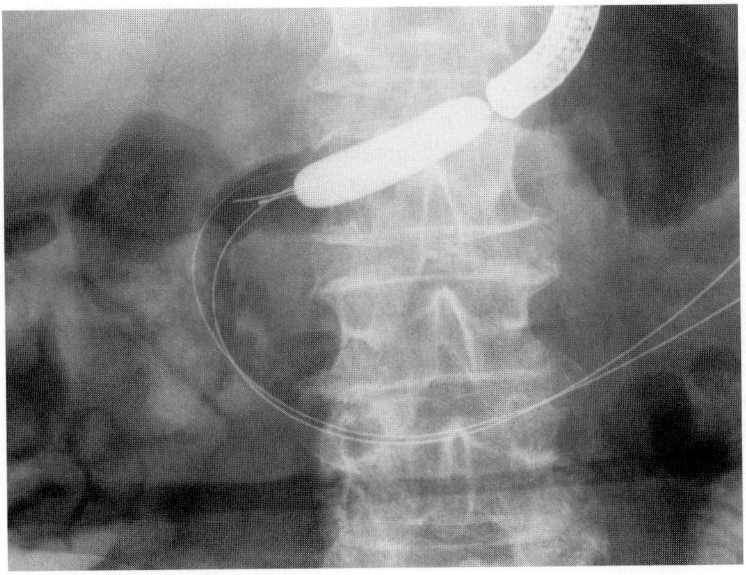

Abb. 9.5: Dilatation einer tumorösen Magenausgangsstenose mit einem TTS-Ballon. Das Endoskop ist zweilumig, der röntgendichte Draht dient als Wegweiser für den führungsdrahtfreien Ballon (Zweikanalgastroskop Fujinon UGI D2).

Kommentar

Die Notwendigkeit der Durchleuchtung bei der Einlage des Führungsdrahtes, dem Bougierungsakt selber oder einer Dilatation ist nicht unbedingt gegeben. Entsprechende Veröffentlichungen [3, 6, 8] zeigen aber ein sehr heterogenes Patientenspektrum mit zum Teil hohen Anteilen an Achalasien, Webs oder anderen Engen, die oft eine Passage mit dem Endoskop – und somit eine endoskopisch kontrollierte Einlage des Führungsdrahtes tief distal der Stenose – erlauben. Führungsdrähte oder Bougies mit Distanzmarkierungen sind beim Arbeiten ohne Durchleuchtung hilfreich. Problematisch sind aber alle hochgradigen, langstreckigen Stenosen oder auch Hernien, in denen sich der steife Führungsdraht verfängt. Im ZKR wird nach Arbeitsweisung jede Bougierung und Dilatation in Durchleuchtungsbereitschaft durchgeführt, auch wenn diese dann u.U. nicht in Anspruch genommen wird.

Literatur:

[1] Adamek H E, et al., Management of esophageal perforations after therapeutic upper gastrointestinal endoscopy. Scand J Gastroenterol. (1997), 32, 411–414

[2] DiSario J A, et al., Endoscopic balloon dilatation for ulcer-induced gastric outlet obstruction. Am J Gastroenterol. (1994), 89, 868–871

[3] Dumon J F, et al., A new method of esophageal dilatation using Savary bougies. Gastrointest Endosc. (1985), 31, 379–382

[4] Guidewires in Gastrointestinal endoscopy. Gastrointest Endosc. (1998), 47, 579–583

[5] Hawkins D B, Dilatation of esophageal strictures: comparative morbidity and retrograde methods. Ann Otol Rhinol Laryngol. (1988), 97, 460–465

[6] Kadakia S C, et al., Esophageal dilatation with polyvinyl bougies using a marked guide wire without the aid of fluoroscopy: an update. Am J Gastroenterol. (1993), 88, 1381–1386

[7] Kimmey M B, et al., Balloon dilatation of gastrointestinal tract strictures. Gastrointest Endosc. (1995), 42, 608–611

[8] Kozarek R A, et al., Esophageal dilatation can be done safely using selective fluoroscopy and single dilatation sessions. J Clin Gastroenterol. (1995), 20, 184–188

[9] Schilling D, et al., Langzeitergebnisse der endoskopischen Ballondilatation ulcusbedingter Magenausgangsstenosen. Z Gastroenterol. (1997), 35, 105–108

9.5 Tubage und Stenting im oberen Gastrointestinaltrakt

9.5.1 Ösophagustubage

Notwendige Unterlagen, Vorbereitung und Instrumentar (E)

Das Vorgehen hängt von der Art des verwendeten Tubus ab. Die folgenden Beschreibungen treffen für die kommerziell erwerbbaren Standard-Tuben zu.

Checkliste zur Vorbereitung für eine Ösophagustubage:

Notwendige Unterlagen wie bei Bougierung (Kap. 9.4.2), Vorbereitungsmaßnahmen wie bei Bougierung (Kap. 9.4.2), **zusätzlich:**

- Savary-Set bis 18-mm-Bougie
- Gummikeil für das Einführen des 18-mm-Bougies und des Tubus-Pushers (z.B. von MTW)
- pädiatrisches Endoskop
- steifer Führungsdraht (Savary)
- metalldichte Marker zur Tumorgrenzenmarkierung
- Pflasterstreifen zum Verkleben der Markierungen
- röntgendichtes Lineal mit cm-Markierungen
- Tuben in verschiedenen Größen mit konformem Pusher
- Durchleuchtungsbereitschaft mit guter simultaner Betrachtungsmöglichkeit von Röntgen- und Endoskopiemonitor
- Silikonspray beim Einsatz von Tygon-Tuben

- Patientenlagerung in Rückenlage
- Patientenmerkblatt Ösophagus-stent-Tubus (CD-ROM)

Medikamente:

- Disoprivan zur Sedierung (s.a. Kap. 4.2.4)
- Kochsalzinfusion
- Pethidin nach Körpergewicht (unter 70 kg: 50 mg, über 70 kg: 100 mg) und Bedarf

Die Tubage erfolgt immer in Analgosedierung. Es wird immer ein Monitoring mit Pulsoxymeter durchgeführt. Der Patient muss immer mit einem permanenten Venenzugang versorgt sein.

Durchführung der Tubage (A)
Zunächst Bougierung der Stenose bis 18 mm und Festlegung und Markierung der Tumorgrenzen.

Nach Auswahl eines Tubus passender Länge Tubuseinlage über das Endoskop mit Pusher oder liegenden Führungsdraht mit passendem Savary-Bougie und Pusher. Eine Korrektur bei zu tiefer Einlage kann entweder mit einem Dilatationsballon oder durch Zug an vorher durch die Tubustulpe gelegten Sicherheitsfäden erfolgen.

Bei Verwendung von Tygon-Tuben (Fa. Grosse) kann auch ohne Durchleuchtung vorgegangen werden, wenn die Tumorstenose mit dem Endoskop passierbar ist. Nach Ausmessung der Tumorlänge wird der Tubus entweder durch den Hersteller oder den Anwender auf die passende Länge gekürzt und anschließend mit Tulpe und distalen Flaps mittels Histoacryl-Klebung versehen. Nach Bougierung, etwas über den Durchmesser des ausgewählten Tubusschaftes hinaus, wird der Tubus mit eingesetztem Bougie und aufgesetztem Pusher appliziert. Die Distanzmarkierungen des Pushers erlauben eine exakte Einlage des nur gering röntgendichten Tubus, wenn die sichere Einlage des Führungsdrahtes bis in den tieferen Magen vorher möglich war.

Unmittelbar nach der Tubage erfolgt noch eine endoskopische Lagekontrolle des Tubus und ggf. eine Korrektur.

Nachsorge (A, AA/SSt-Stationsarzt)
Alle Patienten mit Tubage und Stenteinlage werden noch am Interventionstag einer Röntgenuntersuchung mit Gastrografin zum Ausschluss von Perforation, Dislokation etc. unterzogen. Bei unauffälliger Röntgenkontrolle ist Nahrungsaufnahme sofort erlaubt.
Außerdem erhalten die Patienten ein Merkblatt, um sie vor Bolusobstruktionen und Refluxbeschwerden zu schützen (s. CD-ROM).

9.5.2 Einlage von selbst expandierenden Stents in den Ösophagus/Magen (A/E)

Die Vorbereitung erfolgt wie bei Bougierung (Kap. 9.4), zusätzlich wird ein Stent nach Angabe des Arztes ausgewählt. Stents dürfen nur von Ärzten appliziert werden, die darin erfahren sind. Die Herstellervorschriften, die jedem Produkt beiliegen, sind als Arbeitsanweisung zu beachten. Vor der Anwendung neuer Produkte ist die Hilfe des Herstellers in Anspruch zu nehmen und/oder eine auswärtige Hospitation o.Ä. vorzunehmen.

Wegen der sehr verschiedenen Anlagemodi und der sich ständig ändernden Produktpalette wird auf einige wenige Besonderheiten verwiesen:

Für Stents, die sehr nahe bis an den oberen Ösophagussphinkter herangebracht werden müssen, empfiehlt sich entweder die Anlage eines Stents ohne Verkürzung bei/nach Freisetzung (z.B. Z-Stent) oder von Stents, die kranial zuerst freigesetzt werden, um eine kranial sichere Positionierung zu ermöglichen (z.B. Ultraflex).

Bei Fisteln in Trachea, Bronchien oder Mediastinum dürfen nur ummantelte Stents eingesetzt werden.

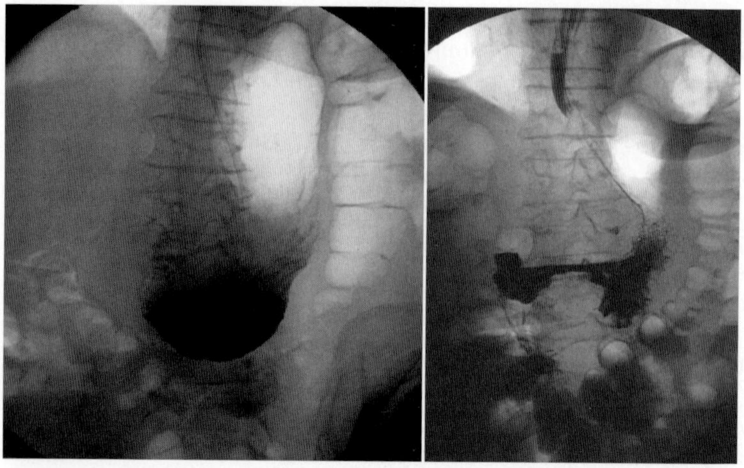

Abb. 9.6: Antrumkarzinom mit Gastric Outlet Syndrom (links). Therapie des Gastric Outlet Syndroms mittels eines Enteral Wallstents (rechts).

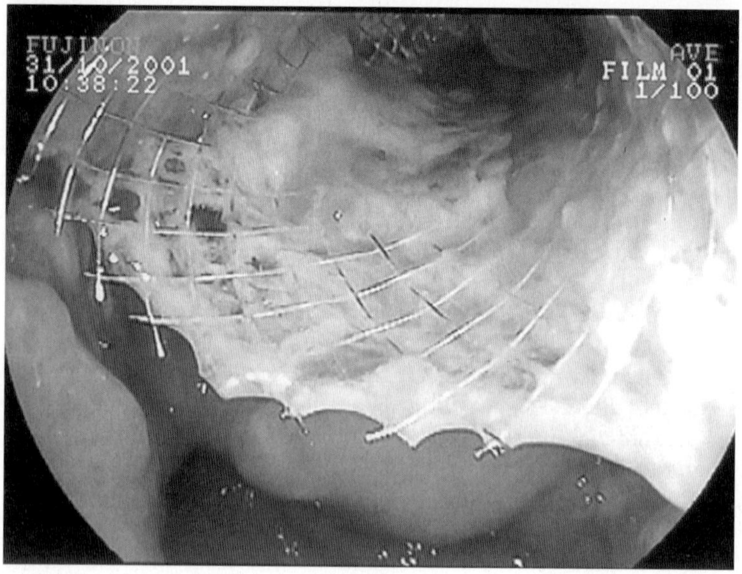

Abb. 9.7: Endoskopischer Blick auf den freigesetzten Wallstent im Magenantrum.

Wegen des Problems der stenosierenden reaktiven Mukosahyperplasie sollen bis auf Weiteres nur maligne Stenosen mit Stents überbrückt werden. Für die Abdichtung traumatischer/postoperativer Fisteln kann passager ein Stent (z.B. Polyflex) eingelegt werden, der leicht wieder entfernbar ist. Für die Handhabung des Polyflex-Stents ist die faltenfreie Einbringung des Stents in den Applikator unbedingt erforderlich. Falten insbesondere im Tulpenbereich können mit einem 30-mm-Achalasieballon geglättet werden.

„Enteral Wallstents“ von Boston Scientific zur Behandlung von Duodenal- oder Magenausgangsstenosen können nur durch Endoskope mit einem mindestens 37 mm weiten Arbeitskanal gelegt werden. Dies ist bei der Geräteauswahl vor Endoskopiebeginn zu berücksichtigen.

Unmittelbar nach einer Stentimplantation erfolgt eine endoskopische oder alternativ am gleichen Tag eine radiologische Kontrolle mit Kontrastmittel. Bei korrekter Stentlage ist die Nahrungsaufnahme sofort möglich.

Die Patienten erhalten einen Stentimplantationspass sowie ein Merkblatt (s. CD-ROM), das sie vor Bolusobstruktionen und Reflux schützen soll.

Literatur:

[1] Dorta G, et al., Comparison between esophageal wallstent and ultraflex stents in the treatment of malignant stenoses of the esophagus and cardia. Endoscopy. (1997), 29, 149–154

[2] Ell C, May A, Hahn E G, Selbstexpandierende Metallendoprothesen zur Palliation stenosierender Tumoren im oberen Gastrointestinaltrakt. Dtsch Med Wschr. (1995), 120, 1343–1348

[3] Kozarek R A, Complications and lessons learned from 10 years of expandable gastrointestinal prostheses. Dig. Dis. (1999), 17, 14–22

9.6 Entfernung von Stents und Tuben

9.6.1 Entfernung von Ösophagustuben

Notwendige Unterlagen und Vorbereitung (E)

Checkliste für die Vorbereitung zur Tubus-Entfernung:

Notwendige Unterlagen wie zur Gastroskopie (Kap. 5.1.1)

Vorbereitungmaßnahmen wie zur Gastroskopie (Kap. 5.1.2), **zusätzlich:**

- aktueller Gerinnungsstatus
- permanenter Venenzugang
- 20-mm-TTS-Dilatationsballon
- Analgosedierung mit Disoprivan und Pethidin (s.a. Kap. 4.2)
- Endoskop mit Arbeitskanal passend für 20-mm-Ballon
- Durchleuchtungskontrolle
- Patientenlagerung in Rückenlage
- Polypektomieschlinge

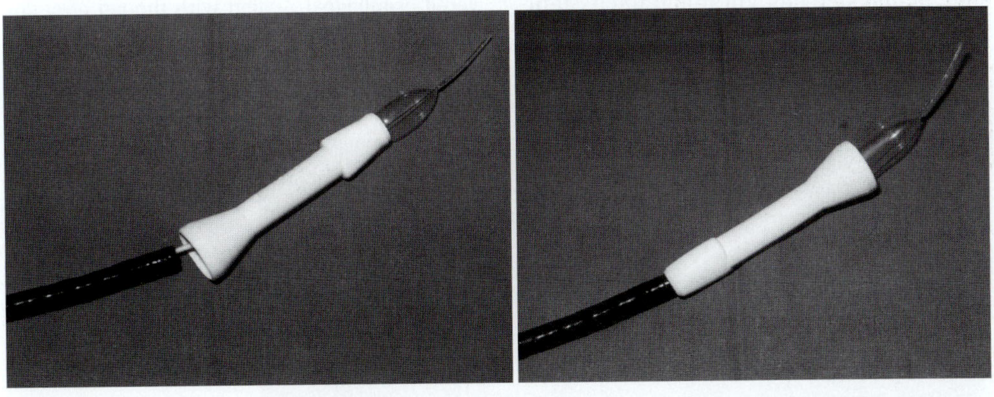

Abb. 9.8: Links: Schematische Darstellung einer Tubusentfernung aus dem Ösophagus mittels Endoskop und Ballon. (20-mm-TTS-Ballon; Gastroskop Fujinon 310 HR)
Rechts: Schematische Darstellung einer Tubusentfernung nach Dislokation in den Magen. Der Tubus wird zuerst im Magen gewendet und nach Umkehrung mittels Endoskop und Ballon extrahiert. (Gastroskop Fujinon 310 HR)

Entfernung von Ösophagustuben aus dem Ösophagus (A)
Bei aus dem Ösophagus zu entfernenden Tuben wird mit dem Endoskop bis zur Tubustulpe vorgegangen. Anschließend erfolgt die Einlage des 20-mm-TTS-Ballons zu ca. 30% seiner Länge über das distale Tubusende hinaus, dann die Füllung des Ballons mit deutlicher Ballonierung des distal zum Tubusende gelegenen Ballonanteils. So werden Endoskop, Tubus und Ballon gleichzeitig entfernt.

Entfernung von Ösophagustuben nach Dislokation in den Magen (A)
Bei Dislokation des Tubus in den Magen erfolgt zuerst die Wendung der Tubus mittels Endoskop und Polypektomieschlinge, sodass er mit seinem distalen Ende oralwärts liegt. Anschließend wird mit einem pädiatrischen Endoskop in den Tubusschaft eingegangen und mittels Dilatationsballon analog zur Entfernung von Tuben aus dem Ösophagus vorgegangen.

9.6.2 Entfernung von Stents (A/E)

Hier richtet sich das Vorgehen nach Stenttyp und Ort des dislozierten Stents. Ultraflexstents besitzen kranial an der Tulpe einen Nylonsicherheitsfaden, der eine kraniale Durchmesserverkleinerung bei Zug bewirkt und zur Stententfernung gefasst werden kann. Andere Stents müssen per Polypektomieschlinge oder Endoloop zuerst im Durchmesser verkleinert werden und können dann — u.U. unter dem Schutz einer Kautschukschutzhülle — entfernt werden. Der Polyflex-Stent kann mit einer Rattenzahn-Fremdkörper-Fasszange ohne weitere Schutzmaßnahmen aus dem Ösophagus entfernt werden oder bei Dislokation in den Magen nach Greifen mit einer Polypektomieschlinge etwa in Stentmitte.

Literatur:
[1] Benz C, Riemann J F, Endoskopische Reposition eines in den Magen dislozierten selbstexpandierenden Metallstents. Leserbrief. Endoskopie heute. (1996), 356–357
[2] de Mas C-R, Chalybäus C L, Endoskopische Reposition eines in den Magen dislozierten selbstexpandierenden Metallstents. Endoskopie heute. (1996), 190–193
[3] May A, et al., Extraktion von selbstexpandierenden Metallstents aus der Speiseröhre und dem Magen. Endoskopie heute. (1996), 233–238
[4] Seitz U, et al., Endoscopic extraction of a covered esophageal Z-Stent with the aid of endoloops. Endoscopy. (1998), 30, 91–92

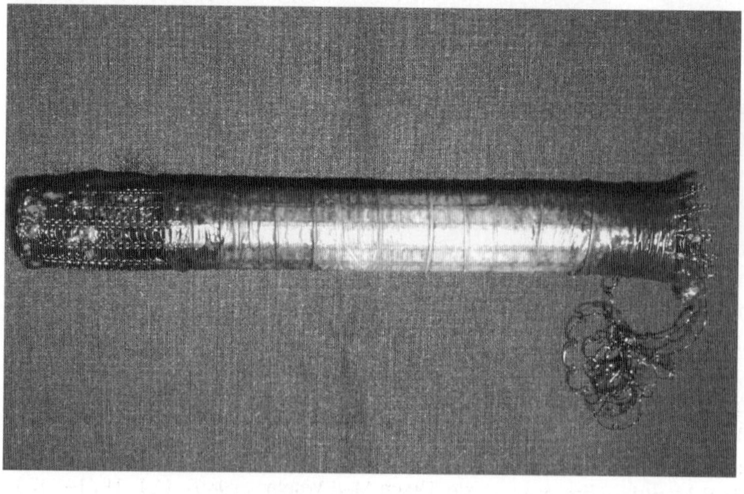

Abb. 9.9: Aus dem Ösophagus extrahierter dislozierter ummantelter Ultraflex-Stent.

9.7 Kardiasprengung

9.7.1 Vorbereitung (E)

Die notwendigen Unterlagen ergeben sich aus der Checkliste zu Bougierung/Dilatation (Kap. 9.4.2).

Checkliste zur Vorbereitung für eine Kardiasprengung:

Vorbereitungsmaßnahmen wie zur Gastroskopie (Kap. 5.1.2), **zusätzlich:**
- aktueller Gerinnungsstatus
- permanenter Venenzugang, Desinfektionsspray, Tupfer, Braunülenpflaster
- 30/35/40-mm-Achalasie-Ballon mit monofilem steifem Führungsdraht
- oder: Erlanger-/Witzel-Dilatator und Gastroskop in Bereitschaft
- Analgosedierung mit 50 mg oder 100 mg Pethidin, je nach Körpergewicht und Bedarf
- Sedativum nach abteilungseigenen Leitlinien, z.B. 5 mg Midazolam, aufgezogen
- Patientenlagerung in Seitenlage
- röntgendichter Marker mit Pflasterstreifen zur Befestigung
- Röntgenkontrolle

9.7.2 Durchführung (A)

Durchführung mit Erlanger- oder Witzel-Dilatator

Nach Sedierung evtl. Festlegen der Kardiahöhe durch Gastroskopie und Markierung mit röntgendichtem Marker auf der Haut. Danach orales Einführen des Dilatators, sodass die ringförmige Verdickung des röntgendichten Kerns auf Kardiahöhe liegt. Dann Dilatation mit Drücken von 150 bis 300 mm Hg, beginnend bei 150 mm Hg mit Steigerungen in 50-mm-Hg-Stufen alle ein bis drei Minuten bis maximal 300 mm Hg. Die Beobachtung des Manometers ist zunächst wichtiger als die radiologische Kontrolle. Nach Erreichen von 150 mm Hg radiologische Lagekontrolle und ggf. Korrektur. Auch nach jeder weiteren Druckerhöhung radiologische Kontrolle des Dilatators, der immer eine gewisse Tendenz hat, nach kranial oder distal zu dislozieren. Zum Schluss Ablassen des Druckes und Entfernen des Dilatators.

Durchführung mit Ballons

Hierbei wird mit Endoskop und Führungsdraht vorgegangen wie bei der Bougierung (Kap. 9.4). Nach Entfernen des Endoskops wird der Ballon über den liegenden Führungsdraht eingeführt. Bei Erstbehandlungen wird mit dem 30-mm-Ballon begonnen und der Druck mittels Druckmanometer bis zum vom Hersteller empfohlenen Maximaldruck gesteigert. Bei mangelndem Erfolg wird der nächstgrößere Ballon (35 mm, 40 mm) eingesetzt.

9.7.3 Nachsorge (A)

Zum Ausschluss einer Perforation ist immer eine anschließende Gastroskopie durchzuführen oder eine Röntgenkontrolle mit jodhaltigem Kontrastmittel, sobald der Patient wieder wach und kooperativ ist. Erst bei unauffälligem Ergebnis sind Essen und Trinken wieder erlaubt.

Literatur:

[1] Barnert J, Wienbeck M, Diagnose und Differentialdiagnose der Achalasie. Dtsch Med Wschr. (1989), 114, 1968–1970

[2] Pasricha P J, Achalasia. ASGE Guidelines. (1997), Vol. 5, No. 2 (http://www. asge.org/gui/clinical_info/updates/cu_achalasia.asp – nur Mitgliedern zugänglich)

[3] Scheurlen C, Sauerbruch T (1997), Ösophaguserkrankungen. In: Leitlinien der Deutschen Gesellschaft für Verdauungs- und Stoffwechselkrankheiten, 2. Aufl., 17–25. Demeter, Balingen

[4] Spiess A E, Karilas P J, Treating Achalasia. JAMA (1998), 280, 638–642

[5] Wienbeck M, Barnert J, Therapie der Achalasie. Dtsch Med Wschr. (1989), 114, 1971–1973

9.8 Endoskopische Entfernung von Fremdkörpern

9.8.1 Indikation (A)

Bei Fremdkörperingestion besteht eine unterschiedlich dringliche und klare Indikation zur endoskopischen Entfernung. Über die Notwendigkeit der Entfernung eines Fremdkörpers entscheidet der Endoskopiearzt.

Eine zwingende Indikation besteht immer bei Impaktion eines Fremdkörpers im Ösophagus und bei kompletter Bolusobstruktion, die kein Verschlucken von Speichel mehr zulässt. In diesen Fällen muss die endoskopische Entfernung möglichst sofort, mindestens aber innerhalb von 24 Stunden erfolgen [3].

Bei Passage von Fremdkörpern in den Magen muss überlegt werden, ob die weitere natürliche Passage nicht ungefährlicher ist als die Bergung. Für eine Bergung sprechen eher: scharfe oder spitze Gegenstände, längliche Gegenstände ab 6 cm Länge, Gegenstände mit einem Durchmesser über 2,5 cm. Kleine Nadeln wie Stecknadeln sind in der Regel ungefährlich. Begleitende Nahrungsaufnahme bei Fremdkörperingestion und -passage in den Magen macht das Auffinden von Fremdkörpern oft unmöglich, im Gegensatz zu im Ösophagus verbliebenen Fremdkörpern. Hier muss u.U. unter radiologischer und klinischer Kontrolle mit der Endoskopie bis zur weitgehenden Magenentleerung abgewartet werden.

In der Regel handelt es sich um Notfalleingriffe, bei denen eine dokumentierte mündliche Aufklärung ausreichend ist.

9.8.2 Prämedikation (A/E)

Kinder werden in der Regel in Intubationsnarkose endoskopiert. Erwachsene werden nach den üblichen Sedierungsrichtlinien (Kap. 4.2) behandelt, wobei im ZKR bei größeren Fremdkörpern die Gabe von Propofol unter Aufsicht eines zweiten Arztes erfolgt. Bei reaktiven Spasmen des Ösophagus und zur weiteren Ösophagussphinktererschlaffung erfolgt ggf. die Gabe von Glukagon [7].

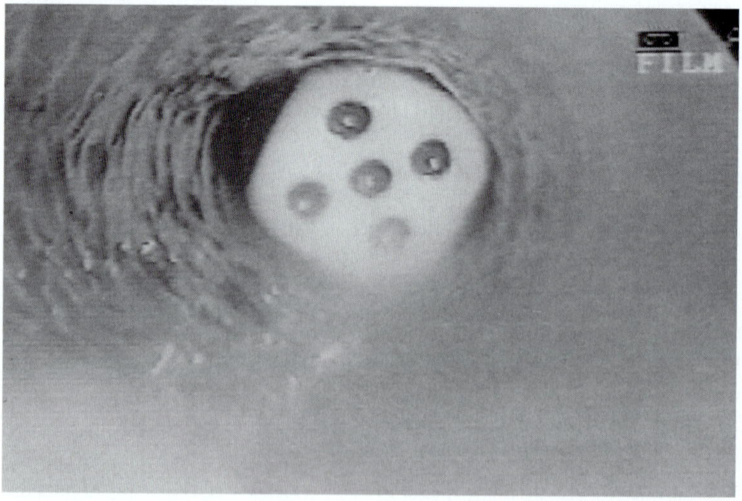

Abb. 9.10: Verschluckter Würfel, an der mittleren Ösophagusenge stecken geblieben und mittels Dormiakörbchen extrahiert.

9.8.3 Instrumentar (E)

Für die Entfernung von Fremdkörpern aus dem oberen Gastrointestinaltrakt muss verschiedenes Instrumentar griffbereit sein [9]:

- Dormia-Körbchen
- Fremdkörper-Fasszangen verschiedener Art
- Münzen-Fasszange
- Polypengreifer
- Polypektomieschlingen
- Ballons (für Ampullen/Fläschchen)
- Ösophagustubus („Overtube")
- Kautschukschutzhülle

Bei ungewöhnlichen Gegenständen und einem vorhandenen Duplikat soll an diesem vor Endoskopiebeginn das sinnvollste Bergungsinstrumentar im „Trockenversuch" ausprobiert werden.

9.8.4 Durchführung (A/SSt-Stationsarzt)

Ein planvolles Vorgehen ist erforderlich. Der Einsatz der Kautschukschutzhülle ist z.B. sinnlos bei Impaktion im Ösophagus. Die geplante Einlage eines Overtubes [2] muss zeitlich vor dem Fassen des Fremdkörpers geschehen. Zur Vermeidung von Verletzungen am oberen Ösophagussphinkter sollte der Patient bei Entfernung des Fremdkörpers den Kopf in den Nacken halten. Als Schutzvorrichtungen können Ösophagustubus oder Kautschukschutzhülle verwandt werden.

Es besteht kein Zwang zur Entfernung so genannter „Baby-Zellen"-Batterien aus dem Magen, wohl aber dem Ösophagus [1].

Fremdkörper, bei denen massive Gefahr einer iatrogenen Verletzung bei Entfernung besteht, müssen per starrer Ösophagoskopie oder operativ entfernt werden.

Bei Bodypackern ist in der Regel eine milde laxierende Therapie unter intensivmedizinischer Beobachtung sinnvoll. Eine endoskopische Entfernung von Rauschgift enthaltenden Plastiksäckchen empfiehlt sich nicht wegen der Gefahr der Verpackungsruptur mit Freisetzung des Rauschmittels mit u.U. letalen Folgen. Notfalls sollte ein solcher Patient eher operiert werden [4, 6].

Nach Entfernung von Fremdkörpern mit hoher Verletzungsgefahr erfolgen auf Anweisung des Arztes eine Röntgenkontrolle mit jodhaltigem Kontrastmittel und eine Stellungnahme zur Nahrungsaufnahme des Patienten.

Literatur:

[1] Brockstedt M, Fremdkörperingestionen im Kindesalter – Nicht zeitgemäße Therapieempfehlungen. Dtsch Ärztebl. (2000), 97, B1491

[2] Carr-Locke D L, et al., Overtube use in gastrointestinal endoscopy. Gastrointest Endosc. (1996), 43, 767–770

[3] Guidelines for the management of ingested foreign bodies. ASGE Publikation No. 1027. Gastrointest Endosc. (1995), 42, 622–625

[4] Lembcke B (1999), Fremdkörperentfernung und Endoskopieproblematik beim Bodypacker- und Minipacker-Syndrom. In: Lembcke B, Wehrmann T, Die gastroenterologische Endoskopie, 399–408. Einhorn-Presse, Reinbek

[5] May A, et al., Extraktion von selbstexpandierenden Metallstents aus der Speiseröhre und dem Magen. Endoskopie heute. (1996), 233–238

[6] McCarron M M, Wood J D, The cocaine „body-packer syndrome". Diagnosis and treatment. JAMA. (1983), 250, 1417–1420

[7] Mosca S, et al., Endoscopic management of foreign bodies in the upper gastrointestinal tract: report on a series of 414 adult patients. Endoscopy. (2001), 33, 692–696

[8] Winkler U, Henker J, Rupprecht E, Fremdkörperingestionen im Kindesalter. Dtsch Ärztebl. (2000), 97, B275–278

[9] Witzel L (1984), Fremdkörper im Magen. In: Demling L, Klinische Gastroenterologie. 2. Aufl., 317–320. Georg Thieme, Stuttgart, New York

9.9 Mukosektomie

9.9.1 Vorbemerkungen und Vorbereitung (A/E)

Wenn verfügbar, sollte zur Bestimmung der Eindringtiefe und zum Ausschluss von Lymphknotenmetastasen vorher eine Endosonografie durchgeführt werden (ist im ZKR Arbeitsanweisung).

Die Kontraindikationen für die Mukosektomien von Frühkarzinomen gehen aus der folgenden Aufstellung hervor.

Der Patient muss aufgeklärt werden, dass die Mukosektomie so lange nur von diagnostischem Charakter ist, bis histologisch eine komplette Tumorentfernung bewiesen ist, und dass andernfalls bei bestehender Operabilität und auch bei schweren Komplikationen eine Operation notwendig ist. Auch ist er über die Operation als konkurrierendes Verfahren aufzuklären.

In der Regel werden für die Mukosektomie zwei Personen zur Endoskopieassistenz benötigt.

Kontraindikationen für die Mukosektomie von Frühkarzinomen:

- Gerinnungsstörungen (s. Kap. 4.3)
- Tumoren >2,5 cm im Magen
- Tumoren >3,0 cm im Ösophagus
- Karzinome mit Grading >G2
- diffuse Magenkarzinome (Laureen)
- relativ: Typ IIC und III (oft schon in Submucosa infiltriert)

Checkliste für die Vorbereitung zur Mukosektomie:

Vorbereitungsmaßnahmen wie zur Polypektomie (Kap. 7.2), **zusätzlich:**

- normale Polypektomieschlinge
- monofile Polypektomieschlinge
- Mukosektomie-Aufsatz-Kappen (abgeschrägt/gerade) mit dazugehörender asymmetrischer dünner Schlinge
- Sklerosierungsnadel
- 40 ml Suprarenin 1:40.000, evtl. noch Zugabe eines Tropfens Methylenblau
- Sedativum nach abteilungseigenen Leitlinien, z.B. 5 mg Midazolam, aufgezogen und beschriftet

in Bereitschaft sind zu halten:

- Argon-Beamer mit Sonde
- Methylenblau 1%, Indigokarmin, Lugol'sche Lösung

9.9.2 Durchführung (A)

Markierungen der Grenzen der vorgesehenen Mukosektomie werden mittels Elektrokoagulation mit Argon-Beamer oder Polypektomieschlinge (distal, proximal, rechts und links) vorgenommen. Bei unscharfen Grenzen des zu entfernenden Karzinoms demaskiert eine Chromoskopie das Ausmaß des Karzinoms mit anschließender Markierung der Grenzen. Ob die Mukosektomie in konventioneller Technik oder mit Kappe (Suck-and-Cut-Methode) erfolgen soll, wird individuell entschieden. Nach der Markierung der Tumorgrenzen, Unterspritzung der Läsion mit Suprarenin 1:40.000, dann entweder weiteres Arbeiten mit der Schlinge oder Entfernung des Gastroskops zum Aufsetzen der durchsichtigen Saugkappe. Ist der Herd bereits vorher gut bekannt, können auch Markierung, Unterspritzung und Färbung mit schon aufgesetzter Saugkappe erfolgen.

Dann wird das Frühkarzinom in einem oder mehreren Teilschritten mittels Schlinge entfernt und das/die Resektat/e zur histologischen Untersuchung geborgen. Bei leichten und mäßigen Blutungen steht die Bergung des Resektates vor der Blutstillung im Vordergrund. Nur bei schwersten Blutungen (arteriell spritzend) steht die Blutstillung im Vordergrund.

Es dürfen nur Frühkarzinome entfernt werden, bei denen ein Stadium T1m zu erwarten ist [6, 7]. Gleiches Vorgehen gilt für hochgradige Dysplasien im Ösophagus, Magen und Duodenum.

9.9.3 Vorgehen nach Erhalt der Resektathistologie (A)

- Komplette Entfernung: Follow up mit endoskopischen Nachuntersuchungen zunächst dreimonatig, nach zwei Jahren halbjährlich für die Dauer von fünf Jahren. Dabei ist darauf zu achten, dass auch andernorts im Magen/Ösophagus neue Dysplasien und Karzinome auftreten können.
- Inkomplette Entfernung an der Basis oder Nachweis eines Befalls der Submukosa: Chirurgische Entfernung
- Inkomplette Entfernung an den Seitenrändern, aber komplett an der Basis: Evtl. Nachbiopsie. Bei positivem Befund endoskopische Nachresektion oder, wenn nicht sicher möglich, chirurgische Entfernung
- Bei einem Befall der sm1-Schicht und kompletter Tumorentfernung und endosonografisch fehlendem Nachweis von Lymphknotenmetastasen kann bei Risikopatienten, evtl. in Würdigung der Gesamtsituation und nach Aufklärung des Patienten über die Situation, ein Follow up erfolgen.

Kommentar

Die Mukosektomie besticht durch ihre Armut an schweren Komplikationen [6, 9, 10]. Bisher ist bei ihr keine Letalität im Gegensatz zur Operation beschrieben worden. Die Komplikationen in bis zu 10% der Fälle waren überwiegend unproblematisch beherrschbar (überwiegend Blutungen, im Ösophagus Strikturen, Perforationen). Prospektive randomisierte Studien zum Vergleich mit den resezierenden Verfahren liegen nicht vor, hinsichtlich der Langzeitüberlebenszeiten lediglich einzelne retrospektive Vergleiche mit operierten Patienten sowohl für die Ösophagektomie als Ein- oder Zweihöhleneingriff als auch für die Gastrektomie [4, 9].

Für das T1m-Plattenepithelkarzinom des Ösophagus kann das Verfahren heute als etabliert gelten.

Die Behandlung des Barrett-Karzinoms muss gegenwärtig noch als experimentell für operable Patienten gelten. Zum Langzeitüberleben liegen noch überhaupt keine Daten vor [1].

Die Mukosektomie im Magen gilt heute ebenfalls als ein konkurrierendes Standardverfahren zur Chirurgie bei Einhalten der üblichen Indikationsgrenzen.

Literatur:

[1] Ell C, et al., Endoscopic mucosal resection of early cancer and high-grade dysplasia in Barrett's esophagus. Gastroenterology. (2000), 118, 670–677
[2] Greff M, et al., the Council of The French Society of Gastrointestinal Endoscopy (S.F.E.D.), Guidelines of the French Society of Digestive Endoscopy: Endoscopic Mucosectomy. Endoscopy. (2001), 33, 187–190
[3] Inoue H, et al., Treatment of esophageal and gastric tumors. Endoscopy. (1999), 31, 47–55
[4] Kodama M, Kakegawa T, Treatment of superficial cancer of the esophagus: A summary of responses to a questionnaire on superficial cancer of the esophagus in Japan. Surgery. (1998), 123, 432–439
[5] Lambert R, Treatment of esophagogastric tumors. Endoscopy. (2000), 32, 322–330
[6] Miyata M, et al., What are appropriate indications for endoscopic mucosal resection for early gastric cancer? Analysis of 256 endoscopically resected lesions. Endoscopy. (2000), 32, 773–778
[7] Noda M, et al., Possibilities and limitations of endoscopic resection for early gastric cancer. Endoscopy. (1997), 29, 361–365
[8] Ono H, et al., Endoscopical mucosal resection for treatment of early gastric cancer. Gut. (2001), 48, 225–229
[9] Tada M, et al., Endoscopic resection of early gastric cancer. Endoscopy. (1993), 25, 445–450
[10] Takekoshi T, et al., Endoscopic resection of early gastric carcinoma: result of a retrospective analysis of 308 cases. Endoscopy. (1994), 26, 352–358

9.10 Zystogastrostomie

9.10.1 Vorbemerkungen (A/SSt-Stationsarzt/HA)

Es gelten die üblichen Richtlinien für Gerinnung und Sedierung (Kap. 4.3). Die Gerinnung darf nicht älter als drei Tage sein. Der Patient darf keine gerinnungsaktiven Mittel erhalten außer einer niedrig-dosierten Thromboseprophylaxe. Er soll mindestens zwei Tage lang keine H2-Blocker bzw. vier Tage keinen Protonenpumpenhemmer erhalten haben. Zur Vermeidung einer Zysteninfektion erhält der Patient bereits am Vorabend vor der Zystogastrostomie Piperacillin und Combactam i.v., ebenso ca. eine Stunde vor Durchführung der Zystenpunktion [2] und noch zwei weitere Tage danach. Über alle diese Maßnahmen muss der endoskopierende Arzt den Stations- oder Hausarzt informieren.

Die notwendigen Unterlagen ergeben sich aus der Checkliste zur Bougierung/Dilatation in Kapitel 9.4.2.

Checkliste für die Vorbereitung zur Zystogastrostomie (E):

- Endosonografie-Anlage
- Endoskopie-Anlage mit Gastroskop, u.U. mit weitem Arbeitskanal (3,7 mm) für 10-F-Pigtail-Drainagen
- therapeutisches Duodenoskop
- 3 cm lange 7-F-oder 10-F-Doppel-Pigtail-Prothese
- knickstabiler Führungsdraht mit weicher Spitze
- Spatel-Papillotom (möglichst unbenutzt bzw. ohne Vorbiegung)
- Schere bzw. Skalpell
- Führungsdraht-Papillotom
- 10-F-Thermodilatator und/oder 4- bis 6-mm-Ballonkatheter für Führungsdraht
- PE-Zange für Endosonografie-Gerät
- Infusion (500 ml NaCl 0,9%)
- 7/10-F-Pusher
- Durchleuchtungskontrolle

in Bereitschaft sind zu halten:

- separater Sauger für den Fall des Erbrechens von Zysteninhalt
- wasserlösliches, jodhaltiges steriles Kontrastmittel

9.10.2 Durchführung (A)

Zunächst erfolgt eine Endosonografie, dabei wird die günstigste Stelle für die Perforation der Magenwand endosonografisch festgelegt und bei Einsatz der radialen Endosonografie mit einer PE markiert. An dieser Stelle darf die Distanz zwischen Mukosaoberfläche und Zyste nicht größer als 1 cm sein, ebenfalls dürfen dort keine Gefäße sichtbar sein. Bei Einsatz eines therapeutischen linearen Endosonografiegerätes kann ohne Markierung gleich die Inzision unter sonographischer Sicht durchgeführt werden. Andernfalls erfolgt nach der Markierung mittels PE dann die Endoskopie entweder mit einem Gastroskop oder Duodenoskop, je nachdem wie am besten die Vorwölbung der Zyste darstellbar ist, bzw. ein möglichst senkrechtes Eingehen mit dem Spatelpapillotom auf die Zystenoberfläche zu erzielen ist. Nach Auffinden der per PE markierten Stelle Eingehen mit Spatelpapillotom mit Koagulationsstrom in die Zyste, u.U. Gabe von etwas Kontrastmittel in die Zyste, insbesondere bei Unsicherheit, ob die Punktion regelrecht erfolgt ist. Anschließend wird das Messer des Papillotoms gegen den Führungsdraht über die liegende Ummantelung ausgetauscht. Dabei soll der Draht nach Möglichkeit die Zyste mindestens einmal komplett kreisförmig ausfüllen und somit aufspannen.

Anschließend Entfernung der Ummantelung des Papillotoms und bei vorgesehener Einlage einer 10-F-Pigtail-Drainage Erweiterung des Schnittkanals mit Thermodila-

Abb. 9.11: Zystogastrostomie über ein Duodenoskop. Der eingelegte knickstabile Draht hat die Zystenwand einmal umfahren. Das diagonale Kabel stammt vom Pulsoxymeter.

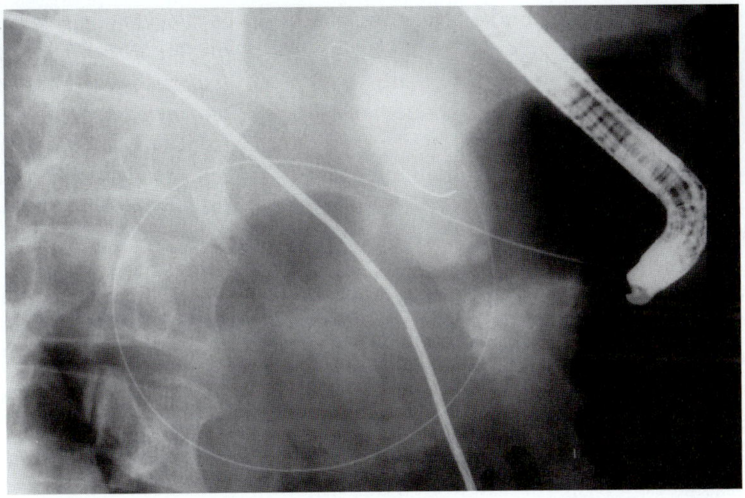

tator, Führungsdrahtpapillotom oder Dilatationsballon, die über den Zebradraht eingeführt werden, danach Einlage des Drainage-Katheters mittels Pusher. Bei Unsicherheit, ob das Ostium in die Zyste weit genug ist, wird vor Pigtailanlage mit einer 10-F-Sonde sondiert.

9.10.3 Nachsorge (A, AA/SSt-Stationspflege/-arzt)

Am Tag der Einlage der Drainage ist Nahrungskarenz einzuhalten. Der Patient wird mittels Wachbogen über Nacht überwacht. Bei Fieber erfolgt die Entnahme von Blutkulturen. Am Folgetag wird bei unauffälligem Bauch sonografisch kontrolliert, bei Verdacht auf akutes Abdomen erfolgt eine konventionelle radiologische Abdomenübersicht, ggf. eine CT. Wenn keine Besonderheiten vorliegen, darf der Patient ab dem nächsten Tag essen und trinken. Die Antibiose soll insgesamt noch zwei Tage fortgeführt werden. Der Doppel-Pigtail-Katheter wird nach sechs bis acht Wochen entfernt.

Kommentar

Viele Vorschläge zum Vorgehen bei der Zystogastro- oder Zystoduodenostomie beruhen auf Expertenratschlägen und sind nicht durch größere Studien gesichert [Übersicht in 1]. Vor einer Zystogastrostomie ist die Kommunikation der Zyste mit dem Gangsystem durch eine ERP auszuschließen, andernfalls ist eine transpapilläre Zystendrainage vorzunehmen.

Literatur:

[1] Dohmoto M, et al., Endoskopische Drainage von Pancreaspseudocysten. Dtsch Med Wschr. (1995), 120, 1647–1651

[2] Hagenmüller F. Persönliche Mitteilung

[3] Pfaffenbach B, et al., Endosonographisch gesteuerte transgastrische Drainage von Pankreaspseudocysten. Dtsch Med Wschr. (1998), 27, 1439–42

[4] Smits M E, et al., The efficacy of endoscopic treatment of pancreatic pseudocyts. Gastrointest Endosc. (1995), 42, 202–207

9.11 Befunddokumentation und Ergebnisqualität

Die Befunddokumentation bei der operativen Endoskopie des oberen Gastrointestinaltraktes umfasst:

- Art und Menge injizierter Substanzen
- Art, Menge, Länge, Durchmesser von Implantaten
- genaue Lokalisation des Eingriffs

- Größe, Anzahl und Entfernungsart bei Resektaten
- alle verwendeten Instrumente
- Durchmesser, Einwirkdauer bei Bougierungen
- zusätzlich bei Dilatationen angewandte Druckwerte
- intrainterventionelle Komplikationen und Gegenmaßnahmen
- erfolgte Abfolge des Vorgehens
- spezielle Nachsorgemaßnahmen
- Durchleuchtungszeiten, Flächendosisprodukt

Eine qualitätsgerechte Dokumentation umfasst die folgenden Kriterien der Ergebnisqualität interventioneller Endoskopien:

- Komplikationen (Art, Häufigkeit, Untersucher)
- Patientenzufriedenheit
- technisches Gelingen der Intervention
- Gründe des Nichtgelingens
- Erfolg der Intervention

(Zur Befunddokumentation von Komplikationen s.a. Kap. 14.2 und CD-ROM, Komplikationsmeldung.)

Kommentar

Wichtigstes Kriterium ist sicher die Komplikationsrate, die im ZKR jährlich ausgewertet und mit den Zahlen aus der Literatur verglichen wird. Statistiken über das technische Gelingen haben wir bislang noch nicht erstellt. Dabei ist aber zu berücksichtigen, dass das Krankengut für interventionelle Maßnahmen sehr heterogen ist. Schon bei der Beurteilung der Erfolgsrate für die gastrointestinale Blutstillung wurde auf das Problem hingewiesen (Kommentar Kap. 9.2). Außerdem sind technisches Gelingen und Erfolg nicht immer identisch, z.B. kann eine Bougierung gelingen, die Dysphagie aber nicht gebessert oder eine Blutung gestillt, aber wieder rezidiviert sein.

Viele Studienergebnisse sind nur bei genauer Kenntnis richtig zu interpretieren. Die unterschiedlich hohen Erfolgsraten bei der Mukosektomie rühren z.B. daher, dass in Japan, wo seit Jahrzehnten und in großer Häufigkeit mukosektomiert wird, früher keine Vorselektion durch Endosonografie vorgenommen wurde (nach Miyata et al. [1] Erfolgsrate 50%, im Gegensatz z.B. zu der Arbeit von Wehrmann [2] Erfolgsrate 95%).

Literatur:

(1) Miyata M, et al., What are appropriate indications for endoscopic mucosal resection for early gastric cancer? Analysis of 256 endoscopically resected lesions. Endoscopy. (2000), 32, 773–778

(2) Wehrmann T, et al., Endoskopische Mukosaresektion von (prä-)malignen Veränderungen im oberen Gastrointestinaltrakt. Z Gastroenterol. (2001), 39, 919–928

10 Operative, interventionelle Endoskopie des unteren Gastrointestinaltraktes

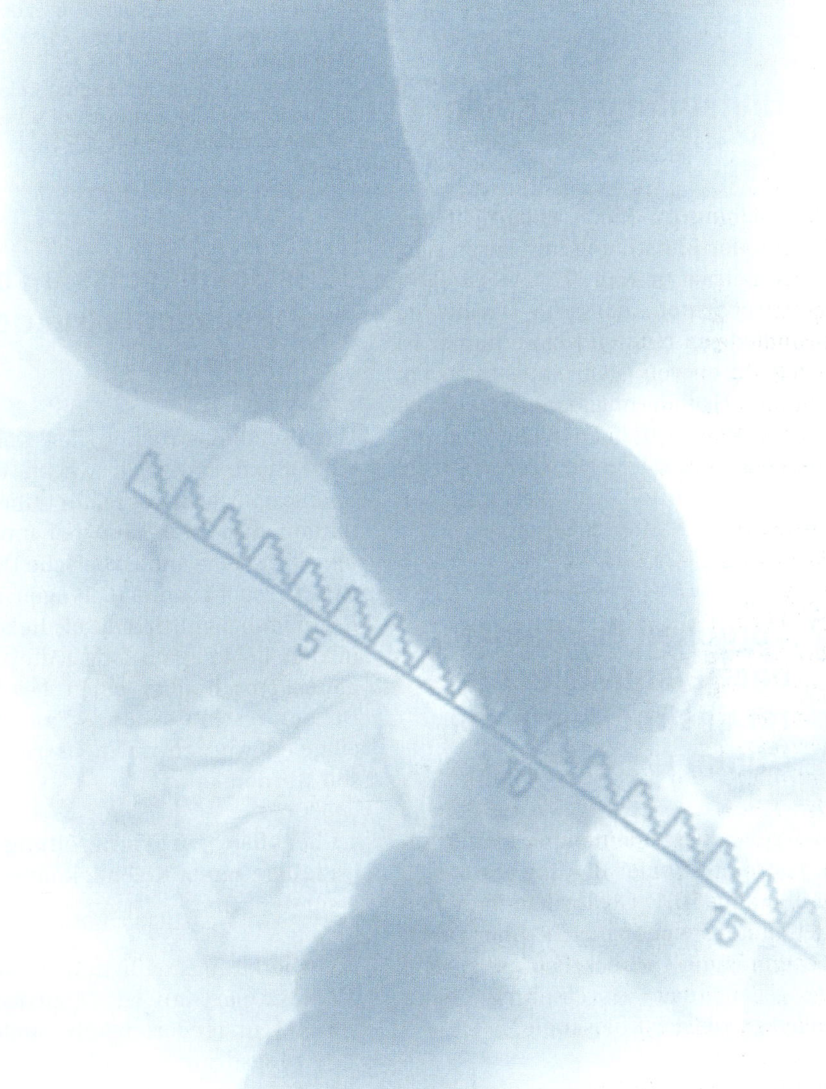

10 Operative, interventionelle Endoskopie des unteren Gastrointestinaltraktes

Polypektomien im oberen und unteren Verdauungstrakt sind in Kapitel 7 ausführlich beschrieben.

10.1 Blutstillung im Kolon (A/E)

Die Blutstillung im Kolon entspricht den Prinzipien der Blutstillung im oberen Gastrointestinaltrakt (s. Kap. 9.2). Es ist allerdings zu beachten, dass die Darmwand insbesondere im rechten Kolon dünner ist als sonst im oberen Gastrointestinaltrakt. Aus diesem Grunde muss die Argon-Plasma-Koagulation, z.B. bei der Therapie von Angiodysplasien, mit geringerer Wattzahl durchgeführt werden, um Perforationen zu vermeiden (s.a. Kap. 8.2).

10.2 Vorgehen bei Hämatochezie/schwerer unterer gastrointestinaler Blutung (A)

Das Vorgehen bei bedeutender, akuter unterer gastrointestinaler Blutung ergibt sich aus Abbildung 10.1. Gefährdete Patienten werden intensivmedizinisch überwacht. Ein beginnender Schockzustand spricht nicht gegen das Durchführen einer Darmlavage vor der Koloskopie.

Literatur:

[1] Frühmorgen P, Wehrmann K, Kobras S, Notfallkoloskopie zur Therapie der massiven peranalen Blutung. Der Internist. (2000), 41, 1382–1390

[2] Jensen D M, Machicado G A, Diagnosis and treatment of severe hematochezia: the role of colonoscopy after purge. Gastroenterology. (1988), 95, 1569–1574

[3] Jensen D M, et al., Urgent colonoscopy for the diagnosis and treatment of severe diverticular hemorrhage. New Engl J Med. (2000), 242, 78–82

10.3 Dekompression bei Pseudoobstruktion des Kolons (A-E)

Die Pseudoobstruktion des Kolons (Ogilvie's Syndrom) stellt wegen der hohen Spontanperforationsgefahr eine Notfallsituation dar. Hier kann bei unvorbereitetem Darm eine endoskopische Dekompression versucht werden. Wegen der hohen Rezidivmöglichkeit sind oft Rekoloskopien in den Folgetagen nötig. Alternativ kann endoskopisch über einen Leitdraht eine Dekompressionssonde (Fa. Angiomed) eingelegt werden, die mehrere Tage belassen werden kann [1].

Checkliste zur Vorbereitung für die Einlage einer Kolondekompressionssonde:

Vorbereitungsmaßnahmen wie zur Koloskopie (Kap. 6.2.2), **zusätzlich:**

- >3 m langer, relativ steifer Führungsdraht
- Dekompressionssonde mit Mandrin, Länge nach Vorgabe des Arztes
- Gleitmittel (z.B. MCT-Öl)

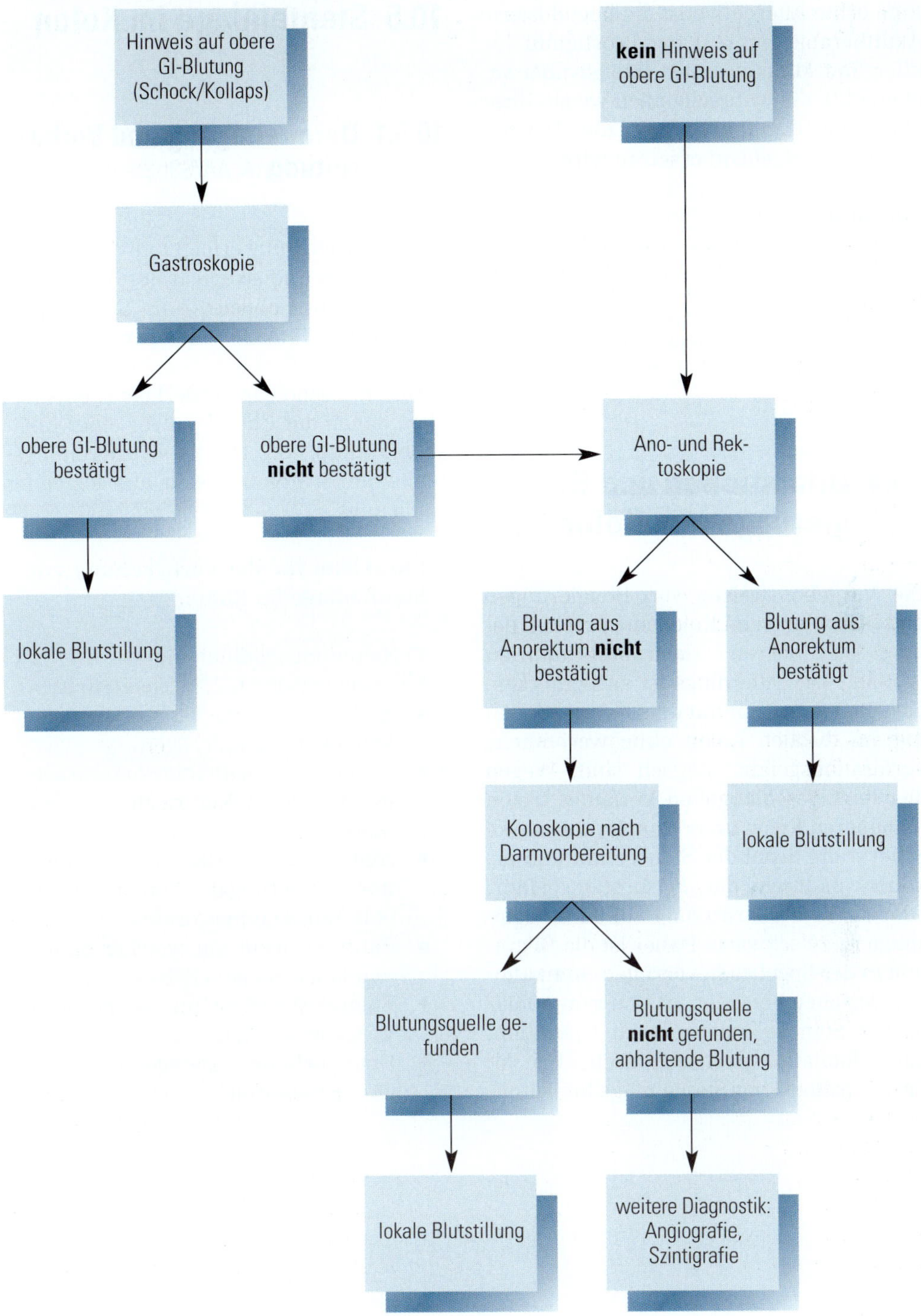

Abb. 10.1: Verfahrensanleitung Vorgehen bei V. a. untere GI-Blutung.

Eine echte Alternative ist die hochdosierte Akuttherapie mit 2,0 mg Prostigmin i.v. über fünf Minuten unter Intensivüberwachung [2], die wahrscheinlich wegen ihrer einfachen Handhabbarkeit die Dekompression weitgehend ersetzen wird.

Literatur:

[1] Ell C, Colon decompression using an anatomically adapted, large-caliber decompression probe. Endoscopy. (1996), 28, 456–458
[2] Ponec R J, Saunders M D, Kimmey M B, Neostigmin for the treatment of acute colonic pseudo-obstruction. N Engl J Med. (1999), 341, 137–141

10.4 Dilatationen und Bougierungen im Kolon (A-E)

Die Vorgehensweisen von Bougierungen und Dilatationen im Kolon entsprechen denen im oberen Gastrointestinaltrakt (s. Kap. 9.4). Allerdings ist zu bemerken, dass Bougierungen mit dem Savary-Set oft nur im distalen Kolon ohne wesentliche Perforationsgefahr möglich sind. Wegen des stark geschlängelten Verlaufes treten im höheren Kolon unter Bougierung starke Scherkräfte distal der Stenose auf und erhöhen dadurch die Perforationsgefahr; oder die Kraftübertragung auf die Bougiespitze ist zu schwach. Daher ist die Dilatation in der Regel zu bevorzugen. Indikationen bestehen bei jeder Art von symptomatischer Stenose (narbig nach Operation, nach Radiatio, postischämisch, bei M. Crohn, palliativ vor Stenteinlage bei Tumoren).

10.5 Stenteinlage im Kolon

10.5.1 Darmreinigung und Vorbereitung (A, AA/SSt-Stationspflege/-arzt)

Die Darmreinigung erfolgt individuell nach Vorgabe des Endoskopiearztes. Wegen des bestehenden Subileus vor Stenteinlage sind oft nur Einläufe oder Klysmen möglich.

Die notwendigen Unterlagen entsprechen denen der Checkliste vor einer Koloskopie (Kap. 6.2.1), die Vorbereitungsmaßnahmen ergeben sich aus folgender Auflistung.

Checkliste für die Vorbereitung zur Stenteinlage im Kolon:

Vorbereitungsmaßnahmen wie bei der Koloskopie (Kap. 6.2.2), **zusätzlich:**

- Endoskop, möglichst mit Arbeitskanal von 3,7 mm
- nichtsteriles jodhaltiges Kontrastmittel zwecks Kontrastierung der Stenose
- röntgendichter Marker zur externen Markierung der Tumorgrenzen (z.B. Büroklammerdraht)
- Führungsdraht mit weicher Spitze und knickstabilem Schaft
- Enteral Wallstent mit Länge nach Vorgabe des Arztes
- Untersuchung zwingend unter Röntgenkontrolle

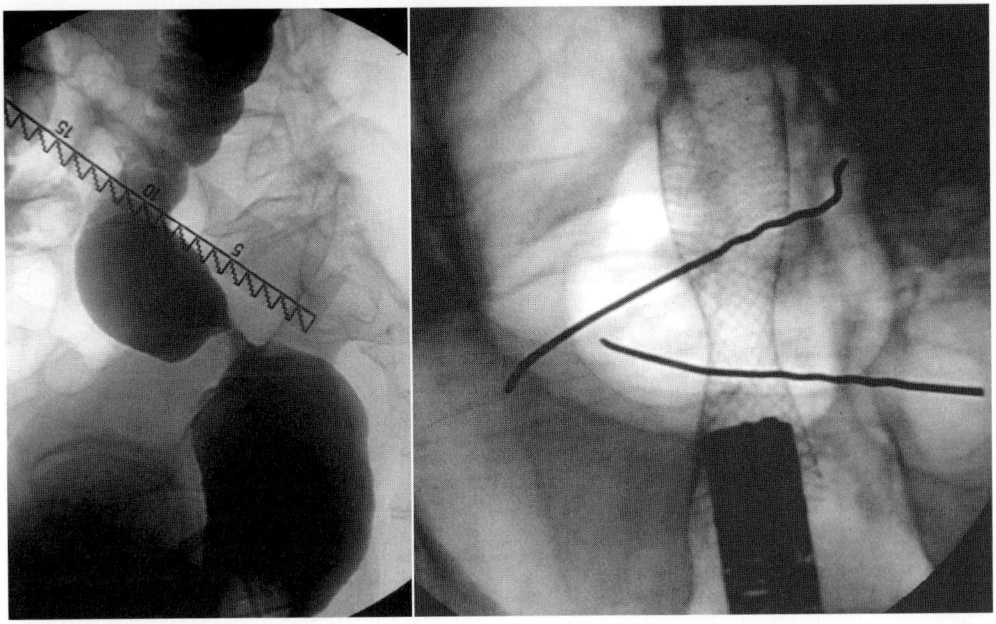

Abb. 10.2: Hochgradige Stenose am rektosigmoidalen Übergang durch Rezidiv eines kolorektalen Karzinoms (links). Überbrückung der Stenose mit einem Enteral Wallstent (rechts).

10.5.2 Durchführung (A-E)

Um die Länge des zu verwendenden Wallstents bestimmen zu können, muss vorher durch Kontrastdarstellung die Stenosenlänge bekannt sein. Die palliative Einlage von Stents ins Kolon entspricht den Prinzipien der Stenteinlage im oberen Gastrointestinaltrakt (Kap. 9.5.2). Zu beachten ist die erforderliche Weite eines Arbeitskanals von 3,7 mm für die transendoskopische Arbeitsweise. Bei distalen malignen Stenosen kann das Trägerset auch ohne Endoskop nur über einen Führungsdraht eingebracht werden, mit dem vorher die Stenose überwunden wurde. Dafür gibt es ein Applikationssystem mit kürzerem Freisetzungssystem. Die Stentpositionierung und Freisetzung erfolgen unter Röntgenkontrolle.

11 Endoskopisch retrograde Cholangio-Pankreatografie (ERCP)

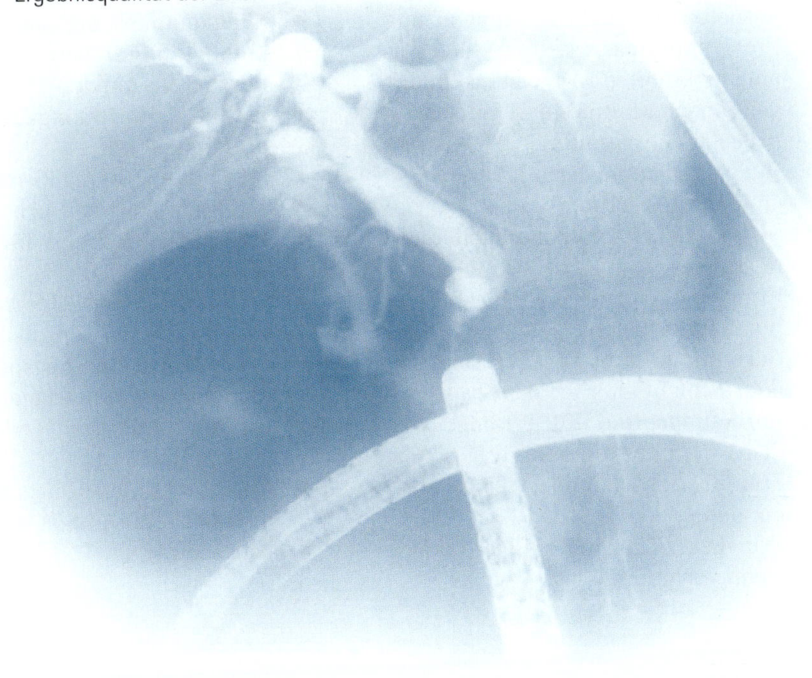

11 Endoskopisch retrograde Cholangio-Pankreatografie (ERCP)

11.1 Durchführung der ERCP

11.1.1 Notwendige Unterlagen und Vorbereitung (E)

Der Patient muss wie bei einer Gastroskopie ca. sechs Stunden nüchtern sein. Bei Notfalluntersuchungen nach vorausgegangener Nahrungsaufnahme wird durch intravenöse Gabe von 20 mg Metoclopramid die Magenentleerung beschleunigt.

Die Assistenzkraft prüft vor Untersuchungsbeginn die Unterlagen auf Vollständigkeit anhand folgender Checkliste.

Checkliste der notwendigen Unterlagen vor ERCP:

- ausgefüllter Aufklärungsbogen mit Einverständniserklärung, auch für eine evtl. nötige EPT/weitere interventionelle Maßnahmen (oder ausdrückliche Ablehnung)
- Endoskopieanforderung/Überweisung mit Indikation
- Abklärung Herzschrittmacherstatus (EPT!)
- Krankengeschichte/-kurve bzw. Ambulanzunterlagen
- Gerinnungsstatus, bei Verschlussikterus nicht älter als drei Tage
- Vorbefunde und ERCP-Bilder aus dem Endoskopiearchiv oder Fremdbilder/-befunde, wenn vorhanden
- aktuelle CT-/MRT-/MRCP-Bilder, wenn vorhanden

Checkliste für die Vorbereitung zur ERCP:

- neuer Nässeschutz für Bucky-Tisch und saugfähiger Nässeschutz (Zellstoff/Moltex o.Ä.) für den Kopf
- vorbereitetes einsatzfähiges Duodenoskop, komplett auf Funktionen (Lüftung, Saugung, Spülung, Optik, Licht) geprüft, Spülflasche zu 2/3 mit sterilem Wasser gefüllt
- vorbereitete Endoskopieanlage, bei Videoendoskopie/EDV-Dokumentation Eingabe der Patientendaten
- Kompressen
- Mundstück (wird vor Einsetzen der Sedierung eingesetzt)
- Gleitmittel
- permanente Venenverweilkanüle, Braunülenpflaster, Desinfektionsspray, Tupfer
- Midazolam, 5 mg (alternativ: Propofol), aufgezogen (2-ml-Spritze, beschriftet/Aufkleber*)
- Pethidin, 50–100 mg (2-ml-Spritze, unbeschriftet*)
- Buscopan, 100 mg (5-ml-Spritze*)
- NaCl 0,9% (10-ml-Spritze*)
- sterile Handschuhe für Arzt und Assistenz
- Standard- oder filiformer ERCP-Katheter, mit Kontrastmittel luftblasenfrei (!) durchgespült (z.B. auf steriler Papierunterlage in Siebkasten bzw. auf steril gedecktem Instrumentiertisch)
- 40–50 ml eines 60%igen Kontrastmittels (in 20-ml-Spritzen*)
- Nitro-Spray

- Patientenlagerung auf dem Röntgentisch in Rückenlage, bis der Arzt kommt
- Entschäumer (20 ml)
- ggf. Zahnprothesenbehälter (s. Kap. 4.8)
- Neutralelektrode angeschlossen, arbeitsbereites Hochfrequenzdiathermiegerät
- Pulsoxymeter
- Röntgenanlage eingeschaltet, bzw. alte gespeicherte Durchleuchtungsdosen auf Null zurückgestellt, Patientendaten für Röntgendokumentation vorbereitet (Scribor, digitale Eingabe)

in Bereitschaft sind zu halten:

- Papillotom mit Griff und Kabel, evtl. Kabeladapter
- Seldinger-Drähte verschiedener Art (Standard 0.035 oder 0.038, hydrophiler Draht, Zebra-Draht etc.)
- Sauerstoff-Zufuhr
- Formalinröhrchen, PE-Zange

* Die in dieser Checkliste beschriebene Verwendung unterschiedlicher Spritzengrößen soll vor Verwechslungen im abgedunkelten Röntgenraum schützen.

11.1.2 Sedierung und Monitoring (A/E)

Die Grundzüge von Sedierung und Monitoring sind bereits in Kapitel 4.2 genannt, Näheres hierzu wie folgt.
Sedierung und Monitoring bei ERCP:

- permanenter Venenzugang
- 50/100 mg Pethidin bei Normgewichtigen (unter/über 70 kg Körpergewicht), kardiopulmonal Gesunden
- initial 5 mg Midazolam bei Normgewichtigen, kardiopulmonal Gesunden
- alternativ: Diazepam oder Propofol
- Sauerstoff in greifbarer Nähe, bei gefährdeten Patienten u.U. 2–4 l/Min ab Untersuchungsbeginn
- Pulsoxymeter
- bei ICD/Schrittmacherpatienten bei EPT EKG-Monitor, Defibrillator und Magnet (s.a. Kap. 8.3.1)

Die ERCP kann in Rücken-, Seiten- oder Bauchlage durchgeführt werden. Bei pulmonal und kardial gefährdeten Patienten soll die Untersuchung nicht in Bauch-, sondern in Linksseitenlage erfolgen, da die Atemmechanik in Bauchlage ungünstiger ist. Auch ist eine evtl. notwendige Umlagerung zwecks Intubation leichter aus der Seitenlage zu bewerkstelligen. In solchen Fällen ist immer auch großzügig von der Applikation von Sauerstoff Gebrauch zu machen. Grundsätzlich sollte eine ERCP mit zwei Assistenzkräften durchgeführt werden. Eine kümmert sich um den Patienten (Mundstück, Sauerstoffgabe, klinische und Pulsoxymeterüberwachung etc.), die andere um das Instrumentieren.

Kommentar

In einer eigenen prospektiven randomisierten unveröffentlichten Untersuchung an 70 Patienten haben wir in der Gruppe A eine initiale Sedierung mit 5 mg Midazolam vorgenommen, bei Unruhe erhielten die Patienten bis zu weiteren 5 mg Midazolam, bei weiterer Unruhe dann 50 mg Pethidin, dann evtl. weitere Medikation ohne Vorschrift. In der Gruppe B erfolgte eine initiale Analgosedierung mit Pethidin und anschließend Midazolam titriert bis zum Eintritt von Müdigkeit, dann evtl. weitere Medikation ohne Vorschrift. Während das subjektive Empfinden der Patienten und untersuchenden Ärzte (Score 1 = sehr gut bis Score 5 = sehr schlecht) etwa gleich war, war die erforderliche Antidotgabe und die Schläfrigkeit in der Gruppe A deutlich höher. Dies hat uns zu oben empfohlener Sedierungsempfehlung bewogen, andere Sedierungsschemata sind natürlich auch möglich [2].

Eine solche Untersuchung ist natürlich auch ein Bestandteil des Qualitätsmanagements.

Tabelle 11.1
Eigene Untersuchung zur Prämedikation bei der ERCP mit Patienten- und Arztbefragung

	Initiale Sedierung (Gruppe A, n = 35)	Initiale Analgosedierung (Gruppe B, n = 35)
Subjektives Patientenempfinden (Score 1–5)	1,9	1,8
Arztbeurteilung der Patientenruhe (Score 1–5)	1,5	1,7
Patienten wach am ERCP-Ende	62%	80%
Antidotgabe erforderlich	11%	3%
Erforderliche mechanische Atemhilfe	0	0

11.1.3 Durchführung der ERCP (A)

Nach Einführen des Gerätes ist auf Widerstände im Ösophagus und am Ösophagusmund zu achten. Bei deutlichen Widerständen erfolgt der Abbruch der Untersuchung und zunächst die Inspektion von Ösophagusmund/Ösophagus mit einem Gastroskop. Wenn dann keine Hindernisse sichtbar sind, darf die Untersuchung mit dem Seitblickgerät fortgesetzt werden. Die Luftinsufflation im Magen wird auf das Nötigste beschränkt. Sobald die Papille erreicht worden ist, wird das Gerät begradigt. Nach der Begradigung erfolgt die Gabe von 20 bis 60 mg Buscopan i.v., ggf. später Nachgabe nach Bedarf.

Sollte die Papille nicht intubierbar sein, erhält der Patienten zwischen zwei und vier Hüben Nitrospray perlingual. In sehr seltenen Fällen kann Hymecromon intravenös gegeben werden. Wir haben dies in den letzten Jahren nicht mehr gebraucht.

Zur Vermeidung einer Post-ERCP-Pankreatitis sollten die Manipulationen an der Papille so gering wie möglich sein und eine Pankreasdarstellung bei fehlender Indikation vermieden werden.

11.1.4 Röntgenanlage/Durchleuchtung

Das Röntgengerät muss mit einem hochauflösenden Bildverstärker, einer Fernsehkette und einem kippbaren Tisch ausgestattet sein. Die Bedienungselemente sollen auf der Untersucherseite sein. Ein Fußschalter sollte unbedingt vorhanden sein, da er Durchleuchtungszeit spart und die Hände des Endoskopikers für andere Manöver freihält.

Die Verwendung von Drähten mit farblichen Markierungen (z.B. Zebradrähte) ermöglicht bei Zubehörwechsel die endoskopische Kontrolle der Lagekonstanz und verringert so ebenfalls die Durchleuchtungszeit.

Bei konventionellen Geräten mit Röntgenfilmen empfehlen sich die Formate 24 x 30 cm und 18 x 24 cm, die u.U. auch halbiert oder geviertelt werden können. Bei volldigitalen Anlagen ist dies gegenstandslos.

Voraussetzung für die Arbeit mit der Röntgenanlage sind natürlich die erfolgte Einweisung für das Röntgengerät und die Fachkunde im Strahlenschutz (s.a. Kap. 3.5.1).

In Abteilungen, in denen ein Röntgenarzt das Röntgengerät bedient, ist zu fordern, dass dieser sich sehr gut mit ERCP-

Befunden auskennt. Unerfahrene Durchleuchter sind aus Gründen unnötig langer Durchleuchtungszeiten und schlechter Dokumentation abzulehnen.

11.1.5 Kontrastmittel

Üblich ist 60%iges Kontrastmittel, aber auch 30%iges Kontrastmittel kann verwandt werden. Nichtionische Kontrastmittel scheinen keine bedeutenden Vorteile zu bieten [3, 4]. Das BfArM hat zwar im Jahre 2000 die intravasale Anwendung von ionischem Kontrastmittel untersagt, nicht aber die Anwendung bei ERCP [1]. Eine diesbezügliche Rückfrage des Autors bei der Arzneimittelkommission der Deutschen Ärzteschaft bestätigte die erlaubte Anwendung ionischen Kontrastmittels für die ERCP.

11.1.6 Darstellung des Gallengang- und Pankreassystems (A)

Folgende Kriterien für die Röntgendarstellung gelten in unserer Klinik:

- Vor Kontrastmittelinjektion erfolgt eine Durchleuchtung auf Kontrast gebende Konkremente im Gallengangsystem und auf Kalzifikationen des Pankreas. Diese sind radiologisch zu dokumentieren.
- Alle kontrastierten extra- und intrahepatischen Gallengänge sollen auch dokumentiert werden, bei vorhandener Darstellung auch die Gallenblase.
- Bei V. a. Choledocholithiasis wird zunächst nur wenig Kontrastmittel angeboten, um kleine Steine nicht zu überspritzen. Bei flottierenden Konkrementen soll die Kontrastmittelinjektion abgebrochen werden, wenn die Gefahr eines Fortschwemmens von Konkrementen in die Gallengangperipherie besteht.
- Bei hochgradigen Gallengangstenosen mit zu erwartender schwieriger Drainage wird die Kontrastmittelgabe nach ausreichender Darstellung der Stenose und der unmittelbaren kranialen Gallenganganteile beendet und mit den Drainagemaßnahmen begonnen.
- Grundsätzlich ist ein Parenchymogramm des Pankreas und der Leber zu vermeiden.
- Bei der Pankreasgangfüllung sollen insbesondere bei der Frage nach Tumor oder chronischer Pankreatitis die Gänge erster und evtl. zweiter Ordnung dargestellt werden. Bei vorher beginnender Parenchymografie ist ein kompromisshaftes Verhalten vorzuziehen, das den Patienten am wenigsten gefährdet.
- Alle kontrastierten Anteile des Pankreasgangsystems sollen auch dokumentiert werden.
- Bei Füllung einer größeren Pankreaszyste ohne nachfolgende Drainage ist die Kontrastmittelgabe sofort abzubrechen. Der Patient muss dann später auf der Station verstärkt bezüglich einer Infektion überwacht werden und erhält eine prophylaktische Antibiotikagabe (Kap. 11.2.4).
- Bei nur erforderlicher Cholangiografie soll die Pankreatografie, wenn möglich, vermieden werden.
- Alle Manipulationen an der Papille sollen so gering wie möglich gehalten werden. Der Instrumentarwechsel soll bei erfolgter selektiver Kanülierung des gewünschten Gangsystems über Draht erfolgen.

11.1.7 Nachsorge nach ERCP
(AA/SSt-Stationspflege, -arzt)

Die Nachsorge nach ERCP ist in Kapitel 4.2.9, Nachsorge sedierter Patienten, schriftlich festgelegt.

In unserer Klinik wird der Patient auf Abdominalbeschwerden und Entwicklung von Fieber/Schüttelfrost beobachtet. Puls und Blutdruck werden in ein- bis zweistündigen Abständen nach der diagnostischen ERCP über vier bis sechs Stunden kontrolliert. Bei Abdominalbeschwerden wird klinisch und laborchemisch vom Stationsarzt/nachsorgenden Arzt auf eine Post-ERCP-Pankreatitis untersucht und dementsprechend behandelt. Bei Fieber werden Blutkulturen entnommen und antibiotisch behandelt (Kap. 11.2.4). Ansonsten erhalten Patienten in der Regel nach der Untersuchung bis zum nächsten Morgen nur Tee und Zwieback.

Eine Post-ERCP-/EPT-Pankreatitis ist anzunehmen, wenn Abdominalbeschwerden über länger als 24 Stunden nach der ERCP bestehen und die Lipase- und/oder Amylasewerte über das Drei- bis Fünffache der oberen Norm angestiegen sind [5]. Die konsequente Erfassung von Post-ERCP-Pankreatitiden ist ein Qualitätskriterium und erfordert eine Nachsorge der Patienten bis zum Folgetag.

In unserer Klinik wird jede Post-ERCP-Pankreatitis oder andere Post-ERCP-Komplikation dem Qualitätsbeauftragten für die Komplikationsstatistik gemeldet. Verantwortlich für die Meldung ist der Arzt, der die Endoskopie durchgeführt hat. Bei ambulanten Patienten muss am Abend und am Folgetag nach einer ERCP telefonisch bezüglich Beschwerdefreiheit nachgefragt werden. Selbstverständlich muss der Patient schon bei der Aufklärung über Komplikationssymptome und dann zu erfolgende Verhaltensweisen informiert worden sein (s. CD-ROM, Aufklärungsbegleitschreiben für ambulante Patienten, Aufklärung-ERCP).

Ambulante Patienten werden nach frühestens vierstündiger unauffälliger Nachbeobachtung entlassen.

Literatur:

[1] BfArM ordnet Widerruf von ionischen Röntgenkontrastmitteln zur intravasalen Anwendung an. Dtsch Ärztebl. (2000), 97, B1862

[2] Krugliak P, et al., Propofol versus midazolam sedation guided by processed EEG during endoscopic retrograde cholangiopancreatography: A prospective, randomized, double-blind study. Endoscopy. (2000), 32, 677–682

[3] Sherman S, et al., Post-ERCP pancreatitis: randomized, prospective study comparing a low- and high-osmolalitiy contrast agent. Gastrointest Endosc. (1994), 40, 422–427

[4] Technology assessment. Radiographic contrast media used in ERCP. ASGE Publication. Gastrointest Endosc. (1996) 43, 647–615

[5] Tittobello A., Diagnosis and prevention of post-ERCP pancreatitis. Endoscopy. (1997), 29, 285–287

11.2 Besonderheiten bei der diagnostischen ERCP (A)

11.2.1 Kontrastmittelallergie

Bei bekannter Kontrastmittelallergie sollte als Alternative eine MRCP erwogen werden. Andernfalls erhält der Patient unmittelbar vor der Untersuchung jeweils eine Ampulle eines Hl- und H2-Blockers, bei bekannter schwerer Kontrastmittelallergie auch vier Stunden vor Beginn der ERCP 250 mg Solu-Decortin i.v. Ein Parenchymogramm muss unbedingt vermieden werden, d.h., die Gangdarstellung hat kontrastmittelsparsam zu erfolgen. Zur Kontrastmitteleinsparung sollte zur selektiven Gangkanülierung zunächst mit einem Führungsdraht und Führungsdrahtkatheter gearbeitet werden. Während der Untersuchung ist bei diesen Patienten streng auf Kreislaufstabilität und Entwicklung von Zeichen einer allergischen Reaktion (Urtikaria, Bronchospastik, Ödem) zu achten. Als Kontrastmittel ist ein nichtionisches (z.B. Ultravist 240, Solutrast 250) zu verwenden. Adrenalin zur Injektion und Plasmaexpander sind bereitzuhalten. Der Patient ist über die Gefahren und die getroffenen Vorsichtsmaßnahmen aufzuklären.

11.2.2 ERCP bei Hyperthyreose

Bei bekannter oder vermuteter manifester oder latenter Hyperthyreose ist immer ein nichtionisches Kontrastmittel zu verwenden. Der Patient ist mit Irenat und einem Thyreostatikum zu behandeln (s. Kap. 12.1.5).

11.2.3 ERCP bei BII-Magen, Z. n. Magenresektion

Grundsätzlich wird zunächst mit einem Gerät mit orthograder Optik, insbesondere bei retrokolischer Anastomose, vorgegangen. Wenn damit die Papille wegen der Länge der zuführenden Schlinge nicht sondierbar ist, wird ein dünnes Koloskop verwendet. Ist die zuführende Schlinge kurz, aber die Papille mit dem normalen Gastroskop nicht so einstellbar, dass die erforderlichen Manipulationen möglich sind, wird auf ein Duodenoskop umgestiegen.

11.2.4 Prophylaktische Antibiose bei ERCP (A, AA/SSt-Stationsarzt)

Eine Prä-ERCP-Prophylaxe erfolgt bei Patienten mit hoher Endokarditisgefährdung und Patienten, bei denen eine Ableitung von aufgestauten Gallengängen ungewiss ist oder eine Darstellung von bekannten größeren Pankreas-Pseudozysten erfolgen könnte.

Eine Post-ERCP-Prophylaxe erfolgt bei unerwarteter Kontrastmittelfüllung größerer Pseudozysten und bei Kontrastierung von gestauten Gängen, die unerwartet nicht drainiert werden konnten. Sie ist im Befund schriftlich anzuordnen (s.a. Punkt 20 in der Endoskopie-Befunddokumentation, Kap. 2.4.2).

Empfehlungen zur antibiotischen Prophylaxe/Therapie infektiöser Komplikationen der ERCP [7]:

- Mezlozillin/Piperazillin (dreimal 2–4 g i.v.) in Kombination mit Sulbactam (dreimal 1 g i.v.) oder
- Piperacillin-Tazobactam (dreimal 4,5 g i.v.)
- bei Penicillin-Unverträglichkeit:
- Imipenem (dreimal 0,5 g i.v.), bei Pseudomonaden in Kombination mit einem Aminoglykosid
- Ciprofloxacin (dreimal 0,5 g i.v.)

Alle Dosisangaben für Normgewichtigkeit und normale Nierenfunktion.

Dauer: mindestens einige Tage oder bis zur endgültigen Gang-, Zystendrainage.

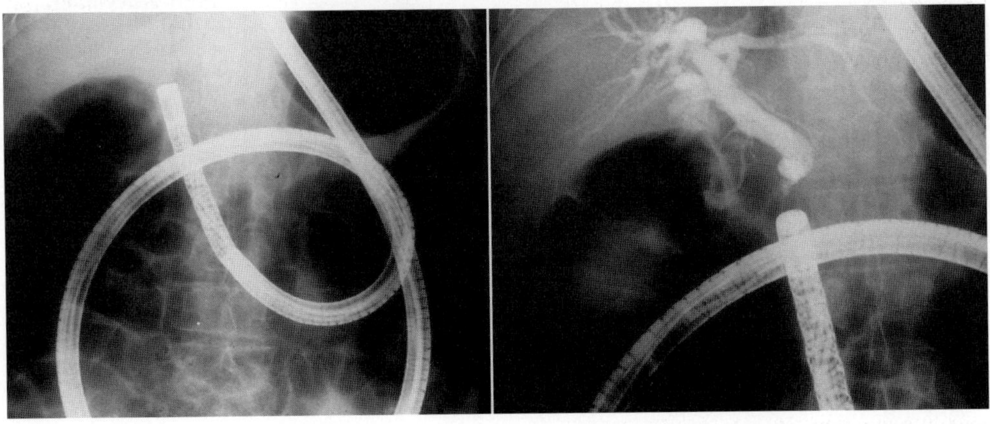

Abb. 11.1: ERCP mittels Koloskop bei Y-Roux-Anastomose (links). Nahaufnahme mit Kontrastmitteldarstellung (rechts).

Kommentar
Unsere abteilungseigene Richtlinie, den Patienten am Untersuchungstag bei Tee und Zwieback zu belassen, ist nicht evidenzbasiert. Da aber ERCP's in unserer Klinik bis zum Nachmittag durchgeführt werden und die Beurteilung des Abdomens durch Analgosedierung eingeschränkt ist, halten wir dies am Untersuchungstag für sinnvoll, zumal sich eine Post-ERCP-Pankreatitis oft erst später als vier Stunden nach Untersuchungsende manifestiert [8].

Literatur:

[1] Antibiotic prophylaxis for gastrointestinal endoscopy. ASGE Publication No. 1028. Gastrointest Endosc. (1995), 42, 630–635
[2] Clinical competence in diagnostic endoscopic retrograde cholangiopancreatography. Health and Public Policy Committee, American College of Physicians. Ann Intern Med. (1988), 108, 142–144
[3] Fölsch U R, et al., Early ERCP and papillotomy compared with conservative treatment for acute biliary pancreatitis. New Engl J Med. (1997), 336, 237–242
[4] Harris A, et al., Meta-analysis of antibiotic prophylaxis in endoscopic retrograde cholangiopancreatography (ERCP). Endoscopy. (1999), 31, 718–724
[5] Nitsche R, Fölsch U R. Die Rolle der ERCP in der Therapie der akuten Pankreatitis. Z Gastroenterol. (1997), suppl., 76–77
[6] Rabenstein T, et al. (1997), Ambulante ERCP. In: Scheibe O (Hrsg.), Qualitätsmanagement in der Medizin. ecomed, Landsberg
[7] Sauter G, Ruckdeschel G, Sauerbruch T (1997), Antibiotische Prophylaxe und Therapie infektiöser Komplikationen. In: Leitlinien der DGVS, 2. Aufl., 153–159. Demeter, Balingen
[8] Tittobello A, Diagnosis and prevention of post-ERCP pancreatitis. Endoscopy. (1997), 29, 285–287

11.3 Operative, interventionelle ERCP

Grundsätzlich ist vor jeder operativen Endoskopie zu überlegen, ob ein diagnostisches Duodenoskop oder ein therapeutisches Duodenoskop mit weitem Arbeitskanal gewählt wird (Rücksprache Endoskopieassistenz mit Arzt).

Indikationen für ein therapeutisches Duodenoskop:

- Anlage von ≥ 10-F-Stents und ≥ 10 F Pigtail-Kathetern
- Anwendung des 10-F-Thermodilatators
- Anwendung eines 10-F-Bougierungskatheters
- Einlage von selbst expandierenden Wallstents bestimmter Art
- geplante Anwendung des Babyskopes

Je nach geplantem Eingriff ist verschiedenstes Zubehör erforderlich (z.B. Pusher bei Stenteinlage, Retriever bei Stentwechsel etc.). Insbesondere bei Patienten mit Verschlussikterus muss ein breit gefächertes Instrumentar zur Therapie in unmittelbarer Bereitschaft gehalten werden (verschiedenartige Papillotome, Drähte, Körb-

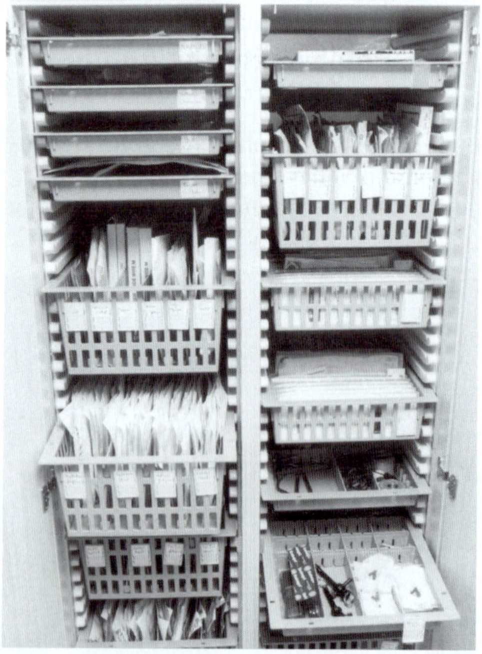

Abb. 11.2: Eine übersichtliche Aufbewahrung von ERCP-Zubehör und Stents in beschrifteten Schubladen und Fächern erlaubt schnellen und sicheren Zugriff.

chen, Lithotriptor etc.). Eine übersichtliche Lagerung und Beschriftung sowie gute Kenntnisse des Assistenzpersonals müssen einen schnellen Zugriff auf alles Erforderliche gewährleisten.

Prinzipiell erfordert jede ERCP eine nahezu sterile Arbeitsweise. Insbesondere operative ERCP's erfordern häufigen Instrumentenwechsel über die 4 m langen Führungsdrähte. Dabei ist streng darauf zu achten, dass diese nicht kontaminiert werden, z.B. durch Kontakt zum Boden. Voraussetzung ist in der Regel das Arbeiten mit zwei Assistenzpersonen.

11.4 Papillotomie und Steinextraktion

11.4.1 Biliäre Papillotomie (A)

Vorbemerkung: **Papillotomie bei Schrittmacher- und ICD-Patienten**
Bei diesen Patienten sind die erforderlichen Sicherheitsmaßnahmen zu beachten (s. Kap. 8.3).

Papillotomie-Instrumentar (E/A)
Alle einer Endoskopieabteilung zur Verfügung stehenden verschiedenartigen Papillotome müssen bekannt, gelistet und so beschriftet und gelagert sein, dass jede Art jederzeit leicht im Bedarfsfall zur Verfügung steht.

Es empfiehlt sich, ein Papillotom zu definieren, das standardmäßig gerichtet wird.

Gängige Papillotomvariationen:

- Standardpapillotome
- Papillotome mit filiformer, u.U. auch mit besonders lang ausgezogener Spitze
- Precut-Papillotome mit und ohne filiforme Spitze
- Führungsdraht-Papillotome
- drehbare Papillotome (z.B. Kapstadt-Papillotom)
- Nadel- und Spatel-Papillotome

Biliäre Papillotomie (E)

Checkliste für Vorbedingungen und Vorbereitung zur Papillotomie:

- Einverständnis des Patienten
- aktueller Gerinnungsstatus mit Quickwert >55% und Thrombozyten >80.000
- funktionsfähige HFD-Anlage, regelrecht angelegte Neutralelektrode, Endocut-Funktion
- Papillotom luftleer mit Kontrastmittel gefüllt und mit passendem Handgriff, auf Funktionsfähigkeit geprüft

in Bereitschaft sind zu halten:

- elektrisch isolierter Führungsdraht für Führungsdrahtpapillotom
- Materialien zur Blutstillung (Injektionsnadel, 5-ml-Spritzen, Suprarenin, Kochsalzlösung)
- weitere Papillotome

Die Papillotomie soll, wenn eben möglich, mit einer Schnittrichtung nach 11 Uhr durchgeführt werden. Sie ist auf das sichtbare Papillendach zu beschränken. Bei großen Choledochussteinen ist zwischen einer sehr weiten Papillotomie mit Risiko der Perforation, der primären Durchführung einer Lithotripsie oder dem passageren Einsatz einer nasobiliären Sonde, bzw. biliären Drainage mit späterer Lithotripsie abzuwägen.

Bei stark gefährdeten Patienten mit sehr schlechter Gerinnung und Cholangitis muss notfalls ohne Papillotomie eine nasobiliäre Sonde zur Galleableitung eingelegt werden.

Die Durchführung einer *Nadelpapillotomie* bei nichtballonierter Papille ist nur erfahrenen Untersuchern gestattet [5, 6].

Rationelles Vorgehen bei geplanter Papillotomie bei Verschlussikterus
Ist die Durchführung einer Papillotomie sehr wahrscheinlich notwendig, kann die Mühe und Traumatisierung durch mehrfaches Kanülieren des Papillenostiums mit Diagnostikkatheter und Papillotom reduziert werden durch Austausch des Diagnostikkatheters gegen ein Führungsdrahtpapillotom über einen 0.035-Führungsdraht. Der initiale Einsatz eines Papillotoms, evtl. auch mit Führungsdraht, erhöht möglicherweise bei Patienten mit Choledocholithiasis auch die Kanülierungserfolgsrate [2, 4].

11.4.2 Pankreas-Papillotomie (A)

Für die Pankreas-Sphinkterotomie der Major-Papille gelten ähnliche Verhaltensweisen wie bei der biliären Sphinkterotomie, außer dass die Schnittrichtung nach 1 Uhr bis 3 Uhr erfolgt und viele Experten eine vorausgehende biliäre Sphinkterotomie empfehlen. Außerdem ist bei nicht extrem weiter Pankreas-Sphinkterotomie die vorübergehende Einlage eines Pankreas-Stents günstig zur Vermeidung einer Post-Papillotomie-Pankreatitis [1, 3].

Bei der akzessorischen Sphinkterotomie der Minorpapille ist immer ein Vorgehen mit Führungsdraht erforderlich. Entweder wird über einen filiformen ERCP-Katheter ein Draht (0.016 bis 0.035) eingelegt und über einen anderen Katheter dann in einen ummantelten Draht ausgewechselt, über den dann die Papillotomie erfolgt. Oder es wird ohne Papillotomie ein Stent eingelegt, über den dann mit einem Nadelpapillotom das Ostium erweitert wird.

11.4.3 Vorgehen bei Komplikationen der Papillotomie (A)

Blutung
Leichte Blutungen werden nicht behandelt. Bei einer deutlichen Sickerblutung wird das Papillendach mit Suprarenin 1:40.000 unterspritzt (zum Verdünnungsgrad s.a. Kap. 9.2.1). Soweit noch Übersicht vorhanden ist, wird auch bei schwersten arteriellen Blutungen unterspritzt, ansonsten hat eine Notoperation zu erfolgen. Bei schweren und schwersten Blutungen ist sofort ein zweiter Arzt zu Hilfe zu holen für Blutentnahme (Kreuzblut, Hämoglobinbestimmung), Infusionstherapie, Transfusionen und Kreislaufüberwachung sowie den evtl. Transport des Patienten auf die Intensivstation. Die Blutstillung kann endoskopisch auf der Intensivstation fortgesetzt werden.

Retroperitoneale Perforation
Bei kurzstreckiger retroperitonealer Perforation erhält der Patienten eine nasobiliäre Sonde, komplette parenterale Ernährung und antibiotische Therapie. Bei Besserung ist eine abwartende Haltung erlaubt, letztlich müssen nur 25% aller Patienten wegen einer retroperitonealen Perforation operiert werden.

Cholangitis
Bei eingetretener Cholangitis werden Blutkulturen entnommen, bei liegender nasobiliärer Sonde daraus auch Gallekulturen, weiterhin erfolgt die Bestimmung von Blutbild, Transaminasen und Cholestaseparametern sowie die antibiotische Therapie. Bei anhaltender Cholangitis und fehlender Drainage müssen unverzüglich endoskopische oder operative Drainagemaßnahmen erfolgen.

Pankreatitis
Bei Post-ERCP-Pankreatitis wird der Patient mit parenteraler Flüssigkeitszufuhr und Analgetika behandelt, bei schweren Verläufen auch mit Antibiotikagabe und Intensivbehandlung.

11.4.4 Nachsorge nach Papillotomie (A)

Nachsorge stationärer Patienten (AA/SSt-Stationspflege/-arzt)
Bei papillotomierten Patienten wird nach Nachsorgeplan der Wachbogen nachts zweistündlich auch unter klinischer Beobachtung eventueller Blutungszeichen fortgeführt. Blutbildkontrollen und engmaschigere Kreislaufüberwachung werden auf schriftliche Veranlassung des endoskopierenden Arztes durchgeführt, z.B. wenn es bei der Papillotomie zu einer beachtenswerten Blutung mit Einsatz von Blutstillungsverfahren gekommen ist. Dann sind u.U. auch Erythozytenkonserven in Bereitschaft zu halten. Es handelt sich aber immer um Einzelfallentscheidungen.

Nachsorge ambulanter Patienten (A)
Diese Patienten werden mindestens noch vier Stunden in der Endoskopieabteilung klinisch beobachtet. Dementsprechend ausreichend früh am Tage ist die ERCP/Papillotomie zu planen und durchzuführen. Bereits bei der Aufklärung müssen die Patienten auf die klinischen Zeichen von Komplikationen aufmerksam gemacht worden sein sowie auf die dann zu treffenden Verhaltensweisen nach Entlassung aus der Endoskopieabteilung/Krankenhaus. Ein Schreiben über die Symptome von Komplikationen und weitere nötige Verhaltensweisen ist bereits vor der Endoskopie auszuhändigen und dem Patienten nach Hause mitzugeben (s. CD-ROM). Ein Telefonkontakt des Arztes mit dem Patienten am Abend des Untersuchungstages und am folgenden Morgen gewährleistet weitere Sicherheit.

11.4.5 Steinextraktion

Zubehör (Dormiakörbchen/Ballonextraktoren) (E)
Die verschiedenen Dormiakörbchen (unterschiedliche Größen, Drahtzahl, lenkbar, aufspannbar etc.) müssen allen Mitarbeitern bekannt und in einer Zubehörliste aufgeführt sein. Die Lagerung hat so stattzufinden, dass das erforderliche Dormiakörbchen leicht gefunden werden kann. Gleiches gilt für die verschiedenen Arten von Ballonextraktoren (unterschiedliche Größen, ein- bis dreilumig, proximaler und distaler Kontrastmittelaustritt etc.).

Steinextraktion (A)
Steinextraktionen erfolgen mit dem Dormiakörbchen oder Extraktionsballon. Bei Steinen über ca. 2 cm ist nach ausreichender Papillotomie bereits primär zur Steinbergung ein Lithotripsiekörbchen zu verwenden, damit eine mechanische Lithotripsie erfolgen kann, wenn der Stein nicht zu extrahieren ist. Alternativ kann primär eine nasobiliäre Sonde eingelegt werden und eine perkutane ESWL, z.B. in der nächstgelegenen Urologischen Klinik, durchgeführt werden. Abteilungen mit elektrohydraulischen oder Laserlithotriptoren können primär eine intraduktale Steinzertrümmerung vornehmen.

Literatur:

[1] Carr-Locke D L, et al. (1998), Technology status evaluation. Endoscopic pancreatic therapy. Update. ASGE

[2] Cortas G A, et al., Selective cannulation of the common bile duct: a prospective randomized trial comparing standard catheter with sphincterotomes. Gastrointest Endosc. (1999), 50, 775–779

[3] Ell C, et al., 20 Jahre endoskopische Sphinkterotomie – Analyse bei 2.752 Patienten. Dtsch Med Wschr. (1995), 120, 163–167

[4] Huibregtse K, Complications of endoscopic sphincterotomy and their prevention. New Engl J Med. (1996), 335, 961–963

[5] Smith M T, Sherman S, Lehman G A, Endoscopic management of benign strictures of the biliary tree. Endoscopy. (1995), 27, 253–266

[6] Vandervoort J, Carr-Locke D L, Needle-knife access papillotomy: an unfairly maligned technique? Endoscopy. (1996), 28, 365–366

11.5 Drainage, Bougierung und Dilatation im Gallen- und Pankreasgangsystem

11.5.1 Einlage von Plastikstents, Pigtailkathetern und selbstexpandierenden Wallstents

Das für die Einlage von Drainagen erforderliche Instrumentar (E):

- 0.035 knickstabiler Führungsdraht
- andere Drähte in Bereitschaft: hydrophile Drähte, 0.025-Drähte etc.
- Stent je nach Länge der Stenose
- Platzierungskatheter (ab 8,5 F)

in Bereitschaft sind zu halten:

- Pusher mit einem zum Stent passenden Durchmesser

Plastikstents/Pigtailkatheter (A/SSt-HA)
Vor biliärer Stenteinlage wird in der Regel eine kleinere Papillotomie durchgeführt. Stents sollen so kurz und so weitlumig (mindestens 10 F) wie möglich sein [23], evtl. werden mehrere Stents nebeneinander eingelegt. Bei benignen ableitungsbedürftigen Stenosen sind Pigtailkatheter den Stents wegen der geringeren Dislokations- und Perforationsgefahr [6] vorzuziehen.

Werden zur Überbrückung einer Stenose Terumo-Drähte oder 0.025-Drähte verwandt, so sind diese nach Überwindung der Stenose über einen Katheter gegen steifere Führungsdrähte mit geringerer Dislokationsgefahr und besserer axialer Stabilität auszutauschen, um für die Stenteinlage eine größere Stabilität zu gewährleisten. Plastikstents/Pigtailkatheter sind alle drei bis vier Monate wegen Okklusionsgefahr mit sekundärer Cholangitis auszutauschen. Hierüber sind Patient und Hausarzt zu informieren. Günstigenfalls wird der Austauschtermin schon vor Entlassung festgelegt.

Die tägliche Gabe von Ursodesoxycholsäure und/oder Antibiotikagabe verringert die Okklusionsrate nicht sicher [5, 11, 17].

Selbst expandierende Metallstents
Sie werden vorläufig nur bei malignen Stenosen eingesetzt [7, 22]. Der Modus der Anlage richtet sich nach den jeweiligen Herstellerangaben. Wie bei Ösophagusstents (s. Kap. 9.5.2) gilt, dass die Einlage eines neuen Stentmodells durch eine erfahrene Person der Herstellerfirma eingeübt werden sollte und/oder per Hospitation in einer Klinik, die damit bereits Erfahrung hat.

Je nach Wallstent-Produkt ist u.U. ein therapeutisches Duodenoskop erforderlich (Rücksprache Endoskopieassistenz mit Arzt).

Pankreasgangstents
Hier werden spezielle Stents verwendet, die in unterschiedlichen Modellen kommerziell zu erwerben sind.

Die Technik der Einlage entspricht der von Gallengangstents. Für die Behandlung von Pankreaszysten, die mit dem Gangsystem kommunizieren, ist das Pankreasgangstenting ebenfalls möglich [1, 2, 4, 8, 19].

11.5.2 Dilatation und Bougierung im Gallen- und Pankreasgangsystem (A/E)

Instrumentar für die Aufweitung von Stenosen im Gallen- und Pankreasgang
Zur Aufweitung von Stenosen steht verschiedenes Instrumentar zur Verfügung, das bei erforderlichem Einsatz rasch zur Hand sein soll.

Instrumentar für die Aufweitung von Gallen- und Pankreasgangstenosen (E):

- knickstabiler Führungsdraht als Standarddraht
- Ballonkatheter mit Führungsdrahtkanal nach Anweisung des Arztes
- Bougierungs-Katheter 5 F, 8 F und 10 F oder als Stufenbougies

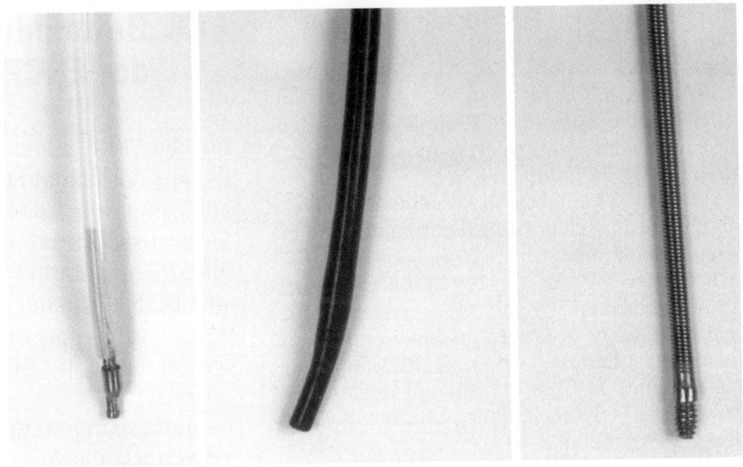

Abb. 11.3: Instrumente zur Therapie von derben Gallengangstenosen: Ringkoagulator zum Durchbrennen, Bougie zum Weiten, Retriever zum Durchschrauben (v.l.n.r.).

- Gallengangretriever 7 F und 10 F zum Aufschrauben von Stenosen
- Ringkoagulator

in Bereitschaft sind zu halten:

- weitere Führungsdrähte

Durchführung der Ballondilatation

Die Stenosen werden zuerst unter Röntgensicht mit einem flexiblen, ggf. auch hydrophilen Führungsdraht überwunden, über den liegenden Führungsdraht dann mit dem Ballon dilatiert. Die anzuwendenden Drucke werden jeweils von den Herstellern angegeben und durch Manometerkontrolle überwacht [14].

Durchführung der Bougierung

Diese erfolgt mit kommerziell erwerbbaren, mechanischen Bougies, transendoskopisch über einen Führungsdraht.

Thermodilatation

Für die Erweiterung maligner Gallengangstenosen, möglicherweise auch Pankreasgangstenosen [24] steht ein Ringkoagulator (7 F und 10 F) zur Verfügung. Er wird mit 120 bis 130 Watt (Erbotom ICC 200) mit Mischstrom (Stufe 2) betrieben. Dabei ist ganz besonders darauf zu achten, dass die Stenosegrenzen gut markiert sind, damit nicht in gesunden Arealen eine Verletzung stattfindet. Der Ringkoagulator darf nur mit einem kunststoffisolierten Draht betrieben werden. Die Sicherheitsmaßnahmen bei Hochfrequenzdiathermie sind zu beachten (Kap. 8.1.1 bis 8.1.3).

Literatur:

[1] Binmoeller K F, et al., Endoscopic pancreatic stent drainage in chronic pancreatitis and a dominant stricture: Long-term results. Endoscopy. (1995), 27, 638–644

[2] Carr-Locke D L, et al. (1998), Technology status evaluation. Endoscopic pancreatic therapy. Update. ASGE

[3] Cavallini G, et al., Gabexate for the prevention of pancreatic damage related to endoscopic retrograde cholangiopancreatography. New Engl J Med. (1996), 335, 919–923

[4] Cremer M, et al., Stenting in severe chronic pancreatitis: Results of medium-term follow-up in seventysix patients. Endoscopy. (1991), 23, 171–176

[5] De Ledinghen V, et al., Prevention of biliary stent occlusion by ursodeoxycholic acid plus norfloxacin: a multicenter randomized trial. Dig Dis Sci. (2000), 45, 145–150

[6] Devière J, et al., Endoscopic biliary drainage in chronic pancreatitis. Gastrointest Endosc. (1990), 36, 96–100

[7] Dumonceau J, et al., Plastic and metall stents for postoperative benign bile duct strictures: the best and the worst. Gastrointest Endoscop. (1998), 47, 8–17

[8] Ell, C, Endoskopische Interventionen am Pankreasgangsystem. Z Gastroenterol. (1997), 25, Suppl., 160–167

[9] Fölsch U R, et al., Early ERCP and papillotomy compared with conservative treatment for acute biliary pancreatitis. New Engl J Med. (1997), 336, 237–242
[10] Freeman M L, et al., Complications of endoscopic biliary sphincterotomy. New Engl J Med. (1996), 335, 909–918
[11] Ghosh S, Palmer K R, Prevention of biliary stent occlusion using cyclical antibiotics and ursodeoxycholic acid. Gut. (1994), 35, 1757–1759
[12] Gilbert D A, et al. (1994), Biliary Stents. ASGE Publication
[13] Guidewires in Gastrointestinal endoscopy. Gastrointest Endosc. (1998), 47, 579–583
[14] Kimmey M B, et al., Balloon dilatation of gastrointestinal tract strictures. Gastrointest Endosc. (1995), 42, 608–611
[15] Kohler A, et al., A new HF current generator with automatically controlled system (endocut mode) for endoscopic sphincterotomy-preliminary experience. Endoscopy. (1998), 30, 351–355
[16] Lai E C S, et al., Endoscopic biliary drainage for severe acute cholangitis. New Engl J Med. (1992), 326, 1582–1586
[17] Luman W, Ghosh S, Palmer K R, A combination of ciprofloxacin and Rowachol does not prevent biliary stent occlusion. Gastrointest Endosc. (1999), 49, 316–321
[18] Neubrandt M, et al., Leitlinien der Deutschen Gesellschaft für Verdauungs- und Stoffwechselkrankheiten zur Behandlung von Gallensteinen. Z Gastroenterol. (2000), 38, 449–468
[19] Schwarz M, Isenmann R, Beger H G, Stenting bei chronischer Pankreatitis – Fehler und Limitationen. Z Gastroenterol. (2000), 38, 267–374
[20] Seifert E (1997), Cholelithiasis. In: Leitlinien der DGVS, 2. Aufl., 60–62. Demeter, Balingen
[21] Slot W B, et al., Needle-knife sphincterotomy as a precut procedure: a retrospective evaluation of efficacy and complications. Endoscopy. (1996), 28, 334–339
[22] Smits M E, et al., Long-term results of endoscopic stenting and surgical drainage for biliary stricture due to chronic pancreatitis. Br J Surg. (1996), 83, 764–768
[23] Speer A G, Cotton P B, MacRae K D, Endoscopic management of malignant biliary obstruction: stents of 10 French gauge are preferable to stents of 8 French gauge. Gastrointest Endosc. (1988), 34, 412–417
[24] Weickert U, et al., Erweiterung von Pankreasgangstenosen mittels Ringkoagulator – erste Erfahrungen. Z Gastroenterol. (2000), 38, 165–168

11.6 Befunddokumentation der ERCP (A)

Für die ERCP gelten im Prinzip die gleichen Regeln der Befunddokumentation wie bei allen anderen Endoskopien. Wichtige Erfordernisse an eine qualitätsgerechte Befunddokumentation für die ERCP finden sich in der folgenden Aufstellung. Ansonsten sei auf die ausführliche endoskopische Terminologie der DGVS verwiesen [1].

Befunddokumentation bei ERCP:

- endoskopischer Befund von Papille, Duodenum, evtl. Magen und Bulbus
- Zahl der erstellten Bilder/Formate, Durchleuchtungszeit, Strahlendosis-Flächen-Produkt
- dargestellte Gangsysteme mit Normal- und pathologischen Befunden
- Begründung für fehlende Darstellung von Gangsystemen (technische Probleme, Tumor, nicht erwünscht etc.)
- Gangdurchmesser prä-/poststenotisch
- Stenoselänge und Lokalisation, Strecke Papille-Stenosenbeginn
- Steingröße, Anzahl, Lokalisation
- anatomische Varianten (Pankreas divisum, Divertikel etc.)
- interventionelle Eingriffe
- intrainterventionelle Komplikationen und erfolgte Maßnahmen
- verwendetes Zubehör (Katheter, Papillotome, Retriever, Dilatatoren etc.)
- Zahl, Länge und Durchmesser eingelegter Stents etc.
- weiteres unmittelbares Vorgehen (Antibiose, Nahrungsaufnahme, Röntgen-/Laborkontrollen, Kreuzung von Erythrozytenkonserven etc.)
- weitere bzw. Kontrolltermine, z.B. für Stentwechsel
- Dokumentation im Röntgenpass des Patienten, wenn gewünscht

Tabelle 11.2
Messparameter und Benchmarks für ERCP und Papillotomien nach [2]

Messparameter	Ergebnis
Technische Durchführbarkeit der ERCP	95,7%
Erfolgreiche Darstellung des gewünschten Gangsystems	94,2%
Erfolgreiche Papillotomien	98,3%
Erfolgreiche Papillotomien bei juxtapap. Divertikel	71%
Erfolgreiche Papillotomien bei B-II-Magen	67%
Erfolgreiche Steinentfernungen	85%
Erfolgreiche Stenosenüberbrückungen	90%
Komplikationen: • Pankreatitis • Cholangitis • Blutung nach EPT • Mortalität	 5,4%, 1,2%, 2%, 1,9%

Literatur:

[1] Heldwein W, Rösch T, Endoskopische Terminologie – Leitlinie der DGVS, Terminologie Teil III, ERCP. Z Gastroenterol. (1999), Suppl. 3, 89–127

11.7 Ergebnisqualität der ERCP

Neben der Patientenzufriedenheit sind Komplikationsraten und technisches Gelingen die Qualitätsindikatoren für die ERCP. Die in Tabelle 11.2 aufgeführten Zahlen entsprechen zahlreichen Literaturangaben, von F. Schreiber [enthalten in 2] zusammengefasst mit der Bemerkung, dass sie aus Zentren und somit Kliniken mit hoher Erfolgs- und niedriger Komplikationsrate stammen. Sie sind also als Benchmarks zu verstehen. Diese Parameter werden im ZKR fortlaufend ausgewertet, bei nicht erfolgreichen Manövern auch die Gründe des Misserfolgs. Bisher waren keine Korrrekturmaßnahmen zur Qualitätsverbesserung erforderlich.

Als untersten Richtwert bezüglich der technischen Durchführbarkeit und Darstellung des gewünschten Gangsystems in einer klinischen gastroenterologischen Endoskopieabteilung kann man bei durchschnittlichem Patientengut ca. 90% annehmen [3, 4], Einzelpersonen gelten als kompetent bei Erfolgsraten ab ca. 80% [1, 3, 4].

Literatur:

[1] Jowell P S, et al., Quantitative assessment of procedural competence. Ann Intern Med. (1996), 125, 983–989

[2] Renner F et al., Qualitätssicherung im Bereich der gastrointestinalen Endoskopie. Empfehlungen der Österreichischen Gesellschaft für Gastroenterologie und Hepatologie. Z Gastroenterol. (2000), 38, XXIV–XXXI – http://www.oeggh.at

[3] Watkins J L, et al., ERCP training: assessment of procedural competence. Gastrointest Endosc. (1994), 40, 47

[4] Wicks A C B, Robertson G S M, Veitch P S, Structured training and assessment in ERCP has become essential for the Calman era. Gut. (1999), 45, 154–156

12 Weitere gastroenterologische Verfahren

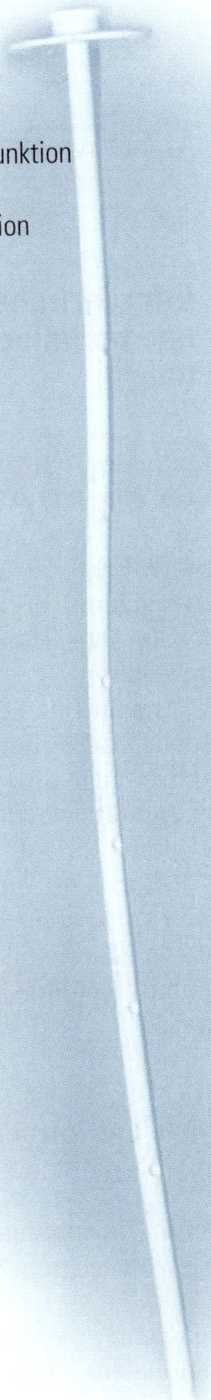

12 Weitere gastroenterologische Verfahren

12.1 PTC/PTCD

12.1.1 Erforderliche Unterlagen und technische Vorbereitung (E)

Checkliste der erforderlichen Unterlagen für eine PTC/PTCD:

- ausgefüllter Aufklärungsbogen mit Einverständniserklärung
- Anforderungsschein mit Indikationsstellung
- Krankenblatt und -kurve
- aktuelle Gerinnungswerte (maximal drei Tage alt)
- Angaben über evtl. Kontrastmittelallergien
- ERCP-Vorbilder und Vorbefunde, soweit vorhanden
- aktuelle Oberbauch-CT-/-MRT-Bilder und -Befunde, soweit vorhanden

Checkliste zur Vorbereitung für die PTC:

- Pethidin in Abhängigkeit vom Körpergewicht, 5 mg Midazolam aufgezogen
- permanenter Venenzugang, Braunülenpflaster, Desinfektionsspray, Tupfer
- sterile Abdeckung der Röntgenanlage

auf sterilem Tisch:

- Tupfer, Kompressen,
- zwei 20er-Spritzen (für Kontrastmittel), eine 10er-Spritze (für Lokalanästhesie)
- eine lange 1er-Kanüle
- Skalpell
- große Schale für 50 ml nichtionisches Kontrastmittel (z.B. Ultravist 240 unverdünnt)
- kleine Schale für 20 ml Lokalanästhetikum
- kleine Schale für 30 ml 0,9%ige Kochsalz-Lösung
- Chiba-Nadel (40–45 mm lang, mit aufsitzendem Katheter)
- Laparoskopie-Trommel (zwei sterile Kittel, vier Abdecktücher, zwei sterile Handtücher)
- steriles Standardgefäß mit zwei sterilen Kornzangen
- Bürste, Mundschutz, OP-Haube, sterile Handschuhe und ausreichend Reservehandschuhe
- Verbandspflaster

Durch die MRCP ist die diagnostische PTC eine Rarität geworden, sodass sich an fast jede PTC auch eine Drainage anschließt. Die zusätzlich erforderlichen Instrumente und Materialien gehen aus der folgenden Checkliste hervor. Die ständig anwesende Assistenzkraft muss alle Zureichungen steril durchführen.

Checkliste von Zusatzinstrumentar für die PTCD:

- Drähte: 0.018-Draht 1 m lang, 0.025-Draht J-gebogen, 0.035-Draht J-gebogen, 0.035-Draht gerade (Amplatzkatheter), Lunderquist-Draht, evtl. weitere Drähte (ca. 1,5 m lang)

- Dilatationsbougies oder -katheter
- perkutane Drainage-Katheter 5/7 F
- perkutane intra-/extrahepatische Katheter (z.B. Pauldrach 7 F).

in Bereitschaft sind zu halten:

- Yamakawa-Prothese (12 F) mit Einführhilfe
- Verbandsmaterialien und -instrumentar nach PTCD: Harzmann-Disk, Nahtmaterial (2er-Faden, Nahtset, Schlitzkompressen, Hautdesinfektionsmittel, Fixomull, Urinbeutel, Adapter für Ablaufbeutel

12.1.2 Vorbereitung des Patienten (E)

Der Patient liegt auf dem Bucky-Tisch in Rückenlage. Der Patient muss einen permanenten Venenzugang haben, möglichst am linken Arm/Hand. Der rechte Arm soll ab Desinfektionsbeginn unter dem Kopf liegen. Die Hautdesinfektion erfolgt als dreiminütige Wischdesinfektion von Brustwarzenhöhe bis zum Nabel als obere/untere Begrenzung und vom Sternum auf der rechten Seite bis in die hintere rechte Axillarlinie.

12.1.3 Durchführung der PTCD (A)

Analgosedierung über Braunüle. Eingehen mit der Chiba-Nadel, in der Regel etwas ventral der mittleren Axillarlinie, nach vorheriger Lokalanästhesie und Stichinzision am Oberrand einer Rippe. Meistens etwa horizontales Vorgehen auf das Leberzentrum zu und 2 bis 3 cm darüber hinaus. Unter intermittierendem Rückzug kann nach Entfernen des Mandrins zur Kontrastierung der Gallengänge Kontrastmittel injiziert werden. Bei ausreichender Geduld zeigt der Gallefluss aus der Chiba-Nadel bei gestauten Gallengängen die intraduktale Lage an und führt so zur gezielten Kontrastmittelinjektion unter Vermeidung von Paravasaten oder Kontrastierung von Leber- und Portalvenen. Bei erfolgloser Punktion wird die Nadel nur soweit zurückgezogen, dass die Leber noch nicht

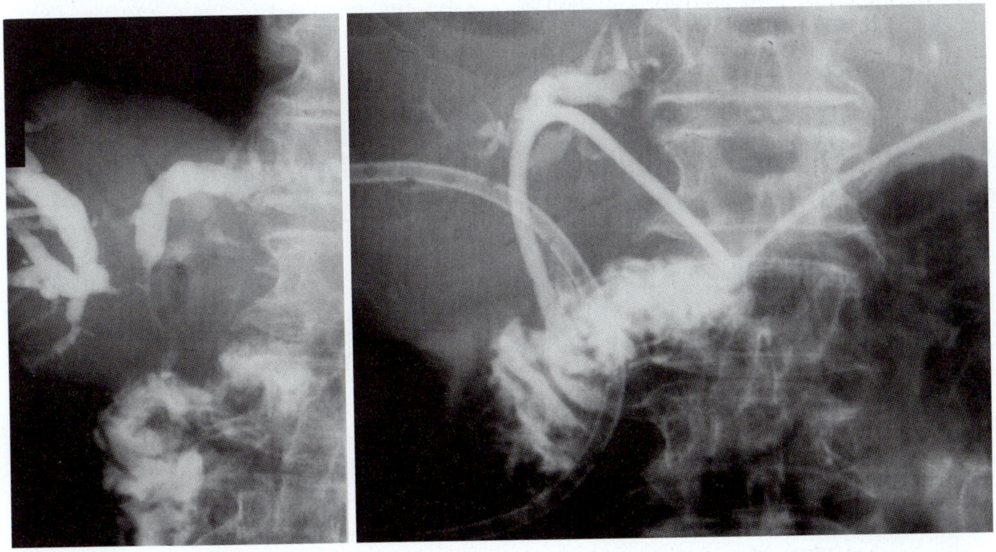

Abb. 12.1: Perkutane transhepatische Cholangiographie bei Klatskintumor. Bei dem Patienten war 10 Jahre zuvor ein distales Gallengangkarzinom reseziert worden (links). Versorgung des Klatskintumors mit 2 Yamakawa-Prothesen (rechts).

verlassen wird. Ein erneutes Vorgehen mit anderer Stichrichtung verursacht so keine neue Verletzung der Leberoberfläche. Nach Kontrastierung der Gallengänge erfolgt die Röntgendokumentation.

Bei geplanter PTCD wird dann der 0.018-Draht über die Chiba-Nadel weiter in Richtung auf die Bifurkation bzw. den Ductus hepatocholedochus vorgeschoben, darüber dann die Plastikummantelung der Chiba-Nadel.

Anschließend Austausch des 0.018-Drahtes gegen einen 0.035-Draht, mit dem weitere Manipulationen (z.B. Stenose-Überwindung ins Duodenum) vorgenommen werden können. Dann Einlage eines Drainagekatheters.

12.1.4 Röntgenanlage und Dokumentation (A)

Für die Röntgenanlage und Röntgendokumentation gelten die gleichen Bedingungen wie für die ERCP (Kap. 11.1.4). Ansonsten müssen alle vorgenommenen Maßnahmen, Komplikationen und die erforderliche unmittelbare und spätere Nachsorge schriftlich festgehalten werden samt dem Untersuchungsbefund.

12.1.5 Kontrastmittelprobleme bei der PTC/PTCD (A/SSt-Stationsarzt)

Eine Kontrastmittelallergie muss grundsätzlich vor PTC/PTCD ausgeschlossen sein.

Eine latente/manifeste Hyperthyreose verpflichtet zu folgenden Maßnahmen:

- Bei latenter Hyperthyreose oder Patienten über 60 Jahre mit unklarer Schilddrüsenanamnese und nicht vorliegendem TSH erfolgt die Applikation von 20 Tropfen Irenat spätestens zwei bis vier Stunden vor der Kontrastmittelapplikation, dann dreimal 20 Tropfen/die über 14 Tage; bei hohem Risiko zusätzlich 20 mg Thiamazol/die über 14 Tage.
- Bei manifester Hyperthyreose erfolgt eine Güterabwägung zwischen Dringlichkeit der PTC/PTCD (z.B. eitrige Cholangitis) und der Gefahr der Exazerbation der Hyperthyreose. Ist die PTC/PTCD akut erforderlich, wird wie oben vorgegangen, zusätzlich 20 bis 80 mg Thiamazol/die ebenfalls beginnend vor der Kontrastmittelapplikation. Thiamazol weiter in Abhängigkeit von der Hyperthyreose [3]. Engmaschige weitere Überwachung über vier Wochen.

Literatur:

[1] Luska G, Seger W (1984), Bildgebende Verfahren in der Diagnostik von Gallenwegserkrankungen. Schattauer, Stuttgart, New York

[2] Reeders J W A J, Bakker A J (1990), Perkutane transhepatische Cholangiografie und biliäre Drainage. In: Tytgat G N J, Mulder C J J (Hrsg.), Endoskopie bei Magen-, Darm- und Lebererkrankungen, 159–175. Georg Thieme, Stuttgart, New York

[3] Rendl J, Saller B, Schilddrüse und Röntgenkontrastmittel. Dtsch Ärztebl. (2001), 98, A402–406, B339–343

12.2 Ungezielte und gezielte perkutane Leber- und Abdominalpunktion

12.2.1 Ungezielte (Menghini-)-Punktion (A-E)

Vor jeder Menghini-Punktion der Leber ist der Untersucher verpflichtet, mittels Ultraschalluntersuchung den günstigsten Punktionsort zu bestimmen und einzuzeichnen, um die Komplikationsrate niedrig zu halten [1]. Erst dann darf die Biopsie erfolgen.

Notwendige Unterlagen vor ungezielter Leberpunktion (E):

- vollständige Patientenakte/Ambulanzunterlagen
- Blutgerinnungswerte (Quickwert >50%, Thrombozyten >50.000)
- Einverständniserklärung des Patienten
- Nüchternzustand des Patienten

Checkliste zur Vorbereitung für ungezielte Leberpunktion (E):

- Hautdesinfektionsmittel, saugfähige Unterlage, 2er-Injektionsnadel, 10-ml-Spritze
- 10 ml 1%-Lokalanästhetikum
- spitzes Skalpell
- sterile Handschuhe
- Menghini-Punktionsset mit Spritze und Nadel mit Stopper
- sterile Kompressen
- steriles Hautpflaster
- Lochtuch
- Schale mit Kochsalzlösung
- Pathologieröhrchen
- Sedativum oder Analgetikum in Bereitschaft (meist nicht erforderlich)

Nach erfolgter Lokalanästhesie von Haut und Leberoberfläche und Stichinzision mit einem spitzen Skalpell erfolgt die Sekundenbiopsie, in der Regel in Atemstillstand. Bei frustraner Biopsie kann noch ein- bis zweimal ohne wesentliche Erhöhung der Komplikationsrate nachbiopsiert werden [5].

Zur suffizienten mikroskopischen Beurteilung gilt eine Probenmindestlänge von 1,5 cm als Qualitätskriterium [1].

Für den Fall einer Bestimmung des Eisen- und Kupfergehaltes wird die Probe an Prof. Dr. G. van Kaick, Krebsforschungsinstitut in D-69120 Heidelberg, Im Neuenheimer Feld 280, Abteilung 0515, z. Hd. Herrn Dr. Wesch, geschickt. Der dorthin gesandte Zylinder sollte einen guten Zentimeter lang sein. Erscheint die Gesamtprobe zu klein, um sie für Histologie und Metallbestimmung zu teilen (etwa kleiner 3 cm Gesamtlänge), muss eine zweite Probe gewonnen werden.

Nach der Leberpunktion muss der Patient mindestens zwei Stunden auf der (in der Regel rechtsseitigen) Punktionsstelle liegen. Er erhält eine Kreislaufüberwachung über ca. vier bis sechs Stunden und wird aufgefordert, über evtl. Beschwerden unverzüglich zu berichten (A, SSt-Stationspflege).

Stationäre Patienten werden auf der Station weiter beobachtet, ambulante Patienten gehen nach ca. vier- bis sechsstündiger ereignisfreier Beobachtung mit einem Aufklärungsmerkblatt über evtl. Verhaltensweisen bei Beschwerden (s. CD-ROM) nach Hause.

Für ambulante Punktionen hat die AGA folgende Voraussetzungen festgelegt [4]:

- Rückkehr des Patienten ins Krankenhaus bei Problemen in 30 Minuten möglich
- zuverlässige Begleitperson in der ersten Nacht vorhanden
- keine besondere Gefährdung des Patienten durch andere Erkrankungen/Medikamente
- Entlassung des Patienten nach sechsstündiger unauffälliger qualifizierter Beobachtung
- Bereithaltung eines Krankenhausbetts für den Fall einer Komplikation
- Labor und Blutdepot im Krankenhaus vorhanden
- bis zur Entlassung kein Anhalt für Komplikationen und maximal eine erforderliche Analgesiedosis

12.2.2 Ultraschallgesteuerte gezielte Leber- und Abdominalpunktion (A-E)

Die notwendigen Unterlagen entsprechen denen der ungezielten Leberpunktion. Die Biopsienadeln sollen in der Regel eine Größe von 1,2 mm nicht überschreiten. Wenn vorhanden, wird ein Punktionsschallkopf oder ein Applikationsset zur Nadelführung mit dem entsprechenden Ultraschallprogramm gewählt.

Sollte nur eine freie Punktion eines Herdbefundes ohne Führungshalterung möglich sein, darf nur unter permanenter Sicht der Nadel punktiert werden.

Checkliste zur Vorbereitung von ultraschallgesteuerten Organpunktionen (E):

- Hautdesinfektionsmittel, saugfähige Unterlage, 1er- oder 2er-Injektionsnadel, 10-ml-Spritze
- 10 ml Lokalanästhetikum 1%
- spitzes Skalpell
- individuell festgelegte Punktionsnadel (Länge/Dicke)
- sterile Kompressen
- steriles Hautpflaster
- Lochtuch
- Schale mit Kochsalzlösung
- Pathologieröhrchen

in Bereitschaft sind zu halten:

- Einmalrasierer für Rasur
- steriler Schallkopfüberzug
- Analgetikum oder Sedativum (meist nicht erforderlich)

Der Schallkopf ist entweder mit einem sterilen Überzug zu versehen, um ihn vor Kontaminationen zu schützen, oder er muss nach der Punktion gemäß den Herstellerangaben desinfiziert werden.

Im Übrigen gelten die Regeln des aseptischen Vorgehens mit den üblichen Regeln zur Hautdesinfektion gemäß Hygienevorschriften.

Bei transintestinalen Punktionen soll der Patient bis zum Abend nüchtern bleiben und verschärft klinisch beobachtet werden. Das Trinken von Flüssigkeiten ist bei klinisch unauffälligem Abdomen nach vier Stunden erlaubt (A, AA/SSt-Stationspflege).

Literatur:

[1] Bravo A A, Sheth S G, Chopra S, Liver biopsy. N Engl J Med. (2001), 344, 495–500
[2] Grant A, Neuberger J, Guidelines on the use of liver biopsy in clinical practice. Gut. (1999), 45, Suppl. IV, 1–11
[3] Glaser J, Pausch J, Richtlinien der Deutschen Gesellschaft für Verdauungs- und Stoffwechselkrankheiten (DGVS) – Standards in Gastroenterology. Perkutane Leberbiopsie. Z Gastroenterol. (1995), 637–638
[4] Jacobs W H, Goldberg S B, Statement on outpatient percutanous liver biopsy. Dig Dis Sci. (1989), 34, 322–323
[5] Perrault J, et al., Liver biopsy: complications in 1.000 inpatients and outpatients. Gastroenterology. (1978), 74, 103–106

12.3 Laparoskopie

12.3.1 Erforderliche Unterlagen und technische Vorbereitung (E)

Voraussetzung ist ein hydraulisch verstellbarer, elektrisch steuerbarer Untersuchungstisch mit Kippmöglichkeit in alle Richtungen von 45° und fest anbringbaren gepolsterten Schulter-, Becken-, Arm- und Fußstützen.

Der Laparoskopieraum muss nach Anlage 1.1 der BÄK-Empfehlung einen flüssigkeitsdicht verfugten, wischdesinfektionsfesten Fußboden und einen abwischbaren, desinfizierbaren Wandbelag bis mindestens 2 m Höhe haben (s. CD-ROM).

Der Patient muss für die Laparoskopie ab Mitternacht nüchtern bleiben, er sollte vor der Untersuchung Blase und Darm entleert haben. Im ZKR führen wir die Analgosedierung erst unmittelbar vor Untersuchungsbeginn durch, ohne damit negative Erfahrungen gemacht zu haben. Die erforderlichen Unterlagen sind der folgenden Aufzählung, die technische Vorbereitung der Untersuchung den Checklisten zu entnehmen.

Checkliste erforderliche Unterlagen vor Laparoskopie:

- Patientenunterlagen mit Einverständniserklärung
- Anforderungsschein mit Indikationsstellung
- Abklärung Herzschrittmacherstatus
- Quickwert, PTT, Thrombozyten, Blutbild, nicht älter als eine Woche
- Vorbefunde, wenn vorhanden
- CT-/MRT-Bilder und -Befunde von Leber/Abdomen, wenn kürzlich durchgeführt

Checkliste zur Vorbereitung der Laparoskopie:

- permanenter Venenzugang
- Hautdesinfektionsmittel, Braunülenpflaster, Tupfer, Stauschlauch
- Neutralelektrode angebracht am Oberschenkel des Patienten
- 50–100 mg Pethidin, aufgezogen und beschriftet
- 5–10 mg Midazolam, aufgezogen und beschriftet
- Narkose-Bügel
- Laparoskopie-Trommel mit:
- einem langen 1er-Schlitztuch
- vier 4er-Tüchern
- zwei sterilen Kitteln
- zwei sterilen Handtüchern

Checkliste zur Vorbereitung des sterilen Arbeitstisches für die Laparoskopie:

- vier Tuchklemmen
- zwei Klemmen für Lichtleiterkabel und Lachgasschlauch
- Laparoskop, steril und körperwarm (z.B. zwischen Wärmflaschen) eingepackt
- Trokar und Einführhülse
- Lichtleiterkabel, Lachgasschlauch (steril)
- Veres-Nadel
- spitzes Skalpell
- sterile Schale mit 50 ml Kochsalzlösung
- sterile Schale mit 30 ml Lokalanästhetikum 1%
- zwei 10-ml-Spritzen
- eine 20-ml-Spritze
- zwei lange 1er-Nadeln
- lange Saug-Biopsie-Nadel
- Silverman-Nadel
- kleiner Arbeits-Trokar für Zusatzinstrumente
- Taststab
- Nadel, Faden und Nahtset

in Bereitschaft sind zu halten:

- Foto-Laparoskop samt Fotoapparat, Videoaufsatz, wenn keine elektronische Videolaparoskopieeinheit vorhanden
- Robbers-Zange
- perkutane True-Cut-Nadel o.Ä.
- Koagulationsstab

12.3.2 Vorbereitung des Patienten (E)

Der Patient wird in Rückenlage auf dem Laparoskopietisch gelagert und, wenn erforderlich, am Bauch rasiert. Becken oder Oberschenkel und später Arme werden fixiert, wobei dem Patienten der Sinn dieser Maßnahme erklärt wird. Die Bauchhaut wird von der Höhe des epigastrischen Winkels bis kurz oberhalb der Symphyse desinfiziert. Nach der Desinfektion wird der Patient mit vier sterilen Tüchern abgedeckt.

12.3.3 Analgosedierung und Monitoring (A)

Über eine Braunüle erhält der Patient 50 mg (unter 70 kg Körpergewicht) bis 100 mg (über 70 kg) Pethidin i.v., anschließend Midazolam langsam so titriert, dass ein leichter Schlaf einsetzt. Der Patient muss jederzeit durch Anrufen gut erweckbar sein. Der Patient wird mittels Pulsoxymeter überwacht.

12.3.4 Durchführung der Laparoskopie (A/E)

Die Laparoskopie sollte in der Regel von zwei Ärzten gemeinsam durchgeführt werden. Die ständig anwesende Assistenz muss alle Zureichungen steril durchführen.

Nach Abdecken des Patienten mit einem großen Schlitztuch wird dieses mit den Tuchklemmen fixiert.

Lokalanästhesie am Monroe'schen Punkt, unter Vorspritzen beim Vorgehen bis durchs Peritoneum. Nach kleiner Stichinzision Eingehen mit der Veres-Nadel, wobei der Patient auf Aufforderung kurz den Kopf anhebt und die Bauchdecke anspannt. Sofortige Überprüfung, ob Blut oder Darminhalt anzusaugen ist; wenn nicht, Prüfung, ob 10 ml Luft sofort verschwindet. Wenn ja, Herstellung eines Pneumoperitoneums mit 2,5–4 l Lachgas ohne Überschreiten des kritischen Drucks von 20 mm Hg. Nach Insufflation von ca. einem Liter Überprüfung der Aufhebung der Klopfschalldämpfung von Leber und Milz. Anschließend nach Lokalanästhesie am Kalk-Punkt Eingehen mit dem Trokar, wobei der Patient den Kopf anhebt und die Bauchdecke anspannt. Anschließen des Lichtleiterkabels und Einführen der Optik. Beurteilung der Lage der Veres-Nadel, des gesamten Bauchraumes, der Leber etc.

Bei Durchführung einer Mini-Laparoskopie wird das Pneumoperitoneum primär am Kalk'schen Punkt angelegt und nach Herstellung des Pneumoperitoneums von dort aus die innere Nadel gegen das Sichtgerät mit Okular ausgetauscht.

Die Leber wird nach folgenden Gesichtspunkten makroskopisch untersucht:

- Aussehen der Kapsel (Zuckergussleber, Gefäßinjektion, Verwachsungen etc.)
- Farbe
- Größe
- Oberfläche
- Unterkante
- Läppchenzeichnung
- Konsistenz
- Fokale Prozesse
- Ligamente mit Blut- und Lymphgefäßveränderungen
- außerdem Beurteilung von Milz, Peritoneum, Netz, kleinem Becken, Magen, Darm

Wenn Gewissheit über Blutungsstillstand nach Punktion herrscht, wird zunächst alles Zusatzinstrumentar entfernt, dann das Laparoskop unter Belassung der Hülse. Durch das geöffnete Trompetenventil wird der Taststab in die Bauchhöhle geführt, sodass das intraabdominelle Hülsenende überragt wird. So wird das Pneumoperitoneum langsam abgelassen. Danach Entfernung von Hülse und Taststab. Hautnaht, Pflasterversorgung. Stündliche Kreislaufüberwachung des meist wachen Patienten auf der Station über acht Stunden.

12.3.5 PE-Entnahme und Blutstillung (A)

Die PE-Entnahme kann entweder durch ein Operationslaparoskop mit der Menghini-Nadel, bei Neoplasien mit der Robbers-Zange oder über einen neuen perkutanen Zugang mit oder ohne Trokar, z.B. mit der Silverman-Nadel oder einer perkutanen Stanznadel, erfolgen. Ggf. Blutstillung durch gezielten lokalen Druck mit dem Taststab oder Koagulation mit der Koagulationssonde (hier Verwendung von Soft-Koagulation) oder starrer Argon-Beamer-Sonde. Bei der Mini-Laparoskopie soll vor Eingehen mit der PE-Nadel nach Lokalanästhesie und Stichinzision parallel seitlich daneben ein Arbeitstrokar mit eingeführtem Koagulationsstab angelegt sein, um im Fall einer Blutung sofort Kompression und Koagulation durchführen zu können, ohne Zeit und Übersicht zu verlieren [6].

12.3.6 Befunddokumentation (A)

Alle Untersuchungsschritte, vorgenommenen Maßnahmen, Komplikationen und Gegenmaßnahmen sowie die erforderliche unmittelbare und spätere Nachsorge müssen schriftlich festgehalten werden samt dem Untersuchungsbefund.

Literatur:

[1] Appropiate use of gastrointestinal endoscopy (2000). ASGE Procedure Manual

[2] Beck K, Dischler W, Oehlert W (1980), Farbatlas der Laparaskopie, 2. Aufl. Schattauer, Stuttgart, New York

[3] Bravo A A, Sheth S G, Chopra S, Liver biopsy. N Engl J Med. (2001), 344, 495–500

[4] Grant A, Neuberger J for the British Society of Gastroenterology, Guidelines on the use of liver biopsy in clinical practice. Gut. (1999), 45, Suppl. IV

[5] Helmreich-Becker I, Minilaparaskopie in der Leberdiagnostik – ein Vorteil? Z Gastroenterol. (2001), 39, Suppl. 1, 7–9

[6] Helmreich-Becker I, persönliche Mitteilung

[7] Henning H (1997), Diagnostische Laparaskopie. In: Leitlinien der DGVS. 2. Aufl., 133–136. Demeter, Balingen

[8] Saeian K, Reddy K R, Diagnostic laparoscopy: an update. Endoscopy. (1999), 31, 103–109

13 Befunddokumentation, Befundübermittlung und Datenschutz

13 Befunddokumentation, Befundübermittlung und Datenschutz

13.1 Befunddokumentation und Übermittlung endoskopischer Befunde an die Zuweiser

Ziele der Befunddokumentation:
- Prägnanz/Verständlichkeit
- Vollständigkeit
- exakte Terminologie
- schnelle Übermittlung und eindeutige Lenkung
- Leserlichkeit
- statistische Auswertbarkeit
- Reproduzierbarkeit durch sichere Archivierung

Die Ziele der Befunddokumentation gehen aus der obigen Aufzählung hervor. Zur Befunddokumentation werden je nach Abteilung interne Dokumentationsbögen, kommerzielle Dokumentationsbögen, handschriftliche oder maschinengeschriebene Freitexte oder EDV-Dokumentationssysteme verwandt.

Die allgemeinen Anforderungen an Befunddokumentationsformulare sind Kapitel 2.4.2 zu entnehmen.

Die speziellen Anforderungen an die Dokumentation sind in den angeführten Kapiteln erwähnt:
- Gastroskopie Kapitel 5.1.4
- Koloskopie Kapitel 6.2.5
- Polypektomie Kapitel 7.5
- Operative Endoskopie Kapitel 9.11
- ERCP Kapitel 11.5
- Biopsieentnahme Kapitel 5.2

Unter Beachtung dieser Gesichtspunkte sind die Kriterien der Vollständigkeit und z.T. der Prägnanz erfüllt.

Bezüglich einer prägnanten Terminologie, statt schwammiger subjektiver Begriffe, sollten die Terminologie-Leitlinien der DGVS [2] oder die OMED-Klassifikation [5, 10] eingehalten werden. Im Anschluss an eine Befundbeschreibung sind zusammenfassende Diagnosen zu stellen, evtl. unter Verwendung des ICD-Schlüssels. Alle endoskopischen, diagnostischen (z.B. HP-Schnelltest, Chromoskopie etc.) und therapeutischen Maßnahmen müssen erwähnt und die dazu verwandten OPS-Schlüssel dokumentiert werden. Besonders zu dokumentieren sind Bereiche schlechter Beurteilbarkeit, z.B. durch Verschmutzung, Speisereste, mangelnde Luftinsufflation etc.

Weiterhin sind die intrainterventionellen Komplikationen und ihre endoskopischen Behandlungsmaßnahmen festzuhalten. Sie sind anschließend dem Qualitätsbeauftragten für die Komplikationsstatistik mitzuteilen. Empfohlene Kontrollintervalle pathologischer Befunde oder im Rahmen der Nachsorge werden ebenfalls dokumentiert.

Alle Endoskopiebefunde werden in unserer Klinik im Rahmen der Ergebnisqualitätssicherung vom Oberarzt oder seinem Vertreter gegengelesen, auf Vollständigkeit und sachliche Richtigkeit geprüft und ggf. korrigiert mit Rückfragen beim Primärverfasser.

Je nach verwandter Dokumentationsmethode empfiehlt sich in der Klinik zur schnellen Befundübermittlung entweder eine notizartige handschriftliche Kurzfassung mit späterer Erstellung des endgültigen Befundes oder auch die sofortige Erstellung des Gesamtbefundes. Sehr gravierende Befunde oder Komplikationen, die sofortige bis dato nicht erwartete Konsequenzen haben (sofortige Krankenhauseinweisung, Übernahme auf die Intensivstation, Notoperation etc.), müssen dem zuweisenden Hausarzt oder Stationsarzt sofort telefonisch mitgeteilt werden, damit dieser informiert ist. Auch darf unter solchen Umständen die Benachrichtigung von Angehörigen des Patienten nicht versäumt werden.

Alle Befunde müssen dem Zuweiser zugehen, eine Kopie der Endoskopieabteilung zur Archivierung im Krankenhaus, eine weitere dem untersuchenden Arzt. Günstig für die Dokumentation ist die Verwendung eines kommerziellen elektronischen Dokumentationssystems [1]. Leserlichkeit, Prägnanz, Verwendung einer anerkannten Terminologie sind dann gewährleistet.

Spätestens ab 2003 soll gemäß Absatz 6.3 der Empfehlung der Bundesärztekammer (s. CD-ROM) die maximale Reichweite einer Endoskopie per Bilddokumentation erfasst werden. Für relevante pathologische Befunde reicht die histologische bzw. zytologische Dokumentation.

Die ESGE hat eine interessante Empfehlung zur bildlichen Dokumentation der Vollständigkeit von Gastroskopien und Koloskopien mit jeweils acht Fotos gegeben. Dies ist aus Kostengründen m.E. nur in einem elektronischen Speichermedium möglich [7].

Therapeutische Interventionen sind entweder histologisch (z.B. Polypektomie) oder auch bildlich festzuhalten.

Alle Bilddokumente sind gemäß den gesetzlichen Bestimmungen aufzubewahren.

Für die ab dem Jahr 2003 von der Bundesärztekammer empfohlene anonymisierte Dokumentation für statistische Auswertungen ist bei fehlender EDV-Dokumentation und -Auswertung ein Controlling-Bogen zu führen, u.a. mit präinterventioneller Diagnose, Indikation, Prämedikation, Endoskopie-Nummer, Art der Endoskopie, Gerätetyp etc. (Genaues s. auf CD-ROM die BÄK-Empfehlung, dort Kap 6.1 und Anlage 2 „Basisdokumentation").

13.2 Datenfluss von Endoskopiebefunden

Der Datenfluss von Endoskopiebefunden muss klar geregelt sein. Am einfachsten ist er bei einer EDV-Erstellung samt EDV-Bilddokumentation. Der Befund ist kurze Zeit nach Endoskopieende komplett fertig und kann sowohl im ambulanten als auch stationären Bereich zur Weitergabe an den zuweisenden Haus-/Stationsarzt mitgegeben werden. So kann der ambulante Patient den Befund nach einer interventionellen Endoskopie über Nacht verwahren und ihn bei einer evtl. nächtlichen Komplikation zur näheren Information dem versorgenden Arzt geben. Eine Prozessbeschreibung für den Datenfluss bei Papier-Dokumentation ist in Tabelle 13.1 angegeben.

13.3 Befundübermittlung an den Pathologen

Der Pathologe braucht für die Beurteilung klinische Daten, die für die Qualität der Kommunikation zwischen Pathologen und Endoskopiker ausschlaggebend sind.

Wichtige Angaben für den Pathologen:

- Anamnese
- Symptome
- klinischer Befund
- endoskopischer Befund
- topographische Zuordnung
- Laborwerte (besonders bei Leberbiopsaten)
- Befunde anderer bildgebender Verfahren
- Anzahl der Biopsiepartikel
- Befundnummer früherer Einsendungen

Tabelle 13.1
Prozessbeschreibung und Lenkung der Befunddokumente (Beispiel bei Papierdokumentation)

Dokument	Stationärer Patient	Ambulanter Patient (Praxis)
Handschriftlicher Kurzbefund	• wird mit den Unterlagen auf Station mitgegeben, Nachsorge durch Handkürzel der Schwester beachten • wird auf der Station vom Stationsarzt gelesen (Handkürzel), ins Sortierfach gelegt, ggf. Anordnungen nach Befund • Schwester ordnet Befund in Patientenakte (am Empfangstag)	• oder Doppel des Originals wird Patient mitgegeben (für Notfälle).
Anruf an Zuweiser	• sofort in dringlichen Fällen	• dto.
Ausführlicher Befund	• wird vom Arzt sofort diktiert, nach Fertigstellung durch Schreibkraft korrigiert, vom OA kontrolliert, unterschrieben, Rückgabe Schreibzimmer (klares Zeitfenster vorgegeben) • Original wird von Schreibkraft datenschutzsicher ins Stationsfach gelegt, je 1 Kopie für Endoskopiearchiv und Untersucher • Kenntnisnahme durch Stationsarzt und Pflegekraft (Handkürzel), Einordnung in Patientenakte (am Empfangstag)	• wird noch in der Erholungsphase des Patienten erstellt, dann u.U. Mitgabe an Patienten • oder wird später am gleichen Tag erstellt • wird von Schreibkraft zur Post gegeben (gleicher Tag) oder gefaxt, Achivkopie verbleibt im Sekretariat, bis Histologie eingetroffen ist
Befunddurchschlag	• Einordnung ins Endoskopiearchiv nach Erhalt und zusammen mit der Histologie	• dto.
Histologiebefund	• wird Stationsarzt mit fachlichem Kommentar von CA/OA übergeben (Tag nach Eintreffen) • Einordnung in Patientenakte durch Pflegekraft nach Übergabe und Handkürzel durch Stationsarzt, ggf. Anordnung durch Arzt	• wird bei fehlenden Konsequenzen HA ohne, sonst mit fachlichem Kommentar zugesandt (Tag des Eintreffens)
Histologiedurchschlag	• wird nach Handkürzel des CA/OA von Schreibkraft in Endoskopie gebracht, dort zusammen mit Befund abgeheftet (gleicher Tag)	
HP-Schnelltest	• wird von geschulter Assistenzkraft innerhalb von 24 Stunden abgelesen, Ergebnis auf Befund nachgetragen und telefonisch der Station hochgegeben, dort Eintrag in Patientenakte und Information des Arztes durch Pflegekraft	• wird von geschulter Assistenzkraft innerhalb von 24 Stunden abgelesen, auf Archivkopie nachgetragen und HA mit Histologiebefund schriftlich mitgeteilt

Er braucht diese Angaben umso mehr, je unklarer die Erkrankung ist. Maligne Vor-/Begleiterkrankungen oder Bestrahlungen im biopsierten Bereich sind von Bedeutung. Die Mitgabe eines endoskopischen Fotos der biopsierten Stelle ist u.U. hilfreich für den Pathologen [8].

13.4 Befundübermittlung vom Pathologen, Konsequenzen aus histologischen Befunden

13.4.1 Zeitrahmen

Grundsätzlich ist eine möglichst kurze Wartezeit für die histologischen Ergebnisse wünschenswert. Dies bedeutet, dass ein möglichst zeit- und kosteneffizienter Transport des Biopsiematerials von der Endoskopieabteilung zur pathologischen Untersuchung organisiert und in einer Verfahrensanleitung festgehalten sein sollte.

Viele pathologische Institute sind zu einem kostenlosen Vorab-Fax-Service für die zusammenfassende histologische Diagnose bereit. Dies ermöglicht, dass in der Regel 24 Stunden nach Präparateabgabe in der Pathologie ein Kurzbefund vorliegt. Einen Werktag später folgt dann der ausführliche Befund. Bei ungünstiger Zeitdauer zwischen Probenabgabe und Befundempfang müssen Endoskopie und Pathologie im Zuge der Qualitätsverbesserung zu einer Optimierung ihrer Schnittstelle kommen.

13.4.2 Konsequenzen aus histologischen Befunden

Viele histologische Befunde in der Gastroenterologie haben Konsequenzen wie z.B. Kontrolluntersuchungen, Nachresektionen etc. zur Folge. Zum Teil sind den zuweisenden Ärzten die Konsequenzen bekannt. In speziellen Fällen muss aber mit diesen und auch mit dem Patienten Kontakt aufgenommen werden, um die notwendigen Folgemaßnahmen in die Wege zu leiten. Aus diesem Grund müssen alle histologischen Befunde vom endoskopierenden Arzt fachkundig bewertet werden und zwecks erforderlicher weiterer Maßnahmen zur Kontaktaufnahme mit dem Arzt führen, der den Patienten betreut. Wie die Bewertung inhaltlich und organisatorisch erfolgt und wie weitere Maßnahmen in die Wege geleitet werden, muss jede Endoskopieeinheit klar für sich festgelegt haben. Die Verantwortung für die erforderliche Kommunikation liegt in der Praxis bei dem Arzt, der die Endoskopie durchgeführt hat, im Krankenhaus meist bei dem ärztlichen Leiter der Endoskopieabteilung. Bei Verständnisproblemen oder Diskrepanzen zwischen Histologie und endoskopischem Befund hat der Endoskopiker Rücksprache mit dem Pathologen zwecks Erörterung und evtl. Vereinbarung des weiteren Vorgehens zu nehmen.

13.4.3 Negative Histologie bei dringendem Karzinomverdacht

Ein besonderer Fall ist die negative Histologie bei erwartetem Malignombefund. Solchen Fällen muss weiter nachgegangen werden, mit der Frage einer Reendoskopie zur erneuten Probengewinnung oder dem Vorschlag einer alternativen diagnostischen Methode zur Biopsiegewinnung. Ärzte, die in unserer Klinik einen malignen Befund erwarten, sind angewiesen, auf dem Endoskopiebefund bereits zu vermerken: „Bei negativer Histologie bitte Rücksprache bzw. umgehende endoskopische Kontrolle“, damit der zuweisende Arzt aus der negativen Histologie keine falschen Schlüsse zieht und dringend erforderliche weitere Untersuchungen nicht unterbleiben. Ggf. hat der endoskopierende Arzt auch hier durch Kontaktaufnahme mit Zuweiser, Pathologen und evtl. auch dem Patienten für die Durchführung weiterer diagnostischer Maßnahmen zu sorgen.

Jeder Endoskopiker muss solchen Zweifelsfällen nachgehen. Eine standardisierte Umgehensweise für diese Fälle sollte in jeder Endoskopieabteilung festgelegt werden. Wir haben in unserer Klinik die obige Bemerkung vereinbart.

13.5 Befundübermittlung an den Patienten

Jeder Patient ist über sein Befundergebnis vom Arzt aufzuklären. Dies hat in einer für einen Laien verständlichen Sprache zu erfolgen. Die Befundbesprechung soll wegen der anterograden Amnesie nicht unmittelbar nach einer Endoskopie mit Sedierung erfolgen, es ist dann ein gesonderter Termin erforderlich.

Am besten erfolgt die Befundbesprechung bei ambulanten Patienten in einem von der Endoskopie separierten Raum. Ist ein wesentliches Ergebnis erst durch die histologische Untersuchung zu erwarten, sollte der Besprechungstermin erst nach deren Fertigstellung vereinbart werden. Selbstverständlich kann die Ergebnisbesprechung auch durch den zuweisenden Arzt erfolgen, sobald diesem alle Ergebnisse vorliegen und das weitere Vorgehen geklärt ist (Medikamente, Kontrollen, Operation etc.).

Insbesondere für die Mitteilung von Befunden von enormer Bedeutung (Malignome, erforderliche Eingriffe o.Ä.) sollte ausreichend Zeit und eine ruhige Atmosphäre vorliegen. Im Krankenhaus erfolgt in der Regel die Aufklärung über den Befund durch den Stationsarzt. Bei ungenügenden Kenntnissen zum Krankheitsbild oder dem weiteren Vorgehen muss dieser einen erfahrenen Fachkollegen zu Rate ziehen.

Ob die Befundbesprechung zufrieden stellend ist, kann z.B. in einer Patientenbefragung (s. CD-ROM) ermittelt werden (s.a. Kap. 17.4).

Bei der Erstdiagnose einer chronischen gastroenterologischen Erkrankung sollte der Patient unbedingt auch mit schriftlichem Informationsmaterial versorgt und über die Existenz von Selbsthilfegruppen aufgeklärt werden.

13.6 Befundarchivierung und Datenschutz

Art und Ort der Befundarchivierung sind in jeder Endoskopieabteilung exakt festzulegen. Sie hat so stattzufinden, dass sie vollständig ist, Befunde Befugten leicht und Unbefugten nicht zugänglich sind, sodass der Datenschutz gewährleistet ist. Die Archivierung hat so zu erfolgen, dass kein Datenverlust und keine nachträgliche Datenveränderung möglich sind. Nachträglich erforderliche Änderungen (z.B. Revision einer Diagnose) müssen als solche erkennbar sein.

Die Aufbewahrungsfristen von Daten richten sich nach den gesetzlichen Vorgaben, diese liegen für

- Behandlungsunterlagen von Kassenärzten bei 10 Jahren nach Behandlungsende
- Röntgenbefunde bei 10 Jahren
- Röntgenaufnahmen bei 10 Jahren
- Anwendung von Blutprodukten bei 15 Jahren
- Krankenhausunterlagen bei bis zu 30 Jahren

Bei ausschließlich elektronischer Archivierung sind zahlreiche Probleme zu beachten, deren Lösung aber weiter fortschreitet. Solche Probleme sind u.a. die sichere Zugangskontrolle, die Lebensdauer von Datenträgern, eine angemessene Datensicherung, die Kompatibilität mit neuer Software und die sichere Verhinderung nachträglicher Datenveränderung [4].

Die genaueren Umstände, durch die der Datenschutz gewährleistet ist, sind schriftlich festzulegen und zu aktualisieren. Arzthelferinnen sind zweimal im Jahr über die Verschwiegenheitspflicht aufzuklären.

Checkliste zur Datenschutzqualität:

- Sind die Mitarbeiter mit Zugangsberechtigung zu Patientendaten eindeutig benannt?
- Wie ist die Zugangsberechtigung gesichert (Passwort, Schlüsselrecht o.a.)?
- Wie ist gesichert, dass Unberechtigte keinen Datenzugang haben (Passwort, Verschluss, fehlende Einsehbarkeit bzw. räumliche Trennung vom Publikumsverkehr)?
- Wie ist der Datenschutz bei der Übermittlung von Patientendaten gesichert?
- Wie und von wem wird die Zugangsberechtigung gepflegt, auf dem Laufenden gehalten?
- Erfolgt regelmäßig eine dokumentierte Aufklärung der Mitarbeiter zum Patientengeheimnis?

Literatur:

[1] Allescher H D (1998), Elektronische Datenverarbeitung (Text- und Bilddokumentation, Befunderstellung). In: Frühmorgen P (Hrsg.), Gastroenterologische Endoskopie, 16–24. Springer, Berlin, Heidelberg, New York

[2] Heldwein W, Rösch T, Endoskopische Terminologie – Leitlinie der DGVS. Z Gastroenterol. (1999), Suppl. 3

[3] Ehlers A P F, Aufbewahrungsfristen. Praxis-Erfolg. (2001), 21

[4] Kupka M S, EDV-Dokumentation in Klinik und Praxis. Gynäkologe. (2000), 33, 460–461

[5] Maratka Z (1994), Terminology, definitions and diagnostic criteria in digestive endoscopy. Normed, Bad Homburg

[6] Quality improvement of gastrointestinal endoscopy: guidelines for clinical applications. From the ASGE. Gastrrointest Endosc. (1999), 49, 842–844

[7] Rey J-F, ESGE Recommendations for quality control in gastrointestinal endoscopy. Endoscopy. (2001), 33, 901–903

[8] Stolte M (1999), Gastroenterologie und Pathologie: Wann, wo und wie punktieren und biopsieren? In: Frühmorgen P (Hrsg.), Gastroenterologische Endoskopie, 67–92. Springer, Berlin, Heidelberg, New York

[9] Wendland H, Weg mit den alten Akten. Hausarzt. (2001), 38, 27

[10] Minimal standard terminology for a computerized endoscopic database. (Deutsche Übersetzung) Gastrointestinale Endoskopie – Minimal Standard Terminologie. http://www.omed.org (23. 4. 2002)

14 Notfallmanagement, Komplikationen bei und nach Endoskopien

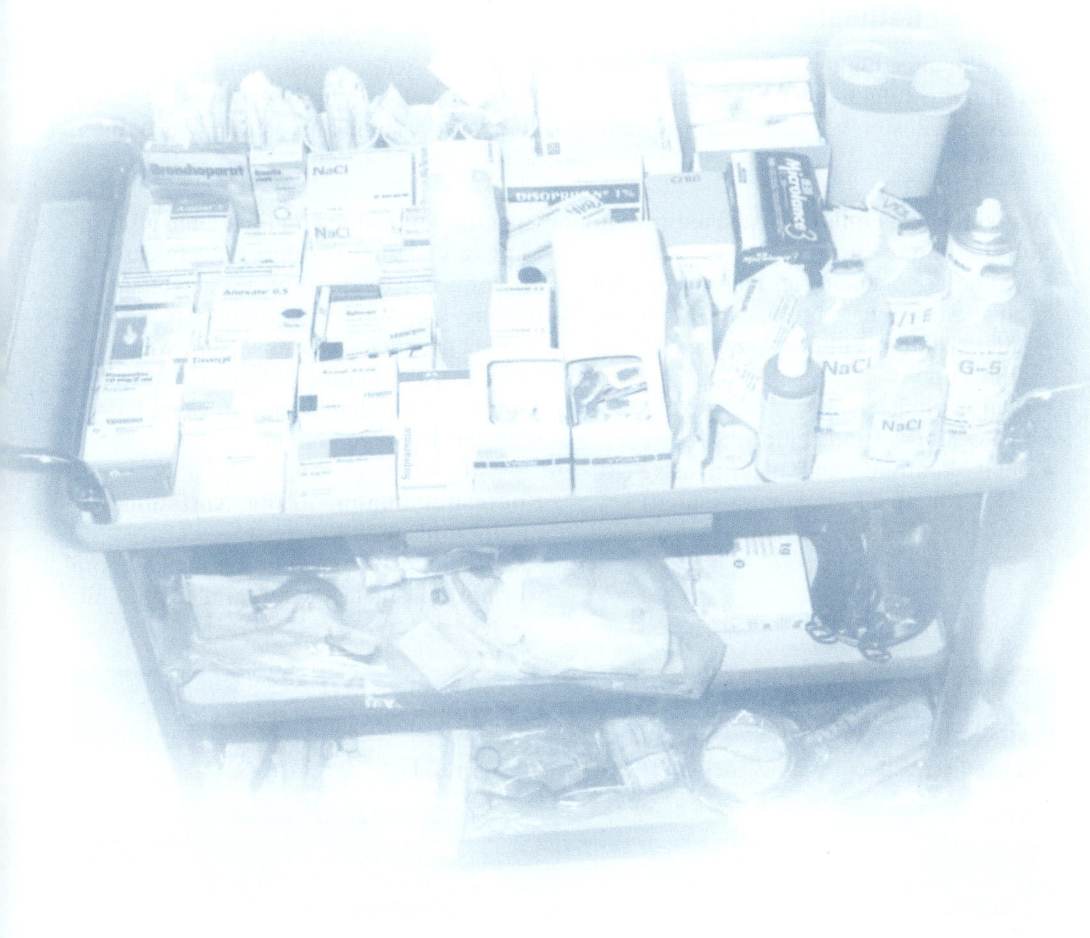

14 Notfallmanagement, Komplikationen bei und nach Endoskopien

14.1 Notfallmaßnahmen in der Endoskopie

14.1.1 Apparative und medikamentöse Ausrüstung für Notfallmaßnahmen

Zur adäquaten Beherrschung von Notfällen sind die aufgeführten apparativen und medikamentösen Voraussetzungen erforderlich.

Medizinisch-technische Ausrüstung für Notfälle in der Endoskopie
Notwendige medizinisch-technische Notfallausrüstung einer Endoskopieabteilung:

- Manschetten-Blutdruckmessgerät, Stethoskop
- Pulsoxymeter
- EKG-Monitor mit Defibrillator
- evtl. kontinuierlich nichtinvasive RR-Messung (bei Notfallendoskopien)
- Sauerstoffanschluss in jedem Endoskopieraum
- mobiles Sauerstoffinsufflationsgerät für Transporte (im Krankenhaus)

Für Endoskopieabteilungen mit sehr nahe beieinander liegenden Räumlichkeiten und problemlosen Wegen kann die Notfallausrüstung z.B. auf einem einzigen fahrbaren Notfallwagen untergebracht sein, der die erforderliche Ausrüstung beherbergt. Bei weiter auseinander liegenden Räumlichkeiten muss jeweils vor Ort eine komplette Notfallausrüstung vorhanden sein.

Über die Ausrüstung im Einzelnen gibt Anhang 3 Auskunft. Die dort aufgeführte Liste kann auch zur Vollständigkeitsüberprüfung verwendet werden. Sie ist entsprechend den wissenschaftlichen Erkenntnissen und Empfehlungen zu aktualisieren und mit dem Datum der letzten Aktualisierung zu versehen.

Kontrollmaßnahmen für Notfallinstrumente und -medikamente
Alle Notfallinstrumente und -medikamente werden in festgelegten Intervallen auf Voll-

Tabelle 14.1
Kontrollintervalle für Notfallinstrumente und Notfallmedikamente

Kontrollintervall	Notfallausrüstung
täglich	Laryngoskop, EKG-Defibrillator
3-monatlich	Notfallmedikamente
3-monatlich	Ambu-Beutel, Atemmasken, Tuben
jährlich, mit dem Apotheker (Krankenhaus)	alle Medikamente
nach jedem Notfall	Ersatz aller verbrauchten Materialien/Medikamente

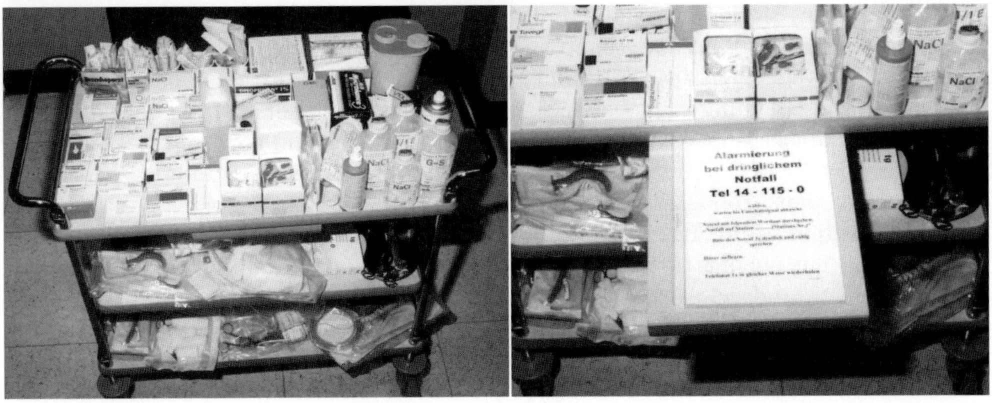

Abb. 14.1: Der Notfallwagen: Unabdingbares Muss jeder Endoskopieabteilung. Auf einem Ausziehtablett findet sich in großen Buchstaben die Reanimationsteam-Rufnummer mit Anweisung zum Vorgehen.

ständigkeit, Funktionstüchtigkeit bzw. Verfallsdatum durch eine benannte Assistenzkraft überprüft. Diese Prüfungen werden mit Namen und Datum dokumentiert und archiviert, ebenso die Ergebnisse der Apothekerbegehung nach § 14 Apothekengesetz/§ 32 Apothekenbetriebsordnung.

Bei Verbrauch, Verlust oder Defekt von Atemmaske, Ambu-Beutel, Laryngoskop oder Tuben sind diese sofort zu ersetzen. Nach einem Notfalleinsatz müssen alle verbrauchten Materialien sofort ersetzt werden.

14.1.2 Personelle Qualifikation und Schulungsmaßnahmen für Notfälle in der Endoskopie

Notwendige Qualifikation

- Das ärztliche Personal in der Endoskopie muss nachweisbar intensivmedizinisch erfahren sein (s.a. Kap. 15.1) einschließlich aller Maßnahmen zur Intubation und Reanimation.
- Das Assistenzpersonal muss in Wiederbelebungsmaßnahmen geschult sein. In der Ausbildung zur Endoskopiefachpflegekraft oder Facharzthelferin [1, 2] ist zwar die Notfallsituation auch Bestandteil der Ausbildung, trotzdem muss die Qualifikation zur Beherrschung von Notfallsituationen durch regelmäßigen Unterricht und praktische Übungen aufrechterhalten werden.

14.1.3 Vorgehen beim Eintritt von Notfällen (A-E)

Beim Eintritt von Notfällen soll das Vorgehen durch Beherrschung des Notfalles klar strukturiert sein. Im ZKR existieren folgende Verfahrensanweisungen:

- **Anzahl der Helfer bei Notfällen**
  Tritt ein Notfall ein, soll nach Möglichkeit eine dritte Hilfsperson (Arzt oder Assistenzkraft) dazugerufen werden, wenn nur ein Arzt und eine Assistenzkraft im Endoskopieraum sind. Notfallwagen und Defibrillator werden von einer Assistenzkraft geholt, wenn nicht schon im Raum.
- **Vorgehen bei schwerer respiratorischer Insuffizienz/Atemstillstand**
  Der Arzt entscheidet über folgende Maßnahmen und leitet sie ggf. ein: nasale Sauerstoffgabe, Gabe von Fluma-

zenil/Naloxon, Maskenbeatmung, Intubation, künstliche Beatmung über Tubus. Die Anweisungen des Arztes müssen klar und eindeutig sein. Das Assistenzpersonal assistiert entsprechend den Anweisungen des Arztes.

- **Vorgehen bei Herzstillstand und kombiniertem Atem-/Herzstillstand**
  Der Arzt entscheidet über folgende Maßnahmen und leitet sie ggf. ein: Herzdruckmassage, Maskenbeatmung, Intubation, Gabe von Suprarenin oder anderen Medikamenten, evtl. Defibrillation. Die Anweisungen des Arztes müssen klar und eindeutig sein. Das Assistenzpersonal assistiert entsprechend den Anweisungen des Arztes.
- **Ruf des Reanimationsteams/Notarztes**
  Gibt es Probleme bei der Intubation, Beatmung, Reanimation, so hat der Arzt frühzeitig die Verständigung des Reanimationsteams durch eine Assistenzkraft zu veranlassen. Bis zu dessen Eintreffen wird der Patient bei Asystolie mit Herzdruckmassage und Maskenbeatmung mit 6 l Sauerstoff behandelt. Die Notrufnummer des Reanimationsteams muss jedem Mitarbeiter der Endoskopieabteilung bekannt sein, sie muss an leicht erkennbaren Orten, z.B. am Notfallwagen, in gut erkennbaren, ausreichend großen Zahlen dokumentiert sein. In der Regel soll jeweils dreimal über die Rufanlage klar und deutlich mitgeteilt werden, an welchem Ort das Reanimationsteam benötigt wird.
  In Praxen muss die Rufnummer des Notarztes jederzeit verfügbar sein.
- **Vorgehen bei schwerer gastrointestinaler Blutung**
  Siehe Kapitel 9.1.1.
- **Nichtärztliche Maßnahmen in Notfällen**
  Befindet sich eine Assistenzkraft allein mit einem Patienten in einer Notfallsituation, so darf sie alle Maßnahmen, die sie beherrscht und die zum Erhalt des Lebens unmittelbar notwendig sind, selbst ergreifen. Wenn möglich soll sofort eine zweite Person zu Hilfe gerufen werden, die auch als medizinischer Laie weitere Hilfe oder das Reanimationsteam der Anästhesie bzw. in der Praxis den Notarzt benachrichtigen kann.
- **Ausmaß der Notfalltätigkeit in der Endoskopieabteilung, Transportmaßnahmen**
  Bei einer Notfallsituation soll nur die unmittelbar notwendige Versorgung des Patienten in den Räumen der Endoskopie stattfinden (Intubation, Beatmung, Herzdruckmassage, Defibrillation). Nach Stabilisierung des Patienten oder wenn eine anhaltende Stabilisierung nicht möglich ist, soll die sofortige Verlegung auf die Intensivstation bzw. ins Krankenhaus per Notarztbegleitung zur weiteren Behandlung und Überwachung erfolgen. Innerhalb eines Krankenhauses muss die möglichst rasche Verlegung eines Notfalls auf die Intensivstation organisatorisch optimal geregelt sein (Schlüssel für Vorfahrtfahrstuhl, handliches transportables Sauerstoffgerät etc.). Die Verlegung auf die Intensivstation muss immer in Begleitung eines Arztes und mindestens einer examinierten Pflegekraft vorgenommen werden.

14.1.4 Schulungen des Assistenzpersonals für Notfallsituationen

Einmal pro Halbjahr muss das Assistenzpersonal von einem Arzt, der das endoskopische Spektrum der Abteilung beherrscht und seine komplette intensivmedizinische Zeit hinter sich hat, für Notfälle geschult werden. Themen der Schulung sind:

- **Prophylaktische Maßnahmen zur Vermeidung von Notfallsituationen**
  Verfahrensanweisung für Monitoring und Sauerstoffgabe während der Endo-

skopie (Kap. 4.2.8) und der Nachsorge sedierter Patienten (Kap. 4.2.9) Verfahrensanweisung zur Überwachung von Patienten mit Herzschrittmacher oder Cardioverter/Defibrillator (Kap. 8.3.1 und 8.3.2)

- **Erkennung von Situationen mit erhöhter Patientengefährdung durch Sedierung**
  bei hohem Alter, schweren Herz- und Lungenkrankheiten, vorhandener Atemnot jeglicher Ursache, im Schock, bei Bewusstseinstrübung, bei Patienten mit ausgeprägter Sedierung und/oder Analgesie nach Beendigung unangenehmer endoskopischer Manöver (Endoskopieende, Auflösung einer Schleife bei der Koloskopie etc.).
- **Erkennung von Situationen mit erhöhter Patientengefährdung durch Aspiration**
  bei oberer gastrointestinaler Blutung, Bewusstseinstrübung, großen Sekretmengen im Magen, oberer Endoskopie in Rückenlage.
- **Klinisches Monitoring**
  Siehe Kapitel 4.2.8.
- **Vorgehen beim Eintritt von Notfällen**
  Siehe Kapitel 14.1.3
- **Praktische Reanimationsübungen**
  Diese sind ebenfalls Bestandteil der Notfallschulungen und sollen nach vorheriger theoretischer Besprechung an einer Patientenpuppe durchgeführt werden. Im ZKR finden diese Übungen unter Leitung der Anästhesieabteilung statt.

Dokumentation von Notfallschulungen
Alle Notfallschulungsmaßnahmen müssen mit Datum, Themen, Namen der Teilnehmer und des Referenten schriftlich dokumentiert und an im QHB genannter Stelle archiviert werden (s. Kap. 17.5).

14.1.5 Prozess- und Ergebnisqualität des Notfallmanagements

Jede Notfallmaßnahme (Intubation, Reanimation etc.) muss nach ihrer Beendigung mit den beteiligten Mitarbeitern durchgesprochen und auf Mängel oder verbesserungswürdige Aspekte hin überprüft werden. Strukturelle Mängel müssen in Qualitätszirkelbesprechungen zu einer Verbesserung der Leitlinien führen, personelle Defizite zu neuen Notfallschulungsmaßnahmen.

In solchen Besprechungen zeigte sich im ZKR der Mangel, dass in Notfallsituationen durch fehlende klare Anweisungen des Arztes ein strukturiertes Vorgehen gelegentlich nicht erfolgte. Die geschaffene Verfahrensanweisung beim Eintritt von Notfällen (Kap. 14.1.3) und der ausschließliche Einsatz notfallerfahrener Ärzte in der Endoskopie änderten diesen Mangel.

14.2 Komplikationen bei und nach Endoskopien

Komplikationen sind prinzipiell mögliche Folgen endoskopischer Maßnahmen. Sie sollen daher durch Offenlegung einer sachlichen Erörterung zugänglich gemacht werden, um die Komplikationsrate ggf. durch kontrollierte Verfahrensänderungen möglichst niedrig zu halten oder um neu auftretende Komplikationsarten frühzeitig zu erkennen.

Somit muss jede intraendoskopische Komplikation, ebenso wie die evtl. ergriffenen Maßnahmen zu ihrer Behandlung, im Befundbericht möglichst exakt und ausführlich festgehalten werden. Postendoskopische Komplikationen müssen in den Befundunterlagen des Patienten dokumentiert werden [5].

Die möglichst komplette Erfassung postinterventioneller Komplikationen erfordert die aktive Nachbeobachtung von Patienten über einige Tage. Für die Post-ERCP-Pankreatitis haben wir eine aktive Nachbeobachtung über 24 Stunden eingeführt.

Im ZKR besteht neben der Dokumentation intraendoskopischer Komplikationen im Befund bzw. den Patientenunterlagen auch die Verpflichtung, im Rahmen von Endoskopien aufgetretene Komplikationen mündlich und auf einem Formblatt (s. CD-ROM) dem Qualitätsbeauftragten anzuzeigen. Diese Meldung kann von jeder Person erfolgen, die Umgang mit dem Patienten hat. Insbesondere der Arzt, der die Endoskopie durchgeführt hat, ist zur Meldung verpflichtet, wenn er davon Kenntnis erhalten hat.

Komplikationsstatistik

Komplikationen während Endoskopien oder später auftretende Komplikationen aufgrund erfolgter endoskopischer Eingriffe müssen in einer so genannten Komplikationsstatistik aufgeführt werden. Die Komplikationsstatistik wird durch den Qualitätsbeauftragten der Endoskopie geführt und ist mindestens einmal pro Jahr mit allen Mitarbeitern der Endoskopieabteilung zu besprechen. Dabei muss jeweils überlegt werden, ob Konsequenzen zur Vermeidung ähnlicher Komplikationen möglich sind. Solche Konsequenzen müssen dann beschlossen werden, in die Qualitätsstandards eingehen und auf ihre Validität hin überprüft werden.

Kommt es während eines Jahres zur Häufung einer Komplikationsart, so müssen auch zwischenzeitlich entsprechende strukturelle oder personelle Konsequenzen gezogen werden. Hierauf hat der Qualitätsbeauftragte zu achten.

Die Komplikationsstatistik soll enthalten:

- Initialen des Patienten
- Alter des Patienten
- Art des Eingriffs
- Art der Komplikation
- Behandlung der Komplikation
- Ausgang der Komplikation (Tod, Restitutio ad integrum, Defektheilung)
- Namen der an der Endoskopie beteiligten Ärzte und des Assistenzpersonals

Bei der Erörterung der Komplikationsstatistik soll u.a. besprochen werden, ob die jeweilige Komplikation

- unvermeidbar i.S. von methodenbedingt/schicksalhaft war (Beispiel: Blutung nach Polypektomie bei kleinem Polypenstiel),
- vermeidbar i.S. von zukünftig bei ähnlich gelagerten Fällen abwehrbar war, durch neu festzulegende Strategien (Beispiel: Blutung nach Polypektomie bei dickem Polypenstiel. Neue Leitlinie: „Bei dicken Polypenstielen soll vorher ein Endoloop gelegt werden.“),
- vermeidbar in dem Sinne war, dass die bekannten Leitlinien aus individuell begründeten Erwägungen nicht eingehalten wurden, dies aber zu der Komplikation beitrug. (Beispiel: Blutung nach Polypektomie, die trotz leichter PTT-Erhöhung unter Heparin durchgeführt wurde, um dem Patienten die sehr strapaziöse Vorbereitung nicht noch einmal zuzumuten),
- vermeidbar in dem Sinne war, dass eine Komplikation fahrlässig entstanden ist (Beispiel: Blutung nach Polypektomie, die trotz Vollantikoagulation durchgeführt wurde).

Weiterhin wird für jeden Eingriff die Komplikationsrate ermittelt und mit Daten aus der Literatur verglichen. Im ZKR ergaben sich dabei wegen zumeist niedriger Komplikationsraten keine Konsequenzen.

Kommentar

Ein Problem kann sein, dass nicht immer definiert ist oder unterschiedlich definiert wird, was eine Komplikation ist. So zitiert Tittobello [6] vier verschiedene Definitionen einer Post-ERCP-Pankreatitis mit unterschiedlichsten Grenzwerten für Enzymanstiege (2- bis 5-fach) und unterschied-

lichen Angaben zu einer relevanten Schmerzdauer und den evtl. Erfordernissen einer Analgetikatherapie.

Die ASGE [1] definiert eine endoskopische Komplikation folgendermaßen:

- *Sie ist krank machend*
- *Sie ist Folge einer endoskopischen Prozedur.*
- *Sie stellt eine Abweichung vom Idealverlauf dar und führt oft zur Beeinträchtigung oder Verzögerung der Erholung/Gesundung.*
- *Sie verursacht Änderungen im Umgang mit dem Patienten.*

Grundsätzlich sollte als Komplikation jede Abweichung von der Norm angesehen werden. Also ist auch die kleine Blutung nach Polypektomie eine – in diesem Falle intrainterventionelle – Komplikation, auch wenn sie leicht zu beherrschen ist. Die Abweichung vom unkomplizierten Verlauf ist z.B. die Unterspritzung oder die verlängerte Nachbeobachtung. Natürlich wird es immer Grenzfälle geben und unterschiedliche Toleranzen der Endoskopiker, z.B. bei Sickerblutungen nach HFD-Anwendung oder Schmerzen nach ERCP. Es ist sicher weniger bedeutend, banale Komplikationen häufiger zu erfassen als gefährliche zu selten.

Literatur:

[1] Fleischer D E, et al., A new system for defining endoscopic complications emphasizing the measure of importance. Gastrointest Endosc. (1997), 45, 128–133

[2] Froehlich F, et al., Appropriateness of gastrointestinal endoscopy: risc of complications. Endoscopy. (1999), 31, 684–686

[3] Frühmorgen P, Pfähler A, Komplikationen bei 39.397 endoskopischen Untersuchungen – eine 7-jährige prospektive Dokumentation über Art und Häufigkeit. Leber Magen Darm. (1990), 20, 20–32

[4] Mühldorfer S M, et al., Complications of the therapeutical gastrointestinal endoscopy. Endoscopy. (1992), 24, 276–283

[5] Risk management: Documentation. ASGE Procedure Manual (1990). nicht publiziert

[6] Tittobello A, Diagnosis and prevention of post-ERCP pancreatitis. Endoscopy. (1997), 29, 285–287

15 Fort- und Weiterbildungsmaßnahmen

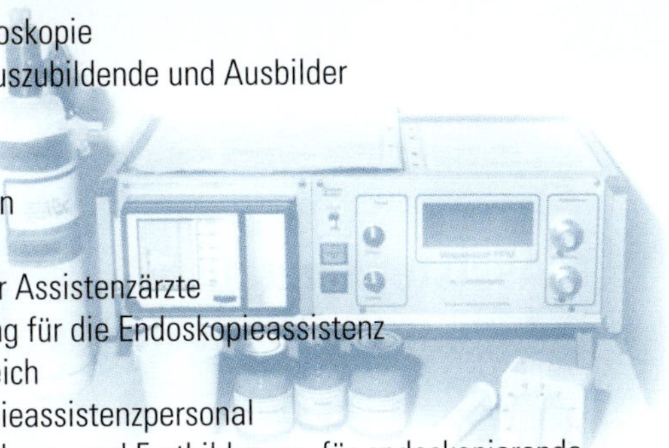

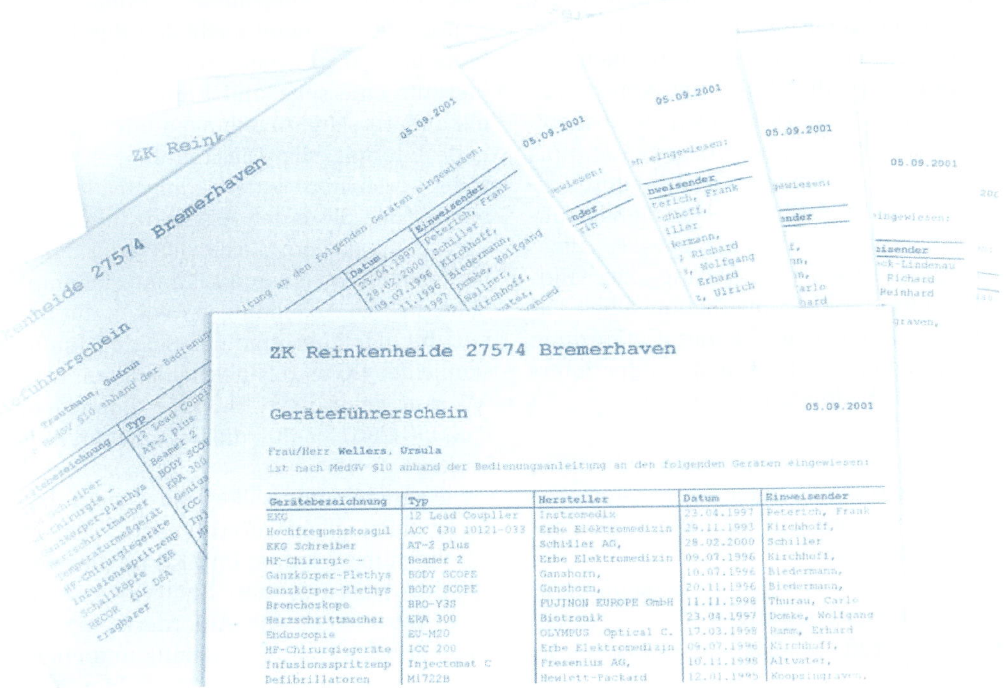

ZK Reinkenheide 27574 Bremerhaven

Geräteführerschein 05.09.2001

Frau/Herr **Wellers, Ursula**
ist nach MedGV §10 anhand der Bedienungsanleitung an den folgenden Geräten eingewiesen:

Gerätebezeichnung	Typ	Hersteller	Datum	Einweisender
EKG	12 Lead Couplier	Instromedix	23.04.1997	Peterich, Frank
Hochfrequenzkoagul	ACC 430 10121-033	Erbe Elektromedizin	29.11.1993	Kirchhoff,
EKG Schreiber	AT-2 plus	Schiller AG,	28.02.2000	Schiller
HF-Chirurgie -	Beamer 2	Erbe Elektromedizin	09.07.1996	Kirchhoff,
Ganzkörper-Plethys	BODY SCOPE	Ganshorn,	10.07.1996	Biedermann,
Ganzkörper-Plethys	BODY SCOPE	Ganshorn,	20.11.1996	Biedermann,
Bronchoskope	BRO-Y3S	FUJINON EUROPE GmbH	11.11.1998	Thurau, Carlo
Herzschrittmacher	ERA 300	Biotronik	23.04.1997	Domke, Wolfgang
Endoscopie	EU-M20	OLYMPUS Optical C.	17.03.1998	Ramm, Erhard
HF-Chirurgiegeräte	ICC 200	Erbe Elektromedizin	09.07.1996	Kirchhoff,
Infusionsspritzenp	Injectomat C	Fresenius AG,	10.11.1998	Altvater,
Defibrillatoren	M1722B	Hewlett-Packard	12.01.1995	Koopsingraven,

15 Fort- und Weiterbildungsmaßnahmen

15.1 Assistenzarztausbildung in der Endoskopie

15.1.1 Allgemeine Voraussetzungen für Auszubildende und Ausbilder

Alle Ärzte in einer Endoskopieabteilung müssen die Technik der Intubation und Wiederbelebung beherrschen. Trainierende Ärzte sollen also ihre Intensivausbildung oder andere, ähnlich qualifizierende Erfahrungen bereits absolviert haben.

Zur Endoskopie gehört nicht nur das Erlernen der Technik, sondern auch die Kenntnis der Indikationen und Kontraindikationen für die jeweiligen endoskopischen Untersuchungen, eine gute Kenntnis der dazugehörenden gastroenterologischen Krankheitsbilder einschließlich ihrer Therapien sowie eine gewisse allgemeininternistische Erfahrung zur Einschätzung der Gesamtsituation eines Patienten einschließlich seiner Gefährdung durch Sedierung, Endoskopie oder interventionelle Maßnahmen.

Vorbedingungen vor der ersten selbstständigen Gastroskopie unter Supervision:

- Beherrschung von Intubation und Wiederbelebung
- gute internistische Grundkenntnisse und Berufserfahrung
- Urteilskraft zur Risikoeinschätzung von Patienten
- Kenntnisse von Indikationen/Kontraindikationen für Endoskopien
- Kenntnisse endoskopischer Befunde/gastroenterologischer Krankheitsbilder
- Kenntnisse der Hygiene in der Endoskopie
- inhaltliche Kenntnis des abteilungseigenen Qualitätshandbuches
- Nachweis einer bestimmten Zahl von Hospitationen bei Gastroskopien
- Nachweis erster unter Supervision erworbener Fertigkeiten (Lenkung, Vorgehen ins duodenale C, Rückzug, komplette Inspektion, Inversion, Saugung, Lüftung, Spülung, Insufflation, gezielte Biopsie)

Weiterhin muss sich jeder auszubildende Assistent (im Folgenden „Trainee“ genannt) entsprechend fortbilden durch das Studium von gastroenterologischer Fachliteratur einerseits und Endoskopieatlanten andererseits. Abteilungen mit eigenem Lehrmaterial, wie Diasammlungen oder selbst erstellten Videodemonstrationsfilmen, sollen diese den Assistenzärzten zur Verfügung stellen. Zusätzlich oder auch bei fehlendem eigenem Bildmaterial empfiehlt sich zu Ausbildungszwecken die Benutzung der Lehrfilme der Sektion Endoskopie der DGVS (Liste erhältlich bei: LUX AV, Am Feldrain 1, D-34253 Lohfelden, Fax 0561/95189–30), die wir auch im ZKR besitzen.

Die Ausbildung sollte von einem benannten, möglichst erfahrenen „Trainer“ durchgeführt werden. Im ZKR ist dies der leitende Oberarzt der Endoskopieabteilung. Leider sind die Anforderungen an eine endoskopische Ausbildung und einen endoskopischen Trainer/Ausbilder in Deutschland bis heute noch nicht festgelegt. Neben ausgesprochen großer Erfahrung technischer, diagnostischer und therapeutischer Art muss der Trainer Geduld, didaktisches Geschick und ein gutes Gefühl für Zumutbarkeit gegenüber dem Trainee und dem jeweiligen Patienten haben.

Die Gastroskopie ist die endoskopische Untersuchung, mit der jeder Trainee beginnen sollte. Der Akt der Endoskopie sollte didaktisch in Untereinheiten aufgeteilt werden, die zunächst einzeln geübt werden können.

Optimal ist ein Ausbildungsprotokoll mit jeweils dokumentierten Untersuchungen, Erfolgsstand der eigenständigen Komplettierung der Untersuchung und der Richtigkeit von endoskopischen Diagnosen und Befunddokumentation, wobei dieses Protokoll vom Trainee geführt und vom Trainer gegengezeichnet wird. Ein solches Protokoll werden wir demnächst im ZKR entwickeln.

Es bleibt zu hoffen, dass die DGVS realitätsgerechte Mindeststandards bezüglich Ausbildungsstätten, Anforderungen an den Trainer, aber auch den Trainee entwickelt. Im ZKR haben wir vorläufig formale Ausbildungsstandards eingeführt, die im Folgenden beschrieben sind.

Für den Trainee muss auch nach der unmittelbaren Anfangsphase geregelte Hilfestellung vorhanden sein. Die Abbildung 15.1 zeigt, wie dies im ZKR geregelt ist.

15.1.2 Gastroskopie

Trainees müssen vor Beginn der eigenen endoskopischen Tätigkeit mindestens bei 50 Gastroskopien hospitiert haben, mindestens ein Standardwerk mit endoskopischen Abbildungen zur Endoskopie des oberen Gastrointestinaltraktes gelesen haben und mit den technischen Gegebenheiten des Gastroskops vertraut sein. Diese Vorbedingungen müssen von dem jeweiligen Arzt schriftlich bestätigt sein (s.a. CD-ROM).

Ab der 41. Gastroskopie der Hospitation übernimmt der Trainee am Ende der Untersuchung das Gerät von dem Endoskopierenden, wenn dies von der Zeitdauer der Untersuchung und dem subjektiven Zustand des Patienten her noch zumutbar ist. Um mit dem Handling bereits vertraut zu werden, soll er dabei noch einmal unter kompletter Supervision und Anleitung bis ins Duodenum vorgehen, invertieren etc. Erst wenn er bei mindestens 10 Untersuchungen Erfahrungen mit Luftinsufflation, Absaugen, Wasserspülung, Lenkung, Inversion, Untersuchungstechnik und gezielter Biopsie erworben hat, erfolgen die ersten Versuche einer komplett selbstständigen Gastroskopie.

Bei den ersten 10 selbstständig durchgeführten Gastroskopien muss der Trainer ständig anwesend sein und eine komplette Supervision ausüben.

Die nächsten 40 Gastroskopien bedürfen immer einer Befundbestätigung durch den Trainer und zwar vor Biopsieentnahme. Nach den ersten 50 supervidierten Gastroskopien sind alle unklaren sowie relevanten pathologischen Befunde dem Trainer oder – bei fehlender Erreichbarkeit – einem anderen erfahrenen Arzt zu demonstrieren (s.a. CD-ROM). Ist niemand erreichbar, muss auf Video/Thermoprinter o.Ä. dokumentiert und später dem Trainer demonstriert werden.

Eine anfängliche Schwierigkeit der Trainees liegt in der Passage ins duodenale C bei Knickbildung am Bulbusausgang, die aber bei Vermittlung der entsprechenden Technik (großes Rad nach hinten, kleines Rad nach vorne und Vorschieben unter Rechtsschwenk) leicht erlernbar ist. Die Erreichung des tiefen Duodenums muss bei fehlenden Stenosen in 100% der Fälle gelingen.

15.1.3 Koloskopie

Die Trainees müssen im ZKR zuvor mindestens 200 Gastroskopien durchgeführt, sowie bei mindestens 25 Koloskopien hospitiert haben. Weiterhin muss ein Standardwerk zur Koloskopie mit endoskopischen Abbildungen gelesen worden sein.

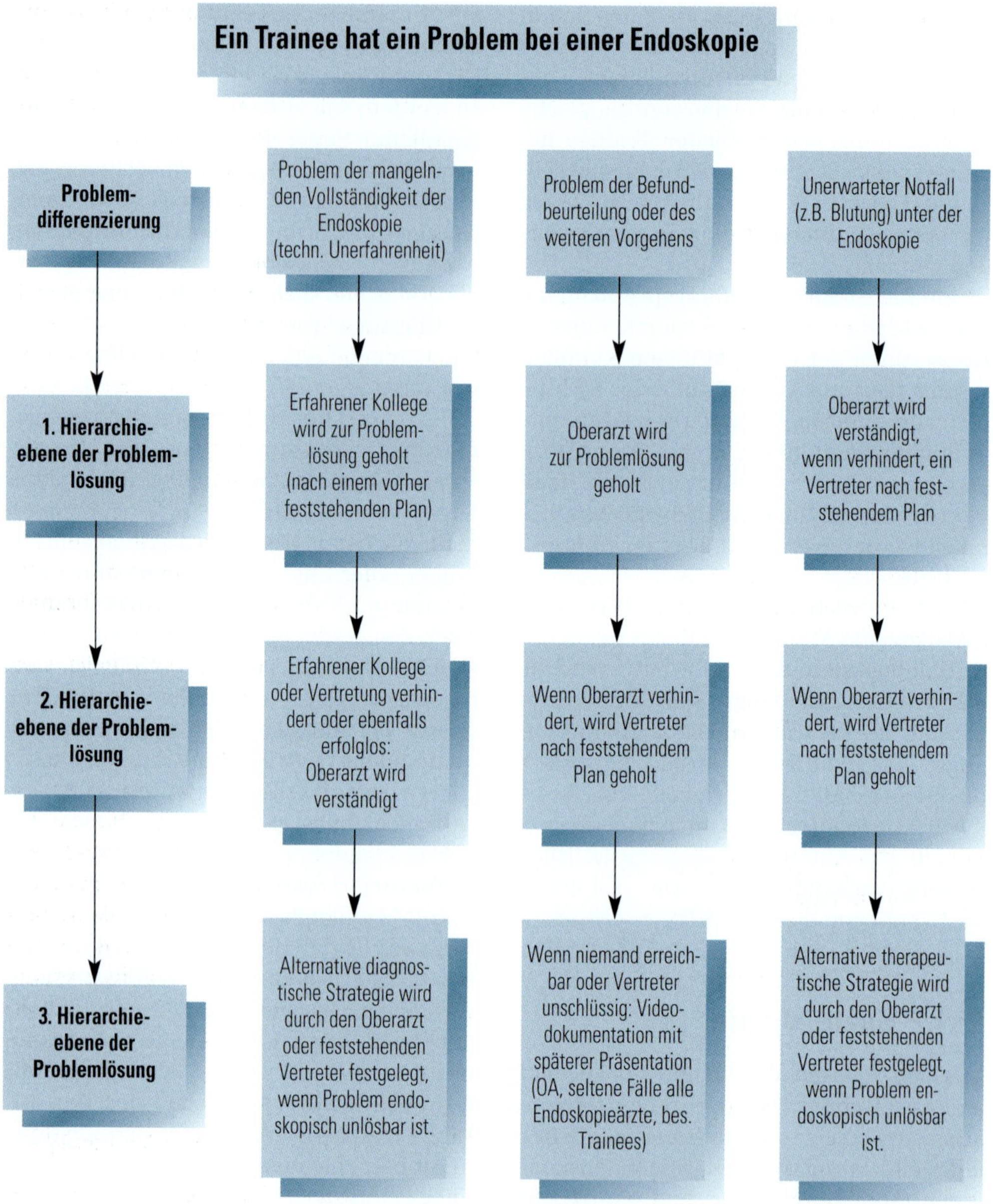

Abb. 15.1: Organigramm: Verhalten des Trainees im Problemfall.

Diese Vorbedingungen müssen vom Trainee schriftlich bestätigt werden (s. CD-ROM, Assistenzarztqualifikation). Insbesondere die Techniken der Begradigung, der assistierten Koloskopie und der Intubation des terminalen Ileums müssen in der Hospitationsphase vermittelt werden. Bei den ersten 10 Koloskopien muss der Trainer ständig zur Supervision anwesend sein. Danach müssen relevante Befunde, wie bei der Gastroskopie, dem Trainer oder einem Vertreter demonstriert werden. Bei Problemen beim Vorgehen muss der zuständige Trainer oder sein Vertreter hinzugeholt werden. Auch bei den ersten 10 durch den Trainee durchgeführten Polypektomien muss eine komplette Supervision erfolgen.

Der Trainee muss zu Beginn der Lernphase vom Trainer ausgiebig mit der Bedienung des Röntgengerätes vertraut gemacht sein, an den Strahlenschutzkursen teilnehmen und die Durchleuchtungsprinzipien unter dem Aspekt des Strahlenschutzes erlernen. Weiterhin ist er verpflichtet, eine Röntgenplakette zu tragen, sich der jährlichen Strahlenschutzuntersuchung zu unterziehen und an der halbjährlichen Strahlenschutzbelehrung teilzunehmen.

Ein Untersucher gilt als ausreichend erfahren bei einer Quote von 80–90% selbstständigen Erreichens des Zoekums/terminalen Ileums [7]. Eine kontrollierte Buchführung des Lernenden über den Erfolgsgrad ist unter Qualitätsgesichtspunkten optimal.

15.1.4 ERCP und interventionelle Verfahren

Ein Trainee muss bei mindestens 25 ERCPs hospitiert haben. Er muss ein Standardwerk zur Endoskopie und Interpretation von ERCP-Bildern gelesen haben und dieses schriftlich dokumentieren. Er muss weiterhin in Gastroskopie und Koloskopie erfahren sein. Während der ersten eigenständigen 20 Untersuchungen muss der Trainer ständig anwesend sein und die schwierigen Momente (Einführphase, Magenpassage, Begradigung, Papillenintubation, Röntgendokumentation) unterstützend begleiten. Der Trainee muss vorher ausgiebig mit der Bedienung des Röntgengerätes vertraut gemacht sein, einschließlich Durchleuchtungsprinzipien unter Strahlenschutzgesichtspunkten und der Technik einer qualitätsgerechten radiologischen Bilddokumentation.

Der Trainee muss die fachliche und menschliche Qualifikation besitzen, schwierige Situationen rechtzeitig zu erkennen und früh genug Hilfe zu holen. Diese Hilfe darf nie verwehrt werden.

Bevor ein Lernender nicht etwa 200 ERCPs durchgeführt hat, sollte keine weitere Person die ERCP erlernen (ausgenommen Institutionen mit sehr hohen ERCP-Zahlen und genügend Ausbildern). Zur notwendigen Fertigkeit des ERCP-Untersuchers gehört heute auch zwingend die therapeutische ERCP. Eine Papillotomie darf nur von einem Trainee ohne Supervision durchgeführt werden, der in der Technik der Papillotomie und der Technik der Blutstillung sicher ist. Bei den ersten 10 Papillotomien muss der Trainer immer komplett anwesend sein. Nach etwa 40 Papillotomien kann in der Regel ein Trainee als methodisch sicher gelten.

Für jedes weitere interventionelle Verfahren gilt im ZKR, dass der lernende Endoskopiker zuerst mehrfach bei diesem Verfahren zugesehen haben muss und es dann bis zur Erlangung von Sicherheit unter Supervision ausübt. Hier haben wir noch keine exakte Richtlinie entwickelt, was aber wünschenswert wäre. Bei allen exakten Zahlen ist aber zu bedenken, dass Trainees durch ihr unterschiedliches Geschick und unterschiedliche Behutsamkeit wechselnd schnell ausreichende Erfahrung und Sicherheit erlangen.

15.1.5 Hygiene in der Endoskopie

Trainees müssen sich auch mit den Regeln der Hygiene in der Endoskopie vertraut machen. Dazu gehört u.a. die dokumentierte Kenntnis der Hygieneinformationen des vorliegenden Handbuches und des Hygieneplans der eigenen Abteilung.

15.1.6 Abteilungsinterne Fortbildungen für Assistenzärzte

Diese dienen der Erhaltung und Verbesserung der Qualität. Hierzu gehören in der Klinik in möglichst regelmäßigen Abständen stattfindende Fortbildungen, nicht nur für die endoskopierenden Ärzte, sondern für alle Stationsärzte, z.B. über wissenschaftliche Themen, Endoskopiemethoden, Komplikationen, Aufklärung oder Videodemonstrationen endoskopischer Befunde zur Assistentenschulung, aber auch über das interne Qualitätsmanagement. Datum, Thema, Referent und Teilnehmer sollen schriftlich protokolliert werden. Die Fortbildungen müssen durch rechtzeitige und offene Ankündigung allen Betroffenen bekannt sein.

Abteilungsinterne Fortbildungen werden z.T. von den Ärztekammern mit Fortbildungspunkten bewertet.

Kommentar

Generell wird geschätzt, dass mehr als 100 Gastroskopien und Koloskopien erforderlich sind, um die technischen Fertigkeiten erworben zu haben, pathologische Befunde zu erkennen und zu großen Teilen richtig einzuordnen. Weiterhin gehört zu den erforderlichen Fähigkeiten eines Endoskopikers die Kenntnis der Indikationen und Kontraindikationen für Endoskopien, wie schon seit 15 Jahren gefordert [8]. Leider gibt es zum Thema der Endoskopieausbildung viele vage Einschätzungen, Empfehlungen und nur wenige empirische Daten [1].

Für einen ausreichenden Trainingseffekt bei der ERCP sieht es die ASGE an, wenn der Lernende in mehr als 80% der Fälle den Gallengang tief kanülieren kann, wofür nach einer Untersuchung von Jowell et al. [10] 140 ERCPs erforderlich sind, während für Steinentfernung, tiefe Kanülierung des Pankreasganges und Stentimplantation eine Gesamtzahl von ca. 200 ERCPs erforderlich ist.

Nach Wicks et al. [19] ist ein Arzt zum Trainer geeignet, der für mindestens 200 ERCPs pro Jahr verantwortlich ist und didaktisches Geschick hat, wobei völlig unklar ist, wieweit dies strukturierbar ist. Der Trainee sollte nach seinen Vorstellungen auf 200 ERCPs pro Jahr kommen, eine Zahl, die für viele Häuser in Deutschland für einen einzelnen Trainee pro Jahr unerreichbar ist.

Hinsichtlich exakter Untersuchungszahlen, die für eine gastroenterologische Ausbildungsstätte als Minimum erachtet werden, sei auf die Zahlen der ÖGGH [15] verwiesen. Natürlich entbehren solche Zahlen einer empirisch belegten Erkenntnis. Sie spiegeln Expertenmeinungen wider.

Klarere didaktische Vorstellungen sind ebenfalls nur von wenigen Autoren publiziert worden [6, 16, 17]. Die klarsten, aber auch anspruchsvollsten Anforderungen an Ausbilder, Ausbildungszentren und Lernende hat die Joint Advisory Group (JAG) on Gastrointestinal Endoscopy innerhalb der British Society of Gastroenterology festgelegt. Sie sind u.a. aus dem Internet abrufbar [20] und setzen Maßstäbe für die Ausbildung zum Gastroenterologen, sind aber auf deutsche Verhältnisse nicht ohne weiteres übertragbar.

Literatur:

[1] Cass O W, et al., Objective evaluation of endoscopy skills during training. Ann Intern Med. (1993), 118, 40–44
[2] Cass O W, Objective evaluation of competence: Technical skills in gastrointestinal endoscopy. Ann Intern Med. (1993), 118, 40–44
[3] Cass O W, et al., Acquisition of competency in endoscopic skills (ACES) during training: a multicenter study. Gastrointest Endosc. (1996), 43, 308A
[4] Chak A, et al., Prospective assessment of colonoscopic intubation skills in trainees. Gastrointest Endosc. (1996), 44, 54–57
[5] Church J M, Learning colonoscopy: the need for patience (patients). Am J Gastroenterol. (1993), 88, 1569
[6] Fleischer D, Advanced training in endoscopy. Gastrointest Endosc Clin N A. (1995), 5, 311

[7] Guidelines for credentialing and granting privileges for gastrointestinal endoscopy. ASGE Publication. Gastrointest Endosc. (1998), 48, 679–682
[8] Health and Public Policy Committee, American College of Physicians. Clinical competence in esophagogastroduodenoscopy. Ann Intern Med. (1987), 107, 937–939
[9] Health and Public Policy Committee, American College of Physicians. Clinical competence in colonoscopy. Ann Intern Med. (1998), 107, 772–774
[10] Jowell P S, et al., Quantitative assessment of procedural competence. A prospective study of training in endoscopic retrograde cholangiopancreatography. Ann Intern Med. (1996), 125, 983–989
[11] Mallinson C N, Specialist training in gastroenterology in the European Community: the case of European boards. Gut. (1994), 35, 135–138
[12] Mössner J, Ausbildungsstandards: Welche Ausbildung qualifiziert den Untersucher? Wem gehört das Endoskop? Leber Magen Darm. (1999), 29, 207–220
[13] Principles of training in gastrointestinal endoscopy. The ASGE. Gastrointest Endosc. (1999), 49, 845–853
[14] Rabenstein T, et al., Impact of skill and experience of the endoscopist on the outcome of endoscopic sphincterotomy techniques. Gastrointest Endosc. (1999), 50, 628–636
[15] Renner F, et al., Qualitätssicherung im Bereich der gastrointestinalen Endoskopie. Empfehlungen der Österreichischen Gesellschaft für Gastroenterologie und Hepatologie. Z Gastroenterol. (2000), 38, XXIV–XXXI – http://www.oeggh.at
[16] Sivak M V, The art of the endoscopic instruction. Gastointest Endosc Clin N A. (1995), 5, 299–310
[17] Standards of training committee of the American Society for Gastrointestinal Endoscopy. Principles of training in gastrointestinal endoscopy. Gastrointest Endosc. (1992), 61, 419–422
[18] Watkins J L, et al., ERCP training: assessment of procedural competence. Gastrointest Endosc. (1994), 40, 47
[19] Wicks A C B, Robertson G S M, Veitch P S, Structured training and assessment in ERCP has become essential for the Calman era. Gut. (1999), 45, 154–156
[20] Joint Advisory Group on Gastrointestinal Endoscopy (2001), Guidelines for the training, appraisal and assessment of trainees in GI endoscopy. http://www.bsg.org.uk/trainee/train_prog.html (23. 4. 2002)

15.2 Einarbeitung und interne Fortbildung für die Endoskopieassistenz

15.2.1 Neue Mitarbeiter im Assistenzbereich

Unabhängig von der Ausbildung zur Fachkraft (s. Kap. 15.4.1) muss jeder neue Mitarbeiter im Assistenzbereich in die neue Abteilung eingewiesen werden. Dies gilt ganz besonders auch für Mitarbeiter, die erstmals im endoskopischen Bereich arbeiten. Am sinnvollsten ist eine Einarbeitung anhand einer Checkliste. Sie dient der Erfassung der Vollständigkeit der Einarbeitung und ist nicht so zu verstehen, dass sie in Einzelschritten streng von oben bis unten abzuarbeiten ist (s. Tab. 15.1).

15.2.2 Interne Fortbildungen für Endoskopieassistenzpersonal

Für das Assistenzpersonal sollen in jeder Endoskopieabteilung unabhängig von den Notfallschulungen möglichst regelmäßig interne Fortbildungen stattfinden. Wir machen im ZKR mindestens vier solcher Fortbildungen im Jahr. Diese Fortbildungen werden zum Teil von Ärzten durchgeführt, zum Teil von anderen Mitgliedern des „Qualitätszirkels Endoskopie“ (Hygienefachkraft, Medizintechniker etc.) oder auch externen Referenten. Themen sind beispielsweise Krankheitslehre gastroenterologischer Erkrankungen, neue endoskopische Techniken, Geräteaufbereitung (vom RKI vorgeschrieben), Patientenüberwachung. Gemeinsame Fortbildungen mit den Ärzten sind möglich, z.B. über Umgang mit Patienten, Hygieneprobleme in der Endoskopie etc. Erkennbare bedeutsame Defizite müssen vorrangig Gegenstand interner Fortbildung sein. Datum, Thema, Referenten- und Teilnehmernamen der Fortbildungen werden protokolliert und im Dokumentenarchiv (Kap. 17.5) abgelegt. Interne Fortbildungen müssen durch rechtzeitige und offene Ankündigung allen Betroffenen bekannt sein.

Tabelle 15.1
Einarbeitung von Assistenzpersonal

Arbeitsbereich	Einweisungsinstrumente
Endoskopiearbeitsplätze und Endoskope	z.B. anhand der Liste Strukturqualität (CD-ROM)
Patientenvorbereitung, -überwachung, -nachsorge	Kap. 3, 4, 17, Supervidierende Ausbildung
Umgang mit Patienten	Kap. 17.3., Supervidierende Ausbildung
Infektionsschutz	Hygieneplan, Kap. 3, 4, VGB 100, Arbeitsschutz-Untersuchung G42, ggf. Impfung gegen Hepatitis B
Im Falle der Assistenz bei Röntgenuntersuchungen	Strahlenschutzbelehrung, Strahlenschutzuntersuchung
Vor- und Nachbereitung von Endoskopien	Vorbereitungs-Checklisten des Qualitätshandbuches, Supervision
Aufbereitung von Endoskopen und Zubehör	Hygieneplan, Kap. 3.1., CD-ROM: RKI Empfehlung Handbuch Waschmaschine, Einweisung in den Sterilisationsapparat und Sterilisationsmaßnahmen, supervidierende Ausbildung
Einweisung in alle Geräte des MPG und Zubehör	Einweisung durch „Beauftragte Person", Supervision, Gebrauchsanweisungen aller MP
Zunehmende Einweisung in alle weiteren Geräte	Nach einer Checkliste der Abteilung
Fach- und sachkundiges, situationsgerechtes Instrumentieren und Biopsieverarbeitung	Zusehen, Einweisen, „Learning by Doing", Supervision
Notfallschulung	Kap. 14.1., Anhang 3, Unterweisung durch Arzt
Organisation der Arbeitsabläufe, Bürotätigkeit, Dokumentationsmaßnahmen, Formularwesen	Einweisung, Supervision
Unfallverhütungsvorschriften und Arbeitsschutz	Einweisung, Arbeitschutzunterweisung, Kenntnis des Aufbewahrungsortes der Vorschriften
Qualitätssicherungsmaßnahmen	Qualitätshandbuch, Einweisung, Supervision
Fortbildungsmaßnahmen	Information und Protokollierung
Lagerung von Endoskopen, Zubehör und Verbrauchsmaterial	Einweisung, evtl. anhand von Listen, Erleichterung durch Beschriftung
Verbrauch und Nachbestellung von Artikeln	Einweisung in die Abteilungsmaßregeln

15.3 Externe Qualitätssicherungsmaßnahmen und Fortbildungen für endoskopierende Ärzte

15.3.1 Externe Fortbildungsveranstaltungen

Ohne Fortbildung ist ein aktueller, qualitativ hochwertiger Wissensstand nicht zu halten. Dementsprechend hat der Deutsche Ärztetag 1999 einen bundesweiten Modellversuch empfohlen, bei dem „freiwillige Fortbildungszertifikate" erstellt werden auf Basis einer vereinheitlichen Fortbildungsbewertung. Für einen gastroenterologisch tätigen Arzt mit Qualitätsbewusstsein ist der kontinuierliche Besuch von Fortbildungsveranstaltungen und Fachkongressen selbstverständlich. Als Beispiele wären zu nennen:

- klinisch-pathologische Konferenzen
- externe gastroenterologische Qualitätszirkel als Fortbildungsinstrument
- andere fachbezogene Fortbildungsveranstaltungen wie Vorträge, Seminare und Kongresse
- Hospitationen in anderen Endoskopieabteilungen oder bei Livedemonstrationen, wie z.B. Endoclub-Nord

Ein Protokoll über Themen, Referenten, teilnehmende Ärzte und Konferenzdatum sollte geführt und archiviert werden (Dokumentationsarchiv). Bei einer Zertifizierung der Endoskopieabteilung wird ein entsprechender Nachweis verlangt.

15.3.2 Fachliteraturstudium, Mitgliedschaft in Fachgesellschaften

Das Studium von Fachzeitschriften wie z.B. Endoscopy, Gastroenterology, Zeitschrift für Gastroenterologie etc. hält den Informationsstand jedes Endoskopikers auf aktuellem Niveau.

Die Mitgliedschaft in Fachgesellschaften (DGVS, regionale Gesellschaften für Gastroenterologie, Sektion Gastroenterologie des BDI, Bundesverband Gastroenterologie Deutschland etc.) ist eine sinnvolle Ergänzung externer Weiterbildung. Die Tagungen der Fachgesellschaften und die meist im Mitgliedsbeitrag enthaltenen Journale halten den Gastroenterologen auf dem Laufenden.

Aber auch ohne Mitgliedschaft stellen die meisten renommierten Fachgesellschaften relevante Informationen und wesentliche Leitlinien im Internet zur Verfügung (s. CD-ROM Internetadressen).

15.3.3 Zertifizierung der Endoskopieabteilung

Die Zertifizierung einer Endoskopieabteilung stellt für die beteiligten Ärzte eine Herausforderung dar bezüglich der Implementierung einer permanent hohen Qualität und der Bestätigung der eigenen Praxis durch eine außenstehende Institution. Gleichzeitig beinhaltet sie den Willen zum permanenten Bemühen der Aufrechterhaltung und weiteren Verbesserung eines hohen Standards, um das Zertifikat auch in Zukunft weiter zu erhalten. Da nur Abteilungen und nicht einzelne Personen oder Personengruppen zertifiziert werden, führt der Weg zur Erlangung des Zertifikates in der Regel zu einer engeren Kooperation aller Mitarbeiter und einem verstärkten Zusammenwachsen des Teams. Die erfolgreich abgeschlossene Zertifizierung demonstriert dem Team als Ganzes den eigenen hohen Qualitätsstandard und darf mit Stolz auch nach außen getragen werden.

Es darf aber nicht verschwiegen werden, dass eine Zertifizierung, z.B. nach DIN EN ISO 9001 Qualitätsmanagementsysteme – Anforderungen, u.U. eine kostenträchtige Angelegenheit mit in der Regel ein- bis zweijähriger Vorbereitungsphase ist [1, 2]. Deshalb kann auch kein Zwang zur Zertifizierung bestehen, solange es nicht gelingt, die Kosten für eine Zertifizierung stark zu senken, z.B. durch eine kostengünstige Vorbereitung [3–5]. Wichtiger als das Zertifikat ist das tatsächlich vorhandene Qualitätsniveau einer Endoskopieabteilung. Eine Alternative ist die Zertifizierung nach KTQ oder EFQM als umfassendes Zertifizierungskonzept für ein ganzes Krankenhaus [4] oder aber auch die Zertifizierung einzelner Teilbereiche, z.B. „Gastroskopie/Koloskopie" nach den Vorgaben der Norddeutschen Gesellschaft für Gastroenterologie durch den TÜV Nord als „kleine Lösung".

Literatur:

[1] Bangha E, Amon U (2000), Qualitätsmanagementmodelle. In: Amon U, Ruckriegel I (Hrsg), Qualitätsmanagement in der Arztpraxis, 5–14. Springer, Berlin, Heidelberg, New York

[2] Fritze B, Mundt F (2000), Qualitätswerkzeug DIN EN ISO 9001: Die Zertifizierung der Praxis. In: Amon U, Ruckriegel I (Hrsg), Qualitätsmanagement in der Arztpraxis, 15–28, Springer, Berlin, Heidelberg, New York

[3] Janatschek P, Wem nützt die Zertifizierung nach DIN ISO 9001? BDI Rundschreiben. (2000), 6, 19–21

[4] KTQ-Manual (2002), Version 4.0. Deutsche Krankenhausverlagsgesellschaft, Düsseldorf

[5] QMA – Das Informations- und Fortbildungsprogramm für Qualitätsmanagement in der ambulanten Versorgung der ÄZQ, Kap. 6, Akkreditierung und Zertifizierung. http://www.q-m-a.de (23. 4. 2002)

15.4 Externe Qualitätssicherung und Fortbildungen für die Endoskopieassistenz

15.4.1 Fachweiterbildung für das Endoskopieassistenzpersonal

Nach der Empfehlung der Bundesärztekammer (s. CD-ROM) soll das Endoskopieassistenzpersonal nach Möglichkeit über den Rahmen der Ausbildung zur Arzthelferin oder staatlich examinierten Krankenschwester/-pfleger hinaus eine Fachweiterbildung besitzen. Die Strukturierung dieser Weiterbildung ist durch das Fortbildungscurriculum „Gastroenterologische Endoskopie" für Arzthelferinnen der Bundesärztekammer [1] festgelegt bzw. durch das Muster für eine landesrechtliche Ordnung nach der Empfehlung der Deutschen Krankenhausgesellschaft vom 2. 6. 1997 [2], soweit diese nicht von einzelnen Bundesländern modifiziert wurde.

Die Weiterbildungsziele decken sich hervorragend mit den Qualitätsanforderungen an eine moderne Endoskopie.

Aber auch nach erfolgter Weiterbildung muss in einer qualitätsbewussten Endoskopieabteilung die externe Fortbildung weitergehen.

15.4.2 Externe Fortbildungsveranstaltungen

Regionale Fortbildungsveranstaltungen

In vielen Städten finden regelmäßige Fortbildungen für das Endoskopieassistenzpersonal statt. Oft werden diese Fortbildungszirkel („Endo-Stammtisch") von der Industrie unterstützt. Diese Veranstaltungen sind in der Regel sehr lohnenswert und geben auch nach Abschluss des jeweiligen Vortrags die Möglichkeit des Erfahrungsaustausches von Assistenzpersonal verschiedener Endoskopieabteilungen, was den Erfahrungshorizont erweitert.

Teilnahme an Fortbildungen, Hospitationen
Für das Endoskopieassistenzpersonal werden in der Regel auf allen größeren Endoskopiekongressen (z.B. DGVS, DGE-BV, Landesgesellschaften für Gastroenterologie) Fortbildungsseminare abgehalten. Auch bieten einzelne größere Endoskopieabteilungen oder gastroenterologische Kliniken Kurse zu speziellen Themen an (z.B. pH-Metrie, Ösophagusmanometrie).

Hospitationen in anderen Endoskopieabteilungen haben das gleiche Ziel wie die Teilnahme an Fortbildungen, Seminaren etc., haben aber den Schwerpunkt mehr im Bereich des unmittelbaren praktischen Alltags.

15.4.3 Literaturstudium und Mitgliedschaft in Fachverbänden

Der Bezug von Zeitschriften wie z.B. Endopraxis, Veröffentlichungen der DbfK etc. und eine Mitgliedschaft in Fachverbänden (z.B. DEGEA, ESGENA) halten ebenfalls auf dem Laufenden und informieren über Tagungen, Fortbildungsmöglichkeiten, aber auch berufspolitische Aspekte. Die Mitgliedschaft in der DEGEA beinhaltet auch gleichzeitig den Bezug der „Endopraxis".

15.4.4 Zertifizierung

Die Zertifizierung einer Endoskopieabteilung stellt, wie in Kapitel 15.3.7 schon für Ärzte beschrieben, auch für das Assistenzpersonal eine Herausforderung dar. Die erforderliche Kooperation aller Berufsgruppen der Endoskopieabteilung, die sonst oft unterschätzte Rolle von Hygienegesichtspunkten und die Betonung von Patientengesichtspunkten stärken u.a. auch die Bedeutung der Stellung des Assistenzpersonals.

Literatur:

[1] Fortbildungscurriculum „Gastroenterologische Endoskopie" für Arzthelferinnen. Bundesärztekammer. http://www.bundesaerztekammer.de/30/Fachberufe/10Arzthelfer/Curricula/CurrGast (23. 4. 2002)

[2] Muster für eine landesrechtliche Ordnung der Weiterbildung und Prüfung zu Krankenschwestern, Krankenpflegern, Kinderkrankenschwestern und Kinderkrankenpflegern für die Funktionsdienste (Operationsdienst/Endoskopiedienst) – Empfehlung der Deutschen Krankenhausgesellschaft vom 2. 6. 1997

16 Zuständigkeiten, Organisationsprobleme

16 Zuständigkeiten, Organisationsprobleme

16.1 Zuständigkeitsregelungen

Zuständigkeitsregelungen erfüllen verschiedene Aufgaben. Sie sollen dafür sorgen, dass Probleme nicht ungelöst bleiben, weil niemand zuständig erscheint. Fällt auf, dass es einen Aufgabenbereich gibt, der nicht regelrecht erledigt wird (z.B. Reinigung der Tastatur des Ultraschallgerätes), so muss eine Verantwortungsmatrix geschaffen werden, die den Aufgabenbereich bestimmten Mitarbeitern zuordnet.

Die Auflistung von Zuständigkeitsregelungen/Verantwortungsmatrizen im QHB schafft Transparenz für die Zuständigkeit spezieller Aufgabenbereiche, die von einzelnen Mitarbeitern in eigener Kompetenz erledigt werden. Sie schlägt sich auch in der Stellenbeschreibung der jeweiligen Person nieder (s. CD-ROM). Die Darstellung als Organigramm gibt einen schnelleren Überblick (s. Abb. 16.1).

Schließlich können auch Vertretungsregelungen so gestaltet werden, dass die Vertretung im Falle der Abwesenheit oder Unabkömmlichkeit von Mitarbeitern vorab feststeht.

Für die Assistenzarztausbildung ist z.B. eine Supervision erforderlich, die bei Fehlen des Supervisors geregelt sein muss. Ähnliches gilt, wenn ein nicht mehr auszubildender Arzt Hilfe bei der Beurteilung oder endoskopisch-technische Hilfe braucht. Im ZKR haben wir eine solche Zuständigkeitsregelung geschaffen (s. CD-ROM, Zuständigkeitsplan).

Beispiele von Zuständigkeitsregelungen im ärztlichen Bereich:

- Arbeitsplanung, -einteilung im ärztlichen Bereich
- Supervision auszubildender Ärzte
- Spezialuntersuchungen einzelner Ärzte
- Konsiliaraufklärungen
- Vertretungsregelungen

Im pflegerischen Bereich größerer Abteilungen ist u.U. eine Zuständigkeitsregelung für bestimmte Arbeitsbereiche sinnvoll, z.B. für die Lagerhaltung/Bevorratung von Zubehör, Implantaten etc. Dies erlaubt die Delegation von Arbeiten ohne ständige Rückfragen, z.B. beim Praxisinhaber oder Oberarzt. Voraussetzung sind Verantwortungsgeist und Entscheidungskompetenz [1] sowie die Fähigkeit, Mängelsituationen für Korrekturen zu nutzen und diese dem Gesamtteam transparent zu machen bzw. die notwendigen Korrekturen mit dem Team zu besprechen.

Bei neuen oder selten vorkommenden Spezialeingriffen empfiehlt sich, z.B. in der Einarbeitungsphase, ebenfalls eine Beschränkung der Zuständigkeit für diesen Eingriff auf wenige Mitarbeiter, bis der Eingriff durch zunehmende Etablierung per Einweisung auf weitere Personen übertragen werden kann. In kleinen Abteilungen und Praxen sind Zuständigkeitsregelungen seltener erforderlich.

Beispiele von Zuständigkeitsregelungen im Assistenzbereich:

- Arbeitsplanung, -einteilung im Assistenzbereich
- strukturierte Einarbeitung neuer Mitarbeiter

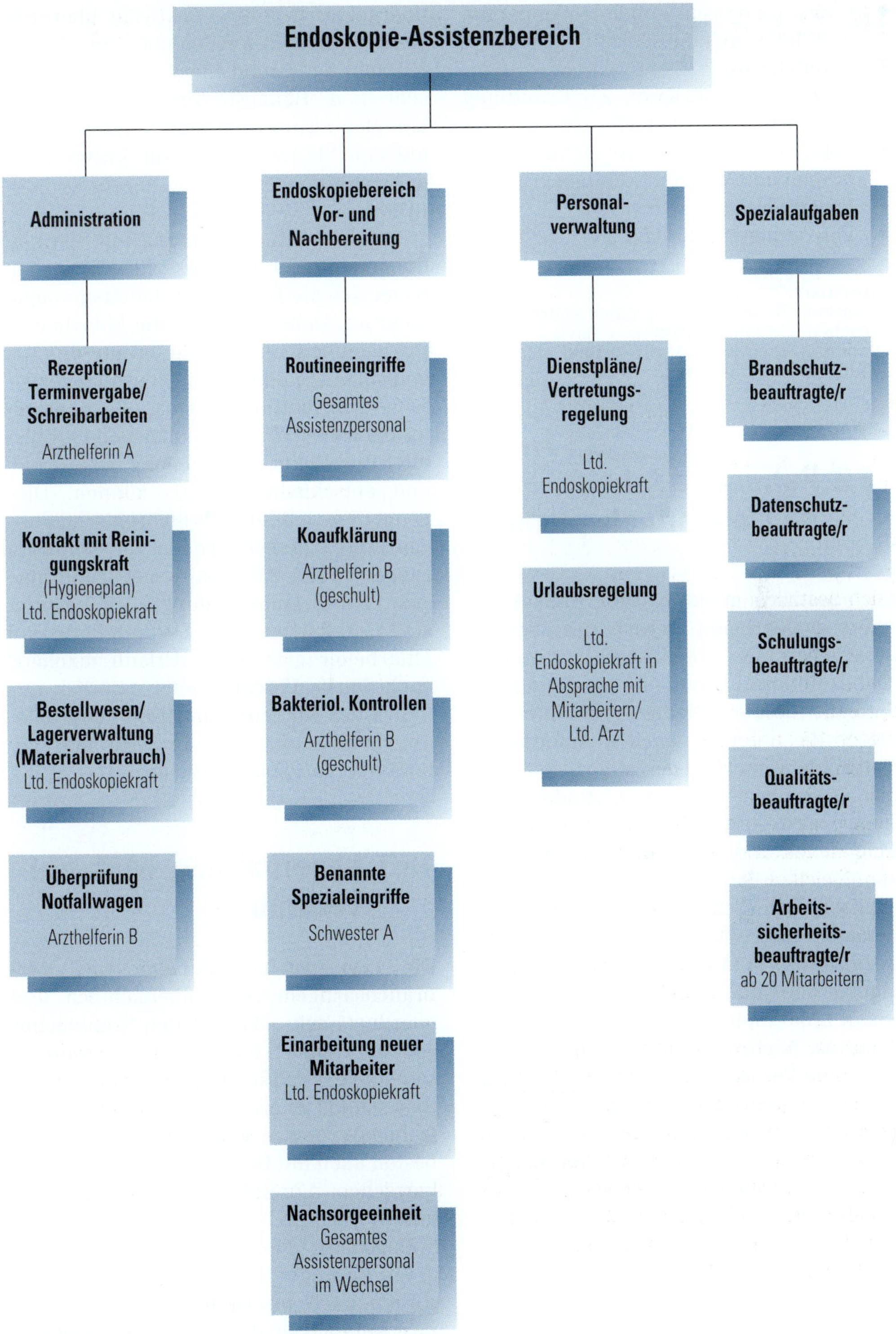

Abb. 16.1: Organigramm: Zuständigkeiten im Endoskopie-Assistenzbereich. (Beispiel)

- Überprüfung von Notfallmedikamenten und -instrumentar
- Koaufklärung
- Schulungsbeauftragte/r zur Ermittlung von Fortbildungsbedarf
- bakteriologische Kontrollen von Endoskopen und Waschmaschinen
- Lagerhaltung/Bestellwesen
- Vertretungsregelungen

Literatur:
[1] Birkner B, Zertifizierung einer gastroenterologischen Gemeinschaftspraxis nach DIN ISO EN 9001. ZaeFQ. (Z Arztl Fortbild Qualitatssich). (2000), 94, 639–643

16.2 Rationelle Arbeitsweisen, Urlaubsplanung

Grundsätzlich muss in jeder Endoskopie rationell gearbeitet werden mit zügigem Abarbeiten des täglichen Programms. Dabei gibt es insbesondere im stationären Bereich immer wieder Problempunkte durch die unterschiedlichen Anforderungen an die verschiedenen Mitarbeitergruppen (periphere Stationen, Endoskopieschwestern, Ärzte, Chefarzt, Planung verschiedener anderer Untersuchungen für den gleichen Patienten an einem Tag). Organisatorische Schwachstellen müssen systematisch erfasst, analysiert und in gemeinsamer Planung aller Beteiligten beseitigt werden. Im ZKR z.B. entstanden durch späte Koloskopien außerhalb der Kernarbeitszeit häufig Engpässe, und es fielen Überstunden an. Dies konnte durch eine frühere Vorbereitung für die Koloskopie und eine Arbeitszeitänderung für die Endoskopieschwestern behoben werden.

Beim Auftreten häufiger Leerzeiten im Wechsel mit Zeiten sehr starker Arbeitsbelastung während des normalen Arbeitstages kann die Planung einer möglichst rationellen Arbeitsweise Gegenstand von Qualitätszirkelsitzungen sein, in denen dann erarbeitete Vorgaben festgehalten und später in ihrer Effektivität überprüft werden. Im ZKR wurden über zwei Monate Dauer und Grund aller Leerzeiten aufgeschrieben. Häufigste Ursache waren inkomplette Unterlagen und Verzögerungen auf den Stationen, was zur Entwicklung der Endoskopiecheckliste führte (s. CD-ROM).

Auch die Urlaubsplanung mit Vermeidung unnötiger Engpässe bei der Arbeit bietet sich als Thema im Qualitätsmanagement an. Dabei ist es für die Mitarbeiterzufriedenheit oft günstig, wenn die Urlaubsplanung oder auch Dienstplangestaltung offen stattfindet, sodass alle Mitarbeiter informiert sind und auftretende Probleme frühzeitig in der Abteilung besprochen und entschieden werden können. Dies beugt dem Gefühl von Willkürentscheidungen und Ungerechtigkeiten vor, vor allen Dingen, wenn z.B. bestimmte Grundsätze etwa zur Urlaubsregelung allen bekannt sind („Es darf nur eine bestimmte Anzahl Mitarbeiter gleichzeitig Urlaub machen" etc.). Solche Vorgaben sind natürlich nur individuell für jede einzelne Endoskopieabteilung planbar. Daher wird hier auf konkrete Vorgaben verzichtet.

16.3 Lagerhaltung, Materialverbrauch

Die Lagerung von Zubehör und Verbrauchsartikeln muss übersichtlich und geordnet sein. Schubladen/Schubfächer sollten bezüglich ihres Inhaltes beschriftet sein, um das Auffinden aller benötigten Artikel schnell zu ermöglichen. Ebenso muss in Regalsystemen eine feste Ordnung, am besten auch mit Beschriftung aller Fächer, herrschen. Veränderungen im Lagersystem müssen in Teambesprechungen allen Mitarbeitern bekannt gemacht werden, große Veränderungen sollten im Teamgespräch auch im Hinblick auf die beste Zweckmäßigkeit diskutiert und beschlossen werden. In sehr großen Abteilungen mit vielen verschiedenen Lagerorten ist eine Übersichtsliste zweckmäßig, um neuen Mitarbeitern einen raschen Überblick geben zu können. Solche Übersichtslisten sollten mit Datum versehen und Bestandteil des jeweiligen Qualitätshandbuches sein.

Der Verbrauch von endoskopischem Zubehör (Endoskopiezangen, Zytologiebürsten, ERCP-Zubehör etc.) und Verbrauchsartikeln (PEG-Sonden, Stents, Kontrastmittel, Formalinröhrchen, Verbandsmaterial etc.) muss so geregelt werden, dass keine Engpässe und unnötigen Wartezeiten durch verspätete Nachbestellungen entstehen können.

Die zu bevorratende Artikelmenge, bzw. ab welcher Reststückzahl nachbestellt werden soll, richtet sich nach der Art und Zahl der Eingriffe jeder einzelnen Endoskopieabteilung und kann somit nicht generell empfohlen werden. Neu auftretende Engpässe von Verbrauchsmaterial oder Zubehör müssen ein Anlass sein, die bisherige Lager- und Bestellpraxis zu überdenken und evtl. neu zu organisieren.

Einflussfaktoren auf den Verbrauch von Endoskopiezubehör:

- Häufigkeit und Arten spezieller Eingriffe
- Verwendung von Einmalartikeln und/-oder aufbereitbarem Zubehör
- Qualität des Materials (u.U. herstellerabhängig)
- Behutsamkeit des Umgangs bei Endoskopie und Aufbereitung
- Art der Aufbereitung
- Personalfluktuation

Auch Überkapazitäten an Bevorratung mit evtl. Überschreiten von Verfallsdaten erfordern Veränderungen. Der Pool an wieder aufbereitbarem Zubehör soll so groß sein, dass auch bei höherem Arbeitsaufkommen durch vorübergehende Abwesenheit von Zubehör im Aufbereitungsprozess keine Engpässe auftreten. Im ZKR z.B. führte die vermehrte Barrett-Diagnostik zu einem Mangel an Zangen mit Dorn, der dann umgehend behoben wurde.

In größeren Abteilungen empfiehlt es sich, Lagerbuchhaltung und Bestellpraxis an ein oder zwei Personen des Endoskopieassistenzpersonals zu delegieren, die diese Aufgabe weitgehend selbstständig erledigen (s.a. Kap. 16.1).

Literatur:

[1] Hagenmüller F (1998), Bedarf an Endoskopen und Zubehör in der Gastroenterologie. In: Phillip J, Allescher H D, Hohner R (Hrsg), Endoskopie: Struktur und Ökonomie, 87–96. Normed, Bad Homburg

17 Qualitätsmanagement in der Endoskopie

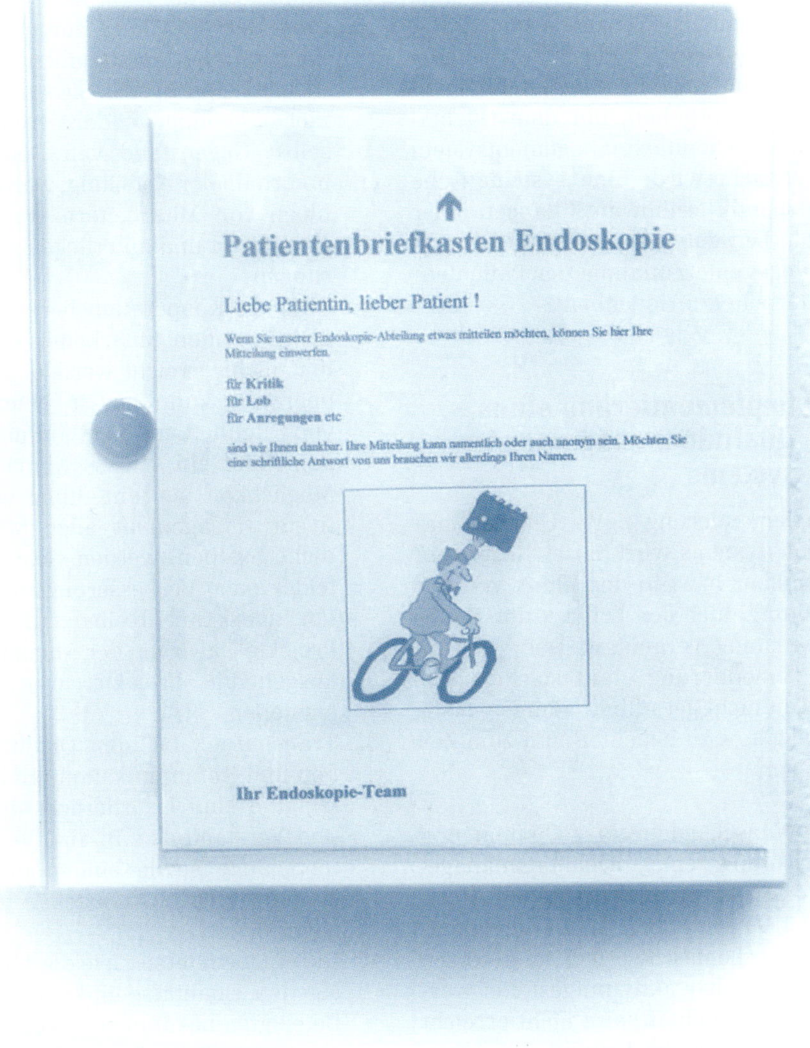

17 Qualitätsmanagement in der Endoskopie

17.1 Qualitätsmanagement, Problemerkennung und -bewältigung

Eine Endoskopieabteilung kann auch ohne Qualitätsmanagement mit hoher Qualität und guter Qualitätssicherung arbeiten. Der Unterschied einer Endoskopieabteilung mit Qualitätsmanagement liegt in dem systematischen Vorgehen, mit dem Qualität in einem Qualitätsmanagementsystem (QMS) erreicht wird. Eine systematische Qualitätspolitik erhöht die Chancen einer kontinuierlich guten Qualität und bewirkt in der Regel eine Zunahme der Patienten- und Mitarbeiterzufriedenheit.

17.1.1 Implementierung eines Qualitätsmanagementsystems

Die Implementierung eines Qualitätsmanagementssystems wird in der Regel vom Praxisinhaber bzw. in der Klinik von der Klinikleitung oder der Leitung der Endoskopieabteilung veranlasst. Der Weg bis zur Implementierung eines solchen Systems ist oft nicht geradlinig. Einige wichtige Dinge gilt es zu beachten, um zum Ziel zu gelangen.

1. Der Wunsch nach guter Qualität und Einrichtung eines Qualitätsmanagements muss von der Leitung der Abteilung (Praxisinhaber, Chefarzt, leitende Endoskopieschwester) mitgetragen und erkennbar aktiv mitgestaltet werden. Gute Qualität kann nicht erreicht werden, wenn die Leitung der Abteilung kein entsprechendes Engagement zeigt. Aktives Engagement der Endoskopieleitung erhöht auch die Akzeptanz gelegentlich erforderlicher „Top-down-Projekte", also von der Abteilungsleitung initiierter Projekte. Ein großer Teil der Ziele wird von der Leitung der Abteilung vorgegeben. Die Ziele müssen verständlich und allgemein akzeptiert sein. Sie sind – wie alle Zielvorstellungen der Abteilung – selbst Gegenstand von Diskussionen innerhalb der Abteilung, werden durch Ideen von Mitarbeitern ergänzt oder modifiziert und unterliegen Aktualisierungen.
2. Ohne die Kooperationsbereitschaft der nichtleitenden Mitarbeiter kann Qualität nicht erreicht werden. Diese Kooperation kann nur in einem Klima von Offenheit und Verständnis stattfinden. Sind ein solches Klima und die Möglichkeit der Entfaltung von kreativem Engagement aller Mitarbeiter nicht gegeben, werden viele Problemfelder oder Verbesserungsmöglichkeiten unerkannt bleiben, „Bottom-up-Projekte", also von der Abteilungsbasis ausgehende Projekte, werden nicht entstehen.
3. Transparenz bei den Qualitätsvorgaben und Kommunikation mit allen Beteiligten sind erforderlich, um Gehör und Verständnis z.B. auch für Patientenbelange sowie eine optimale Gestaltung aller Schnittstellen zu erreichen.
4. Die erarbeiteteten Ziele der abteilungseigenen Qualitätspolitik müssen allen Beteiligten bekannt sein. Das erfordert eine schriftliche Form. Alle Personen

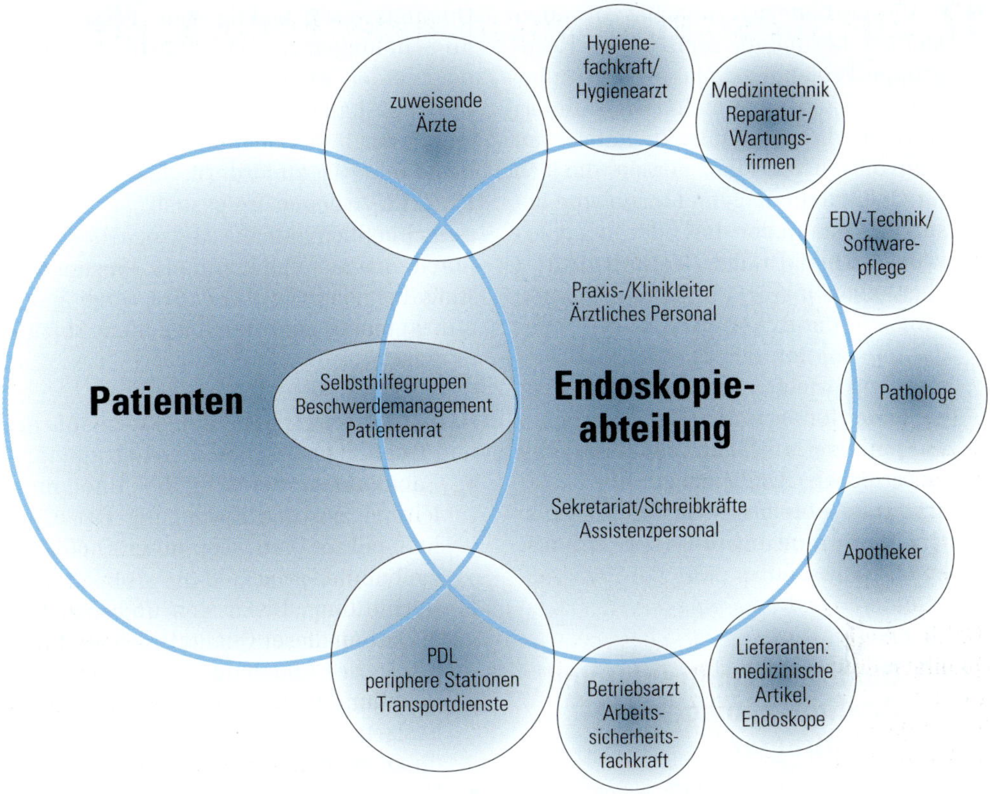

Abb. 17.1: Schnittstellen der Endoskopieabteilung. Alle Schnittstellen sollen optimal funktionieren. Somit sind die beteiligten Personen auch Teilnehmer und veranlassen Qualitätszirkelsitzungen, wenn es um Schnittstellenprobleme geht.

und Institutionen, mit denen es Schnittstellen zur eigenen Abteilung gibt, sollen über relevante Aspekte der eigenen Qualitätspolitk möglichst schriftlich informiert werden.

5. Es können nicht alle Probleme zur gleichen Zeit gelöst werden. Zu große Erwartungen überfordern die Mitarbeiter, führen zu Frustrationen und zum Abbruch der Qualitätsprojekte. Es ist sinnvoll, zunächst ein bis maximal zwei überschaubare, besonders dringliche Projekte in Angriff zu nehmen. Über den Weg der Problemerkennung, Planung der Problembeseitigung, Erarbeitung neuer Strategien/Leitlinien und Überprüfung ihres Erfolges („plan, do, act, check") muss ein solches Projekt konsequent zum erfolgreichen Abschluss führen. Dabei bietet sich zunächst ein Projekt an, das für alle Mitarbeiter eine hohe Priorität hat und wo sich durch Qualitätsverbesserung ein hoher Profit und damit Motivationsschub ergibt. Eine realistische Terminplanung für die Durchführung eines Qualitätsprojektes lässt Erwartungen konkreter werden.
6. Je größer eine Abteilung ist, desto schwerfälliger ist sie. Bei Neueinführung eines Qualitätsmanagementsystems oder geplanter Zertifizierung einer Endoskopieabteilung empfiehlt es sich in großen Abteilungen mit vie-

len Mitarbeitern, zunächst in einer kleinen besonders motivierten Kerngruppe Projekte zu planen und Informationen zu sammeln. Koordiniert werden die Qualitätsaktivitäten am sinnvollsten von einer Person, die sich für Qualitätsmanagementprobleme besonders qualifiziert hat oder engagiert (Qualitätsbeauftragter/-verantwortlicher/-koordinator). Sind die geplanten Projekte dann vorstrukturiert, muss die Information der übrigen Mitarbeiter zügig erfolgen, um möglichst weitgehende Homogenität aller Mitarbeiter im Qualitätsfortschritt zu wahren oder zu erreichen. Ähnliches gilt für die Erarbeitung abteilungseigener Checklisten, Verfahrensanweisungen, Arbeitsanweisungen etc.

17.1.2 Qualitätsbeauftragter und Qualitätsmanagementbeauftragter

Für eine gute Qualitätspolitik ist es erforderlich, dass eine Person in der Endoskopieabteilung benannt ist, die die Qualitätsarbeit koordiniert und sich als „Qualitätsbeauftragter" für sie besonders engagiert. Dies sollte nicht unbedingt der Praxisinhaber oder der Chefarzt sein. In einem zertifizierten Krankenhaus arbeitet der Qualitätsbeauftragte mit einem meist hauptamtlich angestellten Qualitätsmanagementbeauftragten des Krankenhauses eng zusammen. Dieser Qualitätsmanagementbeauftragte (QMB) ist in der Regel für die Koordination der Qualitätspolitik des ganzen Krankenhauses verantwortlich und hat seine Zusatzqualifikation durch ein Zusatzstudium (z.B. im Public Health-Bereich) oder durch eine Landesärztekammer (Zusatzbezeichnung „Ärztlicher Qualitätsmanager" gemäß dem Curriculum der Bundesärztekammer) erworben.

Der Qualitätsbeauftragte einer Endoskopieabteilung sollte ebenfalls eine gewisse Qualifikation mitbringen, mindestens im Qualitätswesen kundig sein, besser noch an Schulungen zum Qualitätsmanagement oder einer Moderatorenschulung teilgenommen haben. Je größer der Zuständigkeitsbereich des Qualitätsbeauftragten ist, desto mehr ist zu fordern, dass dieser von anderen Arbeiten freigestellt ist und sich ausschließlich um die Belange des Qualitätsmanagements kümmert. Wesentliche Aufgaben des QMB und des Qualitätsbeauftragten sind in der folgenden Aufzählung umrissen.

Aufgabenbereich von Qualitätsbeauftragtem/Qualitätsmanagementbeauftragtem:

- Fachkundige Beratung der Abteilungsleitung bei der Festlegung der Qualitätspolitik von Top-down-Qualitätszielen und -projekten
- Vermittlung, Diskussion und evtl. Modifikation dieser Qualitätsziele und -politik in der Abteilung
- Fachkundige Beratung der Abteilungsbasis bei der Festlegung von Bottom-up-Qualitätszielen und -projekten
- Vermittlung, Diskussion und evtl. Modifikation dieser Qualitätsziele und -politik in der Abteilungsleitung
- Eigenständige Analyse der Abteilungsqualität und eigenständige Vorschläge zur Qualitätsverbesserung
- Förderung des Qualitätsgedankens bei allen Mitarbeitern
- Fachkundige Betreuung von Qualitätsprojekten (Brainstorming, Planung, Durchführung, Ergebnisermittlung)
- Erstellung und Aktualisierung des abteilungseigenen Qualitätshandbuches und der mitgeltenden Unterlagen
- Organisation und Protokollierung der Qualitätszirkelsitzungen
- Erhaltung eines gleichmäßigen Informationsstandes aller Mitarbeiter über die aktuelle Qualitätspolitik
- Erzielung eines gleichmäßigen Informationsstandes aller Mitarbeiter bei inhaltlichen und organisatorischen Veränderungen innerhalb der Abteilung

- Vorbereitung, Durchführung und Auswertung von Maßnahmen zur Ermittlung der Zufriedenheit von Patienten, Mitarbeitern und Zuweisern
- Mithilfe bei der Bewertung von Lieferanten und anderen Dienstleistern anhand valider Kriterien
- Ermittlung des Bedarfs an Fort- und Weiterbildungsmaßnahmen zur Steigerung der Mitarbeiterqualifikation
- Beachtung finanzieller Aspekte (Arbeitsökonomisierung, Einkaufsverbesserungen, Kosten der Qualitätsarbeit)
- Kontrolle der Durchführung von Audits sowie deren Auswertung, Bekanntmachung und Einleitung evtl. erforderlicher Korrekturmaßnahmen bei fehlender Erreichung selbst gesteckter Ziele
- Erstellung des jährlichen Qualitätsberichtes der Endoskopieabteilung bzw. des Krankenhauses
- Aktualisierung aller Dokumente (bei Mitarbeiterwechsel, Lieferantenwechsel etc.)

Der QMB und der Qualitätsbeauftragte müssen mit möglichst klar umrissenen Kompetenzen und Vollmachten ausgestattet sein, um Qualitätsprojekte mit der notwendigen Autorität und Durchsetzungskraft realisieren zu können. Ein freundlich geduldeter, neben dem Alltag herlaufender Qualitätsbeauftragter, der in schlecht besuchten Qualitätszirkelsitzungen verzweifelt Motivation zu verbreiten sucht, wird Qualitätsverbesserungen nicht erzielen können. Eine Abteilungs- oder Krankenhausleitung, die aktiv hinter dem Qualitätsmanagement steht, wird den QMB und den Abteilungs-Qualitätsbeauftragten mit den erforderlichen Vollmachten ausstatten, die Letzterer geschickt werbend und ohne brachiale Kraftakte nutzen wird.

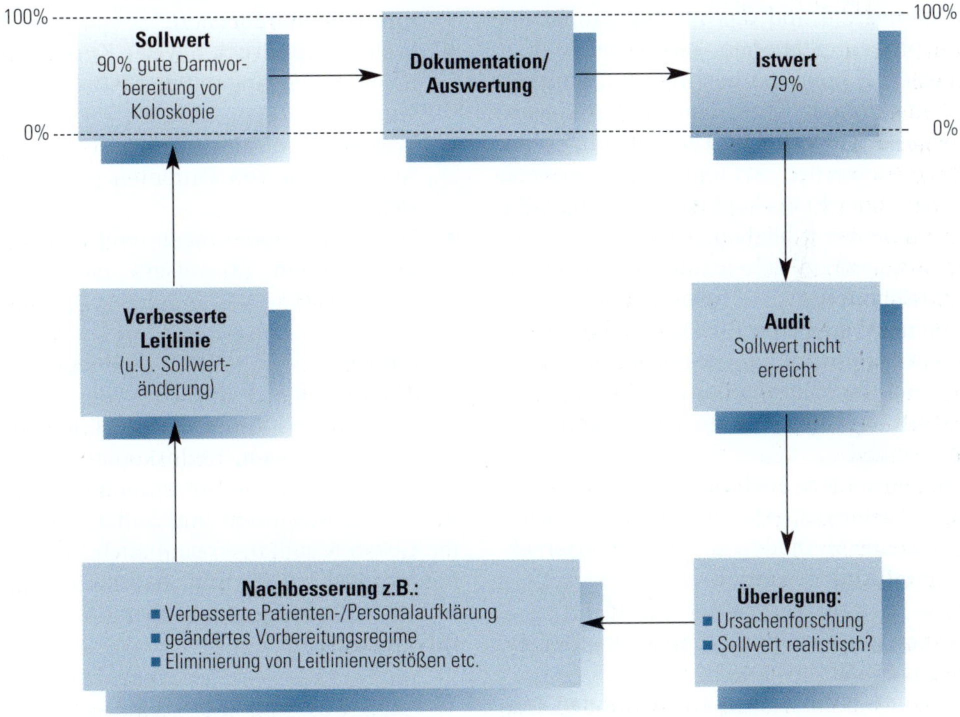

Abb. 17.2: Regelwerk zur Aufrechterhaltung eines Qualitätsstandards, hier Güte der Darmvorbereitung.

Ein jährlicher Abteilungs-Qualitätsbericht des Qualitätsbeauftragten gibt u.a. Auskunft über die Qualitätsmaßnahmen des letzten Jahres, ihre Ergebnisse/Effektivität und geplante Projekte für das nächste Jahr. Dieser Bericht geht allen Mitarbeitern der Abteilung, in der Klinik auch der Abteilungs- und Klinikleitung und dem QMB zu und wird im Dokumentenarchiv abgelegt (Kap. 17.5).

17.1.3 Kundenorientierung

Wichtigstes Merkmal einer Qualitätspolitik ist die Kundenorientierung bei qualitätsgerechter Leistungerbringung. Für die Endoskopie ist der „Kunde" in erster Linie der Patient. Darüber gibt Kapitel 17.4 weitere Auskunft.

Es gibt aber noch weitere nicht zu vernachlässigende „Kunden", insbesondere die Zuweiser wie überweisende niedergelassene Ärzte im ambulanten Bereich oder Stationsärzte und das Pflegepersonal der peripheren Stationen im Krankenhaus. Auch die Zufriedenheit dieser „Kunden" muss ermittelt, unter Umständen verbessert und wiederholten Überprüfungen unterzogen werden. Art und Vorgehensweise sollten jeder Endoskopieabteilung individuell vorbehalten bleiben. Zu untersuchende Gesichtspunkte gehen aus der folgenden Aufzählung hervor. Entsprechende Fragebogenaktionen oder Rückfragen bei zuweisenden Hausärzten, Stationsärzten, Ärzten von Konsiliarabteilungen, Pflegepersonal geben Aufschluss über die Kundenzufriedenheit.

Insbesondere auch über Veränderungen des Leistungsspektrums und Einführungen neuer Methoden sollten Zuweiser aktuell informiert werden.

Fragen zur Ermittlung der Kundenzufriedenheit (z.B. Zuweiser):

- Werden die von unseren Kunden (Zuweisern etc.) an uns gestellten Aufgaben zufrieden stellend erledigt?
- Ist die organisatorische Zusammenarbeit mit dem Kunden reibungslos, einfach gestaltet oder verbesserungswürdig?
- Klappt die Terminvergabe schnell und weitgehend wunschgemäß?
- Sind wir leicht erreichbar?
- Sind wir zuverlässig? Müssen zugesagte Untersuchungen öfter storniert werden?
- Ist die inhaltliche Zusammenarbeit mit dem Kunden zufrieden stellend? Sind Befunde leserlich, exakt?
- Ist der Informationsfluss von der Endoskopie zum Kunden schnell genug?
- Sind wir freundlich?
- Sind Rückfragen an die Endoskopie leicht möglich und die Antworten zufrieden stellend?
- Sind alle erforderlichen Vorbereitungen gut bekannt (Abführmaßnahmen, Blutwerte etc.)?
- Wird über die Neueinführung/Abschaffung von Methoden/Maßnahmen gut und schnell informiert?
- Welchen Eindruck hat der Kunde über unseren Umgang mit den Patienten gewonnen?
- Welchen Charakter haben eindeutige Äußerungen von Patienten gegenüber Dritten?
- Welche Veränderungen sind aus Sicht des Kunden (Zuweisers etc.) wünschenswert?

Zulieferer

Gleiches gilt für „Zulieferer" wie z.B. pathologische Institute/Praxen, Transportdienste, Apotheken, Endoskopie- und Zubehörfirmen. Ist die Zusammenarbeit mit diesen nicht optimal und leidet darunter die Gesamtqualität, so sind auch hier Verbesserungsprojekte und Maßnahmen zur Aufrechterhaltung und Ermittlung des Qualitätsniveaus nötig.

Fragen zur Qualität von Zulieferern einer Endoskopieabteilung:

- Ist die Qualität der Produkte gut?
- Sind die Produkte haltbar oder reparaturanfällig?
- Erfolgen Lieferungen rasch und zuverlässig? Auch in dringenden Fällen?
- Erfolgen Reparaturarbeiten prompt?
- Werden Leihgeräte schnell zur Verfügung gestellt?
- Sind die Ansprechpartner der Firma kooperativ, zuverlässig?
- Stimmt das Preis-Leistungs-Verhältnis?
- Ist die Qualität von Konkurrenzfirmen bekannt?

17.1.4 Problemerkennung

Auch für eine exzellent funktionierende Abteilung werden sich immer Probleme ergeben.

Extern werden an eine Endoskopieabteilung Probleme herangetragen durch:

- neue Erkenntnisse/Methoden durch Studium von Veröffentlichungen, Besuch von Fachtagungen etc.
- Hospitationen in anderen Endoskopieabteilungen, die u.U. andere Problemlösungen aufzeigen
- neue Gesetze,Verordnungen, Leitlinien der Fachgesellschaften etc.
- Vorschläge, Kritik von abteilungsfremden Mitarbeitern, zuweisenden Ärzten etc.

Intern werden an eine Endoskopieabteilung Probleme herangetragen durch:

Patientenvorschläge oder -kritik
Vorschläge, Kritik, Beschwerden von Patienten müssen immer Beachtung finden und hinsichtlich eventueller Konsequenzen diskutiert werden.

Mitarbeitervorschläge oder -kritik
Da im Alltag Ideen, Kritik etc. oft durch die Arbeitsroutine in Vergessenheit geraten, ist ein Instrument wie z.B ein „schwarzes Brett“ oder „Ideenbuch“ nützlich, in dem jeder Mitarbeiter ihm auffallende Probleme festhalten kann. Wir haben ein solches „schwarzes Brett“ so in unserer Endoskopie angebracht, dass es unmittelbar im Arbeitsbereich hängt, aber von Unbefugten nicht einsehbar ist, sodass auch keine Hemmungen zur Benutzung auftreten. Es

Abb. 17.3: An einem Schrank in Arbeitsplatznähe findet sich diese unscheinbare Folie mit Smileys. Unter der Abdeckung mit den Smileys findet sich ein Blatt für spontane Notizen zu Problemen und Verbesserungsvorschlägen. Die Smileys lassen einen Einblick für Unbefugte nicht zu und gestatten so auch u.U. unliebsame Kritik.

ist damit Bestandteil eines betrieblichen Vorschlagswesens.

Alle dort erwähnten Probleme werden dann in der nächsten Qualitätszirkelsitzung bewertet und können in Abhängigkeit von Gewichtung und Dringlichkeit zu unterschiedlichen Konsequenzen führen, die von neuen Leitlinien, strukturellen Änderungen, Aufnahme in einen neuen Fragebogen über Einbezug in spätere Projekte bis hin zur Verwerfung des Vorschlages reichen.

Wird ein Problem von seiner Wertigkeit und Dringlichkeit als lösenswert/lösungsbedürftig eingestuft, so erfolgt nach einer Beschreibung des aktuellen Ist-Zustandes und der Zielvorgabe die Ausarbeitung der Strategie zur Erreichung des neuen Ziels, die dann nach Diskussion mit allen Beteiligten in die Tat umgesetzt wird. Anschließend erfolgt eine Überprüfung, ob diese Strategie zum Ziel geführt hat, ob Korrekturen der Strategie oder Zielvorgabe notwendig sind und schließlich, welche Maßnahmen zur Erhaltung des gewünschten Zustandes erforderlich sind.

17.1.5 Problembewältigung durch internen Qualitätszirkel, Teambesprechung

Wichtigstes Instrument im Qualitätsmanagement ist der abteilungsinterne Qualitätszirkel oder in Praxen die Teambesprechung. Soll ein Qualitätsmanagementsystem etwa anlässlich einer vorgesehenen Zertifizierung eingeführt werden, steht die systematische Erarbeitung abteilungseigener Qualitätsziele, Leitlinien, Checklisten, Verfahrensanleitungen, Arbeitsstandards etc. für das abteilungseigene Qualitätshandbuch im Vordergrund.

In unserer Abteilung entstand der Qualitätszirkel zunächst zur Erarbeitung von Fehlervermeidungsstrategien nach unserer ersten Komplikationsstatistik 1995. Die Standardisierung von endoskopischen Verfahren, Organisationsabläufen, Erstellung von Audits etc. erfolgten später und mit zunehmender Auseinandersetzung mit der Qualitätspolitik dann auch Projekte zur anhaltenden Qualitätsverbesserung. Eine schließlich vorgesehene Zertifizierung führte zu einer Systematisierung der abteilungseigenen Qualitätspolitik.

Qualitätszirkelsitzungen sollten am besten in regelmäßigen Abständen und zusätzlich aus aktuellen Anlässen stattfinden. Eine schriftliche Einladung durch den Qualitätsbeauftragten zur Sitzung mit Datum, Zeitpunkt, Ort, Tagesordnung und Sitzungsdauer geht allen Teilnehmern rechtzeitig zu. Der Tagesordnungspunkt „Verschiedenes" sollte immer noch Gelegenheit geben, bislang unbedachte Probleme anzusprechen und evtl. zum TOP einer späteren Sitzung zu machen.

In den Sitzungen werden Neuerungen, Probleme, Verbesserungsvorschläge etc. besprochen, Lösungsversuche erarbeitet und nach erfolgreicher Erprobung in schriftlicher Form als abteilungsinterne Leitlinien, Verfahrensanweisungen etc. festgehalten. Bei vielen Problemen empfiehlt sich, zunächst in einem unbewerteten Brainstorming Ideen zu sammeln, die dann später gewichtet und weiter ausgearbeitet werden können. Schwierige Probleme sollen von einer einzelnen Person oder einer kleinen Expertengruppe (Qualitätsteams) evtl. vorstrukturiert werden, um im Qualitätszirkel eine effiziente Diskussion führen zu können. Diese Expertengruppen lösen sich nach einer Problembeseitigung wieder auf. Bei heiklen oder schwierigen Themen sollte ein neutraler, möglichst geschulter Moderator die Sitzung leiten. Die Erarbeitung von Lösungen erfolgt im Team, was zur Stärkung des Instruments „Qualitätszirkel/Teambesprechung" beiträgt (s. Abb. 17.1, S. 205).

Von allen Qualitätszirkelsitzungen wird ein Protokoll über Teilnehmer und Inhalte geführt, das allen Mitarbeitern, Teilnehmern, dem QMB und der Abteilungsleitung zur Kenntnis- und Stellungnahme zugeht. Die Protokolle sind so aufzubewahren,

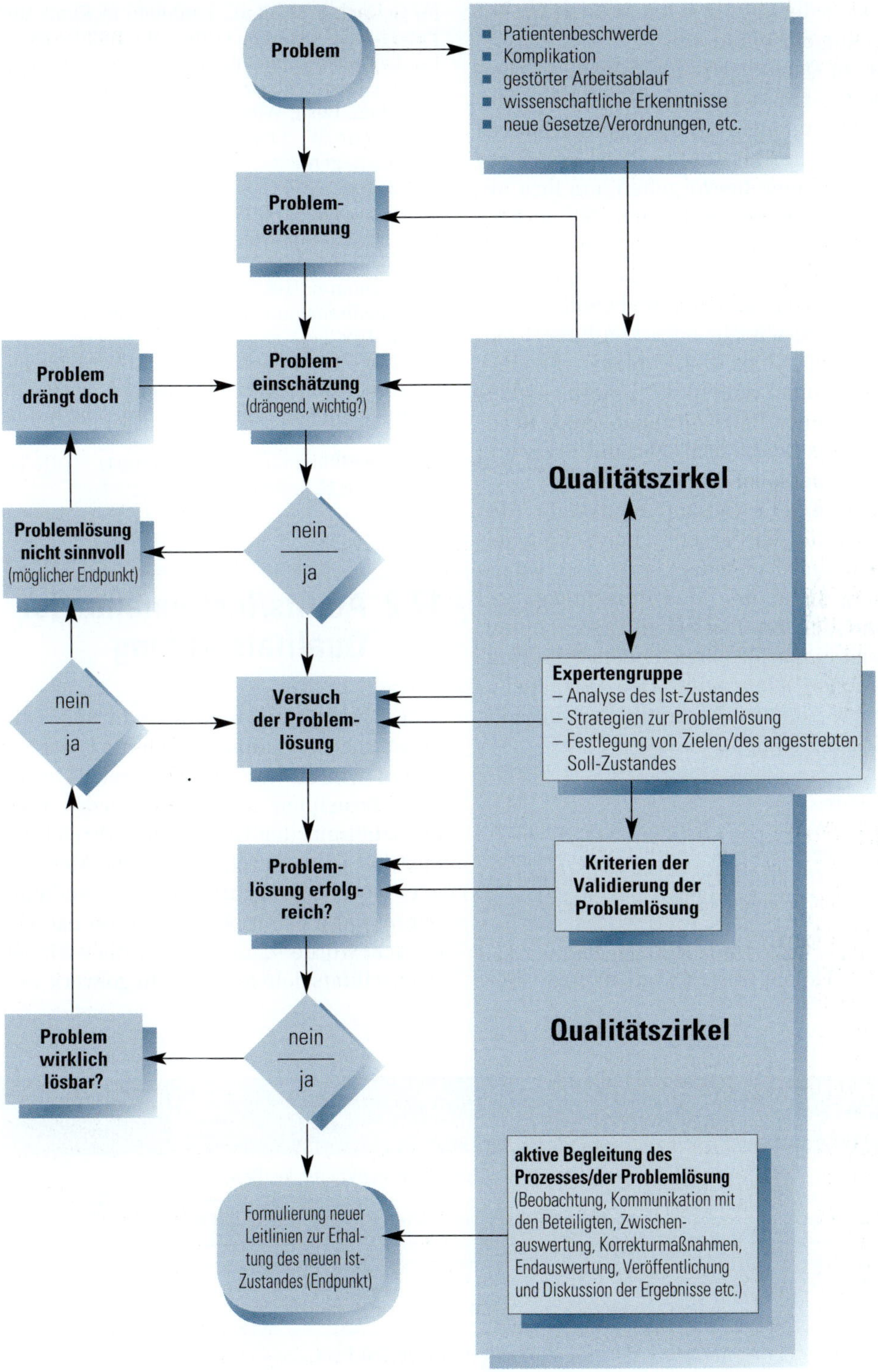

Abb. 17.4: Problemlösung im internen Qualitätszirkel.

dass sie jederzeit für jeden Mitarbeiter der Abteilung einsehbar sind.

Alle in Qualitätszirkelsitzungen erarbeiteten Ergebnisse müssen schriftlich dokumentiert und allen Abteilungsmitarbeitern bekannt sein. Das Datum ihrer Erstellung muss aus ihnen hervorgehen, um ihre Aktualität erkennen zu können. Sie sind im Qualitätshandbuch zusammengefasst.

An den Qualitätszirkelsitzungen nehmen je nach Themenstellung die beteiligten Berufsgruppen einzeln oder kombiniert teil, je nachdem, ob es um Probleme einzelner Berufsgruppen oder des Zusammenspiels verschiedener Berufsgruppen geht. Kerngruppe des Qualitätszirkels sind Ärzte und Assistenzpersonal der Endoskopie.

Jeder an der Endoskopie Beteiligte – das gilt auch für die Personen der Schnittstellen, z.B. die Hygienefachkraft, den Sicherheitsingenieur, den Medizintechniker etc. – kann den Qualitätsbeauftragten bitten, dass zu einem Problem/Thema eine Qualitätssitzung stattfindet. Der Qualitätsbeauftragte oder ein Vertreter soll an jeder Sitzung teilnehmen.

Literatur:

[1] Bruns-Weigand W, Kämmer K, Qualitätszirkel in der Praxis. Pflege aktuell. (1995), 450–451
[2] Ecker F, van Caster C, Die neue DIN ISO 9001:2000. Leistung und Lohn. (2001), 353, 354, 355
[3] Gerlach F M (2001), Qualitätsförderung in Praxis und Klinik. Georg Thieme, Stuttgart, New York
[4] Gerlach F M, et al., Leitlinien in Klinik und Praxis. Dtsch Ärztebl. (1998), 95, B820–825
[5] Leitfaden: Qualitätsmanagement im deutschen Krankenhaus. (1997) Zuckschwerdt, München, Bern, Wien, New York
[6] Lorenz W, Leitlinien als Inhalt des Qualitätsmanagements. Der Internist. (2000), M163–164
[7] Ollenschläger G, Oesingmann U, Kolkmann F W, Evaluation von Leitlinien. Der Internist. (2000), M165–166
[8] Selbmann H-K, Wesen und Aufgaben des Qualitätsmanagements. Der Internist. (2000), M167–168
[9] QMA – Das Informations- und Fortbildungsprogramm für Qualitätsmanagement in der ambulanten Versorgung der ÄZQ. http://www.q-m-a.de (23.4.2002)
[10] Qualitätsmanagement (2001). DIN-Taschenbuch 226. Beuth, Berlin

17.2 Audits/Instrumente der Qualitätsprüfung

Jedes Qualitätsziel – auch wenn es in Leitlinien noch so optimal definiert ist – ist nur so gut wie die tatsächlich erreichte Qualität. Prinzipiell muss somit jedes Qualitätsziel und der Grad seiner Erreichung messbar sein. Durch eine solche Messung oder Überprüfung, auch internes Audit genannt, kann ermittelt werden, ob das Ziel erreicht wurde. Zumindest für die wichtigsten Qualitätsziele muss ein Regelwerk vor-

Tabelle 17.1
Sog. RUMBA-Regeln für das Erstellen von Qualitätskriterien

Relevant	für den zu analysierenden Bereich
Understandable	verständlich, einleuchtend für Dritte
Measurable	messbar (in Zahlen ausdrückbar)
Behaviour	durch Verhalten veränderbar
Attainable	erreichbar, machbar

handen sein, das valide Erfolgskontrollen garantiert, den Stand der Qualität objektiviert und bei Nichterfüllung der Ziele auf die Erfüllung des gesetzten Standards hinzielt. Wenn eben möglich sollen die Prüfer interner Audits nicht mit der zu überprüfenden Maßnahme zu tun haben.

Die Kriterien, mit denen die Qualität eines Prozesses beurteilt wird, sollen relevant für den zu messenden Bereich sein, verständlich, durch Verhalten veränderbar und erreichbar im Sinne von realistisch (sogenannte RUMBA-Regeln).

Zwingende Qualitätsziele sind z.B. einwandfreie Hygienekontrollen der Endoskopiegeräte oder eine niedrige Komplikationsrate, andere Qualitätsziele ergeben sich aus den speziellen Problemen einer Abteilung. Solche Probleme können im internen Qualitätszirkel herausgearbeitet werden samt dem Instrumentar, mit dem man den Erfolg/Misserfolg messen kann.

Instrumente zur Überprüfung von bedeutenden Qualitätsergebnissen sind z.B.:

1. Komplikationsstatistik (mindestens jährliche Auswertung)
2. bakteriologische Hygienekontrollen (vierteljährlich)
3. Apothekerkontrollen für Arzneimittel in der Endoskopie einschließlich BTM (jährlich)
4. Statistiken zur Ergebnisqualität aller endoskopischen Methoden (fortlaufend mit mindestens jährlichem Ergebnis)
5. Statistiken zur Qualität der Koloskopievorbereitung (fortlaufend, in unserer Klinik mit monatlichem Ergebnis)
6. Patientenbefragung allgemein/zu speziellen Problemen (ca. jährlich/aus gegebenem Anlass)
7. Patienten-Beschwerde- und -Vorschlagsbriefkasten (kontinuierlich)

Die Instrumente 1. bis 5. sind durch Gesetze, Verordnungen und die Empfehlung der Deutschen Ärzteschaft zur Qualitätssicherung in der Endoskopie vorgeschrieben bzw. dringend empfehlenswert. Die Instrumente 6. und 7. sind für eine Qualitätssicherung nach DIN EN 9001 „Qualitätsmanagementsysteme – Anforderungen“ oder KTQ ebenfalls erforderlich.

Andere messbare Qualitätsparameter gehen aus folgender Aufzählung hervor.

- Zahl ausgefallener oder verschobener Untersuchungen
- Dauer zwischen Anmeldezeitpunkt und Termin für eine Endoskopie
- Erstellung eines Meinungsbildes über die Kooperation durch die überweisenden Ärzte
- Aufzeichnungen über Leerlaufzeiten und ihre Gründe

Hier muss jede Abteilung herausfinden, welche Punkte besonders wichtig sind.

Messungen sollen nur durchgeführt werden, wenn sie Basis-Qualitätsstandards dokumentieren und aus ihnen Konsequenzen gezogen werden.

Der zeitliche Aufwand ist beträchtlich, Aufwand und Nutzen müssen kalkuliert sein. Keine Qualitätskontrolle darf ohne Ergebnis bleiben, kein Ergebnis ohne Konsequenz, keine Konsequenz ohne Überprüfung ihrer Richtigkeit. Erst dann führt Qualitätskontrolle auch zu befriedigenden Ergebnissen.

Die Ziele müssen realistisch sein, z.B. eine Praxis mit ambulanten Patienten wird unabhängig vom Vorbereitungsregime immer einen besseren Vorbereitungsgrad bei der Darmlavage haben, als eine geriatrische Abteilung.

Als Beispiele für Regelwerke, die sehr früh bei Abweichungen vom erwünschten Standard greifen oder Abweichungen vorbeugen, wären zu nennen:

- die Information für Pflegepersonal bei schlechter Koloskopievorbereitung (Kap. 6.4, CD-ROM)
- die Analyse jeder Reanimation/Notfallmaßnahme in der Endoskopie (Kap. 14.1.3)

- die Checkliste für die Vollständigkeit aller Unterlagen vor Endoskopien (CD-ROM)

17.3 Mitarbeiterzufriedenheit

Bei einem zufrieden stellenden Qualitätsmanagement sollte auf Dauer nicht nur die Qualität und Effektivität der Arbeitsabläufe und die Zufriedenheit der Patienten zunehmen, sondern auch die Zufriedenheit der Mitarbeiter.

1. Ohne Mitwirkung aller Mitarbeiter kann durchgängige Qualität nicht entstehen. Die Entwicklung von Teamstrukturen trägt zur Erhöhung der Mitarbeiterzufriedenheit und Identifikation bei. Durch eine Qualitätspolitik, die alle Beteiligten einbezieht, wird die Struktur einer Abteilung homogener, mit mehr gegenseitigem Verständnis innerhalb der Abteilung und gegenüber den Mitarbeitern der anderen Schnittstellen.
2. Klare Verfahrensanweisungen geben Sicherheit, vermeiden Unstimmigkeiten und erhöhen so die Arbeitszufriedenheit.
3. Klare Stellenbeschreibungen und Zuständigkeitsregelungen mit Orientierung an individuellen Fähigkeiten der Mitarbeiter erhöhen das Maß an eigenständiger Arbeit und verhindern Kompetenzgerangel. Die Erweiterung von Entscheidungsspielräumen durch Verlagerung von Entscheidungs- bzw. Organisationskompetenzen erhöht die Mitarbeiterautarkie und so auch die Motivation. Die Grenzen der jeweiligen Kompetenz müssen natürlich festgelegt sein und sind u.U. auch wieder Gegenstand von Problemerörterungen [2].
4. Bei der gemeinschaftlichen Gestaltung von Zeitabläufen, Terminvergaben, Urlaubsplanungen geht es um die Zeit aller Mitarbeiter. Eine Planung mit allen Mitarbeitern erhöht die Effizienz, gesteht aber auch den Mitarbeitern einen höheren Mitgestaltungsgrad für Arbeits- und Organisationsabläufe zu.
5. Strukturierte Einarbeitungspläne für neue Mitarbeiter (Kap. 15.2.1) führen zu deren rascherer Integration und zur schnelleren Homogenität des Teams.
6. Durch ein betriebliches Vorschlagswesen werden Probleme aus dem Arbeitsalltag thematisiert oder Innovationen erzielt, die die Qualität der Abteilung und die Arbeitszufriedenheit erhöhen.
7. Unnötige hierarchische Kontrollen werden durch Transparenz der Prozesse und Kommunikation in internen Qualitätszirkeln oder Teambesprechungen abgelöst.
8. Regelmäßige Informationen in internen Qualitätszirkeln oder Teambesprechungen sorgen für einen gleichmäßigen Informationsstand aller Mitarbeiter und verhindern das Gefühl, „als Letzter informiert worden zu sein".
9. Bei Fehlern, Beschwerden etc. treten Schuldzuweisungen und Vorwürfe zurück gegenüber Ursachenermittlung und Chancen zur Verbesserung.
10. Regelmäßige Schulungsmaßnahmen halten auf dem laufenden Stand, wecken anhaltendes Interesse an aktuellen Entwicklungen, ermöglichen so einen homogenen aktuellen Wissensstand von hoher Qualität und das Gefühl, „up to date" zu sein. Bei der Einführung neuer Methoden kommt die Kommunikation mit Verständnisfragen einzelner Mitarbeiter allen zugute.

Für die Zufriedenheit der Mitarbeiter gibt es Messgrößen [nach 1]:

- Fluktuation
- Krankenstand
- Rückmeldungen von Patienten über Mitarbeiterverhalten
- Bereitschaft zu aktiver Teilnahme an gemeinsamen Veranstaltungen

- Anzahl der durch Mitarbeiter eingebrachten Verbesserungsvorschläge
- Anzahl betriebsrechtlicher Auseinandersetzungen
- Ergebnisse der Mitarbeiterbeurteilung

Möglich ist in größeren Abteilungen auch eine anonyme Mitarbeiterbefragung, vergleichbar einer Patientenbefragung. Vorschläge für Mitarbeiterbefragungen finden sich z.B. in [1] und [3]. In jedem Fall sollte man ausscheidende Mitarbeiter nach den Gründen ihres Ausscheidens und nach all ihren positiven und negativen Erfahrungen in der Abteilung befragen.

Natürlich darf man von einer veränderten Mitarbeiterorientierung im Rahmen eines modernen Qualitätsmanagements nicht die Lösung aller Probleme erwarten. Die Fähigkeit, Kompetenz und Führung abzugeben, und die Fähigkeit, Kompetenz zu übernehmen, sind unterschiedlich ausgeprägt. Unter Umständen sind Probeläufe von Projekten sinnvoll, bei denen man nach einer vereinbarten Zeit die erreichte Qualität und Zufriedenheit aller Beteiligten ermittelt und dann weitere Optimierungen vornimmt.

Für heikle Themen ist es gelegentlich sinnvoll, Schulung oder „Moderation" durch externe dritte Personen durchführen zu lassen.

Die Verpflichtung zur Qualität kann in manchen Phasen und von manchen Mitarbeitern mehr als Belastung denn als Fortschritt empfunden werden. Das sollte nicht verschwiegen werden. In solchen Fällen ist Motivation durch die Leitung der Abteilung nötig, aber auch die Überlegung, ob man sich zuviel zugemutet hat und ob eventuelle Korrekturen nötig sind.

In Kliniken sollte sowohl die Mitarbeitervertretung als auch die Direktion über die Implementierung eines Qualitätsmanagements in der Endoskopieabteilung informiert und möglichst aktiv in die Qualitätspolitik einbezogen werden, wenn nicht von dort die Impulse ausgehen.

Literatur:

[1] Bachner U (1999), Qualitätsmanagement im Krankenhaus. Schlütersche, Hannover
[2] Mundt F, Ruckriegl I (2000), Der Mitarbeiter als Kunde. In: Amon U, Ruckriegl I, Qualitätsmanagement in der Arztpraxis. Springer, Berlin, Heidelberg, New York
[3] Viethen G, Bundesministerium für Gesundheit (Hrsg.) (1998), Wegweiser Qualitätsmanagement im Krankenhaus. Gustav Fischer, Stuttgart, Jena, Lübeck, Ulm
[4] Wölker T (2000), Qualitätsmanagement in der Arztpraxis. Ärztezeitung, Neu-Isenburg

17.4 Maßnahmen zur Erreichung einer hohen Patientenzufriedenheit

Alle bisher beschriebenen Qualitätsmaßnahmen sollen für den Patienten einen hohen Sicherheitsstandard, große diagnostische und therapeutische Kompetenz gewährleisten mit möglichst geringen organisatorischen Reibungsverlusten. Damit sind zwar absolut erforderliche Standards für die fachliche und organisatorische Qualität vorhanden, diese allein reichen aber für eine hohe Patientenzufriedenheit nicht aus.

Folgende Verhaltensweisen sind erforderlich, damit sich die Patienten, die oft mit Ängsten oder auch Schamgefühlen zur Endoskopie kommen, gut aufgehoben fühlen:

1. Jeder Patient soll freundlich in der Endoskopie empfangen und behandelt werden.
2. Alle Mitarbeiter müssen sich den Patienten namentlich vorstellen, das gilt für Ärzte wie Schwestern gleichermaßen. Namensschilder sind grundsätzlich günstig, aber nicht allein ausreichend und ersetzen nicht die persönliche Vorstellung und Kommunikation. Bei notwendigem Mund-/Gesichtsschutz sollte der Patient die Behandelnden vorher möglichst mit unverdecktem Gesicht kennen lernen.

3. Ein Mitarbeiterwechsel während einer Endoskopie sollte ohne zwingenden Grund nicht vorkommen. Andernfalls muss sich auch der neu hinzugekommene Mitarbeiter dem Patienten namentlich vorstellen und die scheidende Arbeitskraft vom Patienten verabschieden, wenn dieser wach ist. Ist ein Mitarbeiterwechsel oder das Hinzukommen weiterer Personen (Supervisor, zweite Assistenzkraft etc.) absehbar, sollte der Patient bereits im Vorfeld darüber aufgeklärt werden.
4. Kein Patient soll nach seiner Ankunft in der Endoskopieabteilung auf seine Untersuchung länger als 15 Minuten warten. Kommt es aus unerwarteten Gründen (Notfall o.Ä.) zu einer längeren Wartezeit, so ist der Patient zwischenzeitlich über die Verzögerung zu informieren und um Entschuldigung zu bitten. Muss mit einer sehr langen Wartezeit gerechnet werden, so soll dem Patienten freigestellt werden, ob er wieder zur Station zurück möchte, bzw. die Praxis noch einmal bis zu einer bestimmten Uhrzeit verlassen oder weiter im Wartebereich verbleiben möchte. Die Versorgung mit einer Zeitschrift o.Ä. kann ein wenig Abwechslung bringen.
5. Auf geäußerte Ängste soll einfühlsam eingegangen werden, sie sollen keinesfalls als „unsinnig, unnötig“ abgetan werden.
6. Auf offen oder verhohlen geäußerte Schamgefühle (z.B. Zahnlosigkeit nach Prothesenentfernung, Nacktheit im Genitalbereich vor unterer GI-Untersuchung, Unansehnlichkeit durch Krankheit) soll einfühlsam, rücksichtsvoll und wenn möglich abhelfend reagiert werden.
7. Auf vom Patienten geäußerte Wünsche soll eingegangen werden. Sind diese unerfüllbar, so soll dies erklärt und um Verständnis geworben werden.
8. Alle Beschwerden von Patienten – gleichgültig in welcher Art und Form sie geäußert werden – sind zunächst ernst zu nehmen und müssen einer Überprüfung auf Berechtigung, Abhilfe oder gar Wiedergutmachung/Entschuldigung unterzogen werden. Sie sind Diskussionsgegenstand des internen Qualitätszirkels. Das Motto lautet: „Ihre Meinung ist uns wichtig.“ Das betrifft positive wie negative Kritik oder Verbesserungsvorschläge. Häufen sich Beschwerden über den gleichen Sachverhalt, so müssen im Qualitätszirkel strukturelle Veränderungen erwogen werden. Für schriftliche, u.U. anonyme Beschwerden oder auch konstruktive Ideen/Vorschläge von Patienten muss ein „Briefkasten“ vorhanden sein, für das gesamte Krankenhaus eine Patientenbeschwerdestelle. Auf vom Patienten schriftlich fixierte Meinungsäußerungen soll auch schriftlich in konstruktiver und freundlicher Weise in angemessen kurzer und festgelegter Zeit geantwortet werden. Wie, von welcher Person, in welcher Zeit etc. mit einer schriftlichen Meinungsäußerung eines Patienten umgegangen werden soll, ist grundsätzlich in jeder Abteilung im Qualitätshandbuch festzulegen („Beschwerdemanagement“).
9. Von Patienten schriftlich geäußertes Lob soll öffentlich gemacht werden. Dies schafft Vertrauen für andere Patienten und erhöht die Mitarbeiterzufriedenheit.
10. Eine Broschüre über die Organisation der Endoskopie, das Leistungsspektrum der Abteilung, die Zahl der jährlichen Untersuchungen, hygienische und andere Sicherheitsstandards, die Nennung des Ortes für den Kummer- oder auch Lob-Briefkasten soll Transparenz schaffen. Der Patient ist in dieser Broschüre zur kritischen, positiven wie negativen Äußerung zu ermuntern. In Krankenhäusern kann dies im Rahmen einer Informationsbroschüre über das gesamte Krankenhaus stattfinden. Eine solche Broschüre soll dem Patienten bei Betreten der Praxis bzw.

des Krankenhauses oder z.B. bei der Aufklärung zur ersten Endoskopie angeboten werden.

11. Zur Messung der Patientenzufriedenheit als wesentlicher Bestandteil der Ergebnisqualität werden in regelmäßigen Abständen Patientenbefragungen durchgeführt und ausgewertet. Die jeweiligen Ergebnisse der Befragung sind Gegenstand des internen Qualitätszirkels und von Patienteninfos. Patienten- und Mitarbeiterbefragungen eignen sich auch bei der Etablierung neuer Vorgehensweisen. Bei der Einführung einer neuen Koloskopie-Vorbereitung können die Patienten und das Pflegepersonal nach der Verträglichkeit, die Untersucher nach der Güte der Vorbereitung befragt werden, bevor man sich für die neue Vorgehensweise endgültig entscheidet.
12. Gute Aufklärung über zu erwartende Missempfindungen erhöht die Toleranz, und eine Aufklärung über die Vorgehensweise nimmt erwiesenermaßen viele Ängste, ebenso ein klar mit dem Patienten besprochenes Vorgehen bezüglich evtl. Analgosedierung.
13. Die Befunderläuterung nach abgeschlossener Endoskopie ist für den Patienten ebenfalls oft von großer Wichtigkeit (s.a. Kap 13.4). Bei Verdacht auf ein funktionelles Leiden, mit einer Endoskopie im Rahmen einer Ausschlussdiagnostik, sollte man den Patienten bereits vorher wissen lassen, dass man eigentlich keinen pathologischen Befund erwartet; dies reduziert enttäuschte Erwartungen.
14. Insbesondere bei chronischen Erkrankungen des Magen-Darm-Traktes soll der Patient von dem endoskopierenden Arzt bzw. der Klinik auch mit schriftlichem Informationsmaterial zur Erkrankung (z.B. bei chronisch-entzündlichen Darmerkrankungen) und zu Selbsthilfegruppen (z.B. DCCV, Zöliakiegesellschaft, Pankreatektomierte) versorgt werden. Schriftliche Informationen sind für den Patienten von besonders hohem Wert.
15. Für die Terminvergabe zur endoskopischen Untersuchung gelten als oberste Prinzipien eine schnelle Terminvergabe bzw. die Berücksichtigung von Terminwünschen, soweit eben erfüllbar (s. Kap. 4.5).

Fragen der ASGE zur Ermittlung der Patientenzufriedenheit in einer Endoskopieabteilung [10]:

1. Wie lange warteten Sie auf einen Untersuchungstermin? (Gar nicht/fast gar nicht/länger/sehr lange)
2. Wie lange mussten Sie auf die Untersuchung im Wartezimmer warten?
3. Wie war die persönliche Art des untersuchenden Arztes? (Höflichkeit, Respekt, Sensibilität, Freundlichkeit)
4. Wie waren die technischen Fertigkeiten des untersuchenden Arztes? (Gründlichkeit, Vorsicht, Kompetenz)

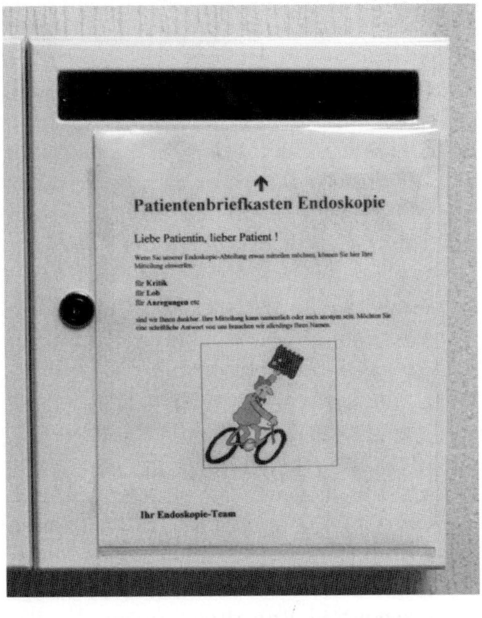

Abb. 17.5: Ein Patientenbriefkasten an leicht auffindbarer Stelle erlaubt die schriftliche, auch anonyme Äußerung von Patienten.

5. Wie war die persönliche Art des Assistenzpersonals? (Höflichkeit, Respekt, Sensibilität, Freundlichkeit)
6. War die Aufklärung über die erfolgte Untersuchung verständlich, wurden alle Fragen beantwortet?
7. Wie ist die generelle Einschätzung der Behandlung?
8. Würden Sie diese Endoskopie von diesem Arzt wiederholen lassen? (Ja/Nein)
9. Würden Sie diese Endoskopie in dieser Abteilung wiederholen lassen? (Ja/Nein)

Kommentar

Die Kunden- und Patientenbefragung gilt im Prinzip als höchstwertiges Instrument zur Ermittlung der Zufriedenheit und Erkennung von verbesserungswürdigen Fakten. Leider gibt es für die Endoskopie nur sehr wenige konkrete Beispiele für eine Patientenbefragung [9, 10]. Die überwiegende Literatur bezieht sich auf Empfehlungen bei der Abfassung eines Fragebogens oder Fragen zu einer Gesundheitseinrichtung im Allgemeinen [1, 3, 5]. Unseren eigenen Endoskopie-Fragebogen für Patienten finden Sie auf der CD-ROM. Allgemein gilt: Ein Fragebogen sollte nicht zu lang sein. Er muss allgemein verständlich gehalten und auf die befragte Patientengruppe abgestimmt sein (z.B. Ausländer, ältere Patienten). Der technische Weg des Rücklaufs muss möglichst einfach gehalten sein. Es soll Raum für freie Bemerkungen vorhanden sein, um auf evtl. unbemerkte Probleme aufmerksam gemacht zu werden. Das Problem evtl. erwünschter Anonymität und damit erhöhter Aussagekraft sollte gelöst sein. Der Fragebogen sollte in der Endoskopieabteilung von einer Expertengruppe entworfen, aber dann mit allen Mitarbeitern diskutiert und ggf. überarbeitet werden. Je höher die Zustimmung des Assistenzpersonals zur Befragung ist, desto höher ist der Rücklauf von Fragebögen [2]. Die Ausgabe an die Patienten erfolgt am günstigsten durch das Assistenzpersonal mit begleitenden Worten. Befragung und Fragebogen müssen der ganzen Abteilung einschließlich Zuweisern bzw. Stationen bekannt sein, um eine möglichst hohe Motivation und Kooperation zu erreichen. Hilfreiche Anweisungen für die Erstellung eines Patientenfragebogens können auch der Internetinformation von Q-M-A [7] entnommen werden. Es sollte zunächst ein Probelauf stattfinden, um ggf. Nachbesserungen zu ermöglichen [1, 4].

Literatur:

[1] Hildebrand R (1999), Das bessere Krankenhaus, Kap.2.2.5, 273–279, Teilaufgabe Befragungen. Luchterhand, Neuwied; Kriftel

[2] Dierks M-L, Bitzer E M, Schwartz F W, Patientenbefragungen in der Arztpraxis. ZaeFQ. (Z Arztl Fortbild Qualitätssich). (2000), 94, 389–395

[3] KTQ-Leitfaden zur Patientenbefragung (2000). Deutsche Krankenhausverlagsgesellschaft, Düsseldorf

[4] Leitfaden: Qualitätsmanagement im deutschen Krankenhaus, Kap. 4.2, 47–49, Patientenbefragungen als Instrument des Qualitätsmanagements (1997). Zuckschwerdt, München, Bern, Wien, New York

[5] Menschen im Krankenhaus. Repräsentative Umfragen über Meinungen und Erfahrungen von Patienten und Besuchern durch 3 Jahrzehnte (1988). Fachvereinigung der Verwaltungsleiter deutscher Krankenanstalten e.V. und ihrer Studienstiftung, Mülheim

[6] Pfaff H, Bentz J (1988), Subjektive Daten – Objektive Analyse. In: Schwartz F W, et al. (Hrsg.), Das Public-Health-Buch, 310–345. Urban und Schwarzenberg, München, Wien, Baltimore

[7] Patientenbefragung. In: QMA – Das Informations- und Fortbildungsprogramm für Qualitätsmanagement in der ambulanten Versorgung der ÄZQ. http://www.q-m-a.de bzw. q-m-a.de/qm4_2_patbefrag.htm (23. 4. 2002)

[8] Richter E A, Der informierte Patient – ein gemeinsames Ziel. Dtsch Ärztebl (2000), 97, B650–651

[9] Ritter J, Amelung V, Umfasssende Bewertung der Dienstleistungsqualität zur Prozessoptimierung in Endoskopieabteilungen. In: Phillip et al., Endoskopie: Struktur und Ökonomie, 269–297, besonders Anhang 2, 290–292 und Anhang 3, 293–295. Normed, Bad Homburg

[10] Quality and outcomes assessment in gastrointestinal endoscopy (2000). ASGE Publication No. 1042, Appendix II

17.5 Das abteilungseigene Qualitätsmanagement-handbuch und andere QM-Dokumente

Ein QM-Handbuch dient der Formulierung der Qualitätsziele einer Abteilung, der Politik, wie diese Ziele erreicht werden können, sowie der Darstellung der Strukturen, Organisationsabläufe, Verfahrensanweisungen, Checklisten und medizinischen Leitlinien der eigenen Abteilung. Die schriftliche Fixierung gewährleistet Konstanz, Überprüfbarkeit und jederzeitige Verfügbarkeit von aktuell gültigen Organisationsabläufen, Verfahrensanweisungen, Checklisten, Qualitätsmaßstäben etc.

Ein abteilungseigenes, selbst erstelltes Qualitätshandbuch sollte einen Umfang von ca. 20 Seiten nicht überschreiten und als Loseblattsammlung angelegt sein. Dies vereinfacht erforderliche Änderungen oder Erweiterungen, ohne dass gleich das gesamte Handbuch neu geschrieben wer-

Tabelle 17.2
Beispiel für ein Inhaltsverzeichnis eines QM-Handbuches

Ordnungsnr.	Titel des Inhaltes	(s. Kap.)
1	**Organisationsaufbau der Endoskopie mit Organigramm**	(2.1)
1.1	Ärztlicher Bereich	
1.2	Assistenzbereich	
1.3	Administration	
1.4	Schnittstellen (Klinik, Zuweiser, Pathologie)	(13, 17.1.3)
1.5	Verantwortlichkeiten und Funktionsbeschreibungen einschließlich der des QMB	(2.1, 17.1.2)
1.6	Qualitätspolitik und Qualitätsziele der Abteilung	(1, 17)
2	**Patientenannahme mit Terminvergabe und Patientenerfassung**	(4.5)
3	**Patientenaufklärung**	(4.1)
4	**Diagnostik und Therapie**	(5–12)
4.1	Spektrum von Diagnostik und Therapie	
4.2	Zuständigkeiten für alle endoskopischen Prozesse samt Vor-, Nachbereitung und Nachsorge	
4.3	Dokumentation des Untersuchungs- und Behandlungsverlaufes	
5	**Patientenentlassung aus der Endoskopie**	(4.2.9, 5–12)
6	**Hygiene einschließlich Ver- und Entsorgung von medizinischen Gebrauchsgütern**	(3.1)
7	**Medizintechnik**	(3.2)
8	**Information und Kommunikation**	(13)
9	**Kontinuierlicher Verbesserungsprozess**	(17)
10	**Stichwortverzeichnis**	

den muss. Es ist optimalerweise so gestaltet, dass es den Patienten, Zuweisern bzw. Kunden als Informationsbroschüre und den Mitarbeitern als Pfad für die abteilungseigenen Vorgaben dienen kann, und stellt mit der Darstellung der Kerndienstleistung der Endoskopie somit nur die erste Ordnungsebene dar (s. folgendes Beispiel).

Die zweite Ordnungsebene geht nicht mehr unmittelbar aus dem Qualitätshandbuch hervor. In ihr werden aber für alle Punkte des abteilungseigenen QM-Handbuches die konkreten Zuständigkeiten und alle Prozessbeschreibungen (Prinzipien und Ablauf von Patientenanmeldung und Terminvergabe, Checklisten, endoskopische Arbeitsabläufe etc.) festgehalten.

Die dritte Ordnungsebene beschreibt schließlich alle Dokumentationsprozesse in der Abteilung („wer? wie?") und nennt alle mitgeltenden Unterlagen.

Die Dokumente der zweiten und dritten Ordnungsebene besitzen ihrerseits die gleiche Gültigkeit und sind den gleichen Qualitätsmaßstäben unterworfen wie das QM-Handbuch selbst.

Alle Teile der QM-Dokumentation sind mit dem Datum ihrer Entstehung zu versehen, damit ihre Aktualität erkennbar ist, denn im Lauf der Jahre werden sie sich durch Änderung von Gesetzen, Leitlinien der Fachgesellschaften und abteilungseigene Fortschritte bei der Qualitätssteigerung immer wieder verändern. Aus dem Deckblatt des QM-Handbuches soll die aktuelle Fassung hervorgehen (z.B. „3. Ver-

Tabelle 17.3
Beispiel einer Aufführung mitgeltender Unterlagen eines Qualitätsmanagementhandbuches

Mitgeltende Unterlage (Beispiele)	Aufbewahrungsort (Beispiele)
Gesetzestexte (im Einzelnen zu benennen)	Bibliothek, Standort/Signatur
Arbeitschutzverordnungen, UVV, Strahlenschutzverordnung	Sicherheitsingenieur, Bibliothek, Signatur
Medizinproduktebetreiberverordnung	Abteilung Medizintechnik
Medizinproduktebücher	Abteilung Medizintechnik
Hygieneplan	Dienstzimmer Endoskopieschwestern
Handbuch ERDA	Wandordner über ERDA
Betriebsanweisung § 20 GefStoffV, Sicherheitsdatenblätter	Wandordner, Schreibtisch Endoskopie, Sicherheitsingenieur
Checklisten für Endoskopievorbereitungen	Ordner in allen Endoskopieräumen
Gebrauchanweisungen aller MP	Ordner im Befundungsraum
Abteilungseigene medizinische Leitlinien, Leitlinien der DGVS	Regal Arztzimmer und Regal Aufenthaltsraum für Assistenzpersonal
Formulare und Adressen für externe Untersuchungen	Formularordner im Sekretariat
Aufklärungsformulare	Regalschubfächer im Sekretariat
Protokolle der Qualitätszirkelsitzungen	Doku-Ordner QMB, Endo-Personalraum, CA, Arztdienstzimmer. Verteiler: Alle Teilnehmer

sion mit letzter Änderung vom 1. 1. 2002"). Ein Verteilerplan für die Versionsänderungen des QM-Handbuches und der anderen Dokumente des Qualitätsmanagements muss in Krankenhäusern existieren, in Praxen sind nur wenige Standorte erforderlich.

Verteiler für die Qualitätsdokumentation Endoskopie:

- Endoskopiebefundungsraum
- Personalaufenthaltsraum (u.U. mehrere Exemplare)
- Chefarzt
- ärztlicher Direktor
- Pflegedienstleitung
- Qualitätsmanagementbeauftragter
- Qualitätsbeauftragter der Endoskopie
- alle endoskopierenden Ärzte
- Bibliothek

Die Pflege bzw. Aktualisierung der Dokumente erfolgt durch eine oder mehrere benannte Personen (Qualitätsbeauftragter, leitende Endoskopieschwester etc.) mit Kontrolle durch den QMB. Die kapitelweise Abspeicherung im Computer vereinfacht Veränderungen von Einzelteilen.

Dokumentenarchiv

Durch die zahlreichen Unterweisungen, Protokolle etc. fällt sehr viel Dokumentationsmaterial an. Hier empfiehlt sich die Anlage eines Dokumentenarchivs mit klar geordnetem Inhaltsverzeichnis. Dieses Archiv kann natürlich, ebenso wie die anderen Qualitätsdokumente auch, (teilweise) elektronisch geführt werden und muss allen Mitarbeitern jederzeit zugänglich sein. Die folgende Aufzählung gibt Auskunft über mögliche Inhalte eines solchen Dokumentenarchivs.

Inhalte eines Dokumentenarchivs zum Qualitätshandbuch:

- Einweisungsprotokolle für Medizinprodukte ohne Produktebücher
- Arbeitsschutzunterweisungsprotokolle
- Strahlenschutzunterweisungsprotokolle
- Laserschutzunterweisungsprotokolle
- Brandschutzunterweisungsprotokolle
- Notfallschulungsprotokolle
- Protokolle über Spezialeinweisungen (z.B. Ko-Aufklärung, Ureasetest-Beurteilung durch Assistenzpersonal)
- Nachweise für arbeitsmedizinische Untersuchung G42 und Strahlenschutzuntersuchung
- Protokolle der Apothekerbegehung in der Endoskopie
- Ergebnisse der bakteriologischen Kontrolluntersuchungen (30 Jahre Aufbewahrung)
- Protokolle der Endoskop- und Zubehöraufbereitung
- Qualitätszirkelsitzungseinladungen und -protokolle
- Qualitätsjahresberichte
- Informationsschreiben aus der Endoskopie an Schnittstellen
- Schriftverkehr zu Qualitätsaspekten in der Endoskopie
- Frage-/Erfassungsbögen zur Datenerfassung von Audits
- Auditergebnisse bzw. jährliche Auswertungen zur Ergebnisqualität
- Komplikationsstatistik
- Handkürzelliste der Endoskopiemitarbeiter und Stationsärzte
- Assistenzarztqualifikation (s. CD-ROM)
- Protokolle über interne und externe Fortbildungen
- Veraltete Kapitel des Qualitätshandbuches

Bis auf die Ergebnisse der bakteriologischen Kontrolluntersuchungen besteht zumeist eine Aufbewahrungsfrist von fünf Jahren. Die Pflege des Dokumentenarchivs erfolgt durch benannte Personen.

Literatur:

[1] Leitfaden für das Erstellen von Qualitätsmanagement-Handbüchern (ISO 10 013:1995). In: Qualitätsmanagement (2001). DIN-Taschenbuch 226. Beuth, Berlin

17.6 Qualitätsmanagement als lebendiger Prozess

Wenn erst einmal ein Qualitätsmanagementsystem aufgebaut ist, ist damit die Qualitätsarbeit nicht beendet. Neue Methoden, Verordnungen und Gesetze, Patientenbeschwerden, Vorschläge aus dem betrieblichen Vorschlagswesen, neue Probleme und neue eigene Fehler erfordern Veränderungen von Strukturen und Prozessen in der Endoskopieabteilung, die nach Qualitätsgesichtspunkten gestaltet und in die vorhandenen Strukturen und Prozesse integriert werden müssen. Umstrukturierungen führen zu Änderungen der Zuständigkeiten, neue Mitarbeiter müssen mit dem QMS vertraut gemacht werden.

Die Ergebnisse der regelmäßigen internen Audits erfordern u.U. Nachbesserungen. Und Zertifizierungen ziehen externe Folgeaudits und Re-Zertifizierungen nach sich, wenn das Zertifikat nicht seine Gültigkeit verlieren soll.

Die Qualitätsarbeit fällt allerdings umso leichter, je mehr man sich mit ihr beschäftigt. Und sie fördert, richtig durchgeführt, Arbeitsmotivation und Arbeitszufriedenheit.

Im Folgenden finden sich einige konkrete Beispiele von Qualitätsprojekten im Rahmen der kontinuierlichen Arbeit an der Verbesserung der Qualität in der Endoskopie am ZKR:

Optimierung der Arbeitsabläufe

Abbau von Überstunden: Es trat häufig das Problem auf, dass Patienten so spät mit der Koloskopievorbereitung fertig waren, dass man nachmittags vor dem Problem stand, die Untersuchung auf den Folgetag zu verschieben (patientenunfreundlich) oder die Untersuchungen in Überstunden zu leisten (mitarbeiterunfreundlich), für die dann wieder in der eigentlichen Kernarbeitszeit frei genommen wurde (ungünstig für den Arbeitsablauf).

Problemlösung: Der Beginn der Koloskopievorbereitung wurde in Absprache mit der Pflegedienstleitung und dem Stationspersonal so weit am Untersuchungstag vorgezogen, dass spätestens bis 12 Uhr alle Koloskopiepatienten sauber waren und dadurch keine Koloskopien mehr am späten Nachmittag stattfinden mussten.

Messkriterium: Überstunden

Bessere Nutzung der Kernarbeitszeit: Es fiel auf, dass insbesondere nachmittags Paralleluntersuchungen oft nicht möglich waren, weil dafür nicht genug Assistenzpersonal (Teilzeitkräfte waren bereits im Nachmittagsfrei), wohl aber genug ärztliches Personal zur Verfügung stand. Umgekehrt fingen morgens Endoskopien oft später an, insbesondere wenn Assistenzärzte noch durch Probleme auf ihren Stationen gebunden waren.

Problemlösung: Der Arbeitszeitbeginn des Assistenzpersonals, der 45 Minuten vor Beginn der ersten Endoskopie lag, wurde um 30 Minuten verschoben, Teilzeitkräfte traten ihren Dienst z.T. erst um 9.00 Uhr an. Auch die Anwesenheit von Assistenzpersonal am Samstagmorgen wurde wegen geringer Nutzung abgeschafft. Durch diese Maßnahmen kam es zu einer besseren Kongruenz der Arbeitszeiten von Assistenz- und ärztlichem Personal in der Kernarbeitszeit, mehr möglichen Paralleluntersuchungen, weniger Leerzeiten und weniger Überstunden.

Messkriterium: Überstunden

Lange Untersuchungszeiten durch unerfahrene Ärzte: Das Assistenzpersonal beklagte, dass unerfahrene Ärzte besonders bei Koloskopien sehr spät den Trainer zu Hilfe holen und dadurch das Tagesprogramm in Verzögerung gerate. Die Assistenzärzte ihrerseits beklagten, dass einige Schwestern sehr früh darauf drängen, den Trainer zu holen, und sie dann aber keine eigene Erfahrung gewinnen könnten.

Problemlösung: Die Assistenzärzte versprachen, verantwortungsvoll mit dem Problem umzugehen. Danach gab es keine Klagen mehr. In dem Gespräch war man sich zunächst einig geworden, noch keine starren Regeln festzulegen (z.B. wenn nach 25 Minuten re. Flexur noch nicht erreicht, muss der Trainer kommen). Andererseits war klar, dass bei Fehlschlagen der Goodwill-Aktion aller Beteiligten eine relativ starre Regelung getroffen worden wäre.

Messkriterium: keins, nur allgemeine Klage.

Lange Leerzeiten in der Endoskopie durch inkomplette Unterlagen, Wartezeiten etc.: Eine Beschwerde des Assistenzpersonals über lange Warte- und Leerzeiten führte zu einer konsequenten Protokollierung aller Leer- und Wartezeiten. Die meiste Zeit ging durch vier Probleme verloren.

a) Eine auswärtige Station muss ihre Patienten durch den einzigen Krankenwagen des Krankenhauses bringen lassen. Dieser wird aber auch für den Transport von Patienten vom Hubschrauberlandeplatz bis ins Krankenhaus benutzt. Dadurch entstehen Wartezeiten bis zu einer Stunde.

Problemlösung: Das Problem wurde als unlösbar eingestuft. Rechtzeitige Information über diesen Umstand ließ dann aber zu, dass andere Patienten während der Wartezeit untersucht werden.

b) Fehlende komplette Unterlagen (z.T. auf der Station vergessen, z.T. noch nicht erledigt wie z.B. Einverständniserklärung) machten die größten Leerzeiten aus.

Problemlösung: Die Einführung der Endoskopiecheckliste (s. CD-ROM) brachte deutliche Besserung, die allerdings noch nicht quantitativ ausgewertet wurde.

c) Fehlende Information der Endoskopie über Engpässe/Notfälle auf den Stationen und dadurch stark verzögerte Patiententransporte führten ebenfalls zu unnötigen Leerzeiten.

Problemlösung: Nach Rücksprache mit der Pflegedienstleitung wurden die Stationen angehalten, bei absehbaren Engpässen die Endoskopie sofort zu unterrichten, damit diese andere Untersuchungen vorziehen kann.

d) Die längsten Wartezeiten, bis die Ärzte zu Endoskopien kamen, gab es aus verständlichen Gründen beim Chefarzt.

Problemlösung: Damit dadurch nicht das Endoskopieprogramm zum Erliegen kommt, wurde vereinbart, dass zur gleichen Zeit nie mehr als ein Patient für den Chefarzt zur Endoskopie aufgelegt sein darf, damit in den benachbarten Endoskopieräumen parallel weitergearbeitet werden kann.

Messkriterium: Alle Wartezeiten des Assistenzpersonals über fünf Minuten über zwei Monate protokolliert. Anschließende Auswertung und Beurteilung. Eine Überprüfung durch ein Folgeaudit steht noch aus.

Patientenkomfort

Koloskopievorbereitung: Die Patienten klagen häufig über den schlechten Geschmack der Lösung zur Darmspülung.

Problemlösung: Es wurde eine Befragung von Patienten, Stationsschwestern und Endoskopieärzten zu Geschmack, Verträglichkeit und Güte zweier verschiedener Vorbereitungslösungen durchgeführt, die noch nicht ausgewertet ist.

Messkriterium: Fragebogen an Patienten (Komfort), Stationspflegepersonal (Patientenbeobachtung, Protokollierung der Trinkmenge bis zum Abschluss der Vorbereitung) und Endoskopieärzte (endoskopische Güte der Vorbereitung).

Räumlichkeiten: Die Mitarbeiter empfanden die Endoskopieräumlichkeiten als unschön und damit patientenunfreundlich.

Problemlösung: In einer Befragung wurde auch die Meinung der Patienten dazu eingeholt. Da aber nur ein Bruchteil der Patienten nicht mit den Endoskopieräumen zufrieden war, wurde dem Problem eine deutlich geringere Dringlichkeit und Bedeutung zugemessen. Da auf lange Sicht ein Neubau der Endoskopieabteilung geplant ist, wurde auf eine teure Zwischenlösung verzichtet.

Messkriterium: Patientenbefragung

Musik in der Endoskopie: Die Mitarbeiter hatten die Idee, dass Musik in der Endoskopie, wie oft beim Zahnarzt gewohnt, von den Patienten als wohltuend empfunden werden könnte.

Problemlösung: Die Patienten wurden dazu befragt. Den meisten Patienten war Musik bei einer Endoskopie gleichgültig, es waren aber eindeutig mehr Patienten gegen Musik als dafür. Daher wurde auf die Installation einer Musikanlage verzichtet.

Messkriterium: Patientenbefragung

Wartezeiten vor der Endoskopie: Bei der Organisation der Patientenbestellung sollte ermittelt werden, welche Wartezeiten von der Ankunft in der Endoskopie bis zum Untersuchungsbeginn von den Patienten als akzeptabel empfunden werden.

Problemlösung: Die überwältigende Mehrheit der Patienten empfand in der Patientenbefragung eine Wartezeit bis 15 Minuten als akzeptabel und schätzte auch die eigene erlebte Wartezeit als so lange ein. Dies wurde dann auch als Richtschnur für die Patientenbestellung gewertet.

Messkriterium: Patientenbefragung

Komplikationen

Verbesserung der Komplikationsermittlung

Lückenlose Erfassung der Post-ERCP-Pankreatitis: Es fiel mehrfach auf, das Post-ERCP-Pankreatitis-Fälle nicht von Stationsärzten gemeldet wurden. Damit war die Komplikationsstatistik nicht aussagekräftig genug. Alle Ärzte, die eine ERCP und Folgeeingriffe durchführen, sind ab 2000 angehalten worden, am Folgetag alle ERCP-Patienten bezüglich einer Post-ERCP-Pankreatitis nachzuuntersuchen. Dadurch nahm die Zahl der ermittelten Post-ERCP-Pankreatitiden von ca. 1,5% auf 3% zu (diagnostisch und therapeutisch kombiniert).

Als erste Konsequenz daraus wurde festgelegt, dass bei absehbaren Papillotomien entweder gleich mit dem Papillotom untersucht wird oder der Diagnostik-Katheter über einen Draht gegen das Papillotom ausgetauscht wird, um die Zahl der Manipulationen an der Papille zu reduzieren. Ob diese Maßnahme zum Erfolg führt, muss abgewartet werden.

Geplant ist eine differenziertere Auswertung (diagnostische ERCP/EPT/andere Interventionen).

Konsequenzen aus Komplikationen

Senkung der Infektrate bei PEG: Im Jahr 1996 kam es innerhalb von sechs Monaten es zu 7 bedeutsamen Infekten bei 133 PEG-Anlagen im ganzen Jahr.

Problemlösung: Perioperative Antibiose mit Cefazolin über zuerst 48, später 24 Stunden als neue Leitlinie, seitdem noch bedeutsame 4 Infekte bei 623 PEGs.

Messkriterium: Komplikationsstatistik

Verbesserung der Patientenbetreuung: Während einer Endoskopie kommt es zum Ausfall eines Monitors. Arzt und Endoskopieschwester gehen gemeinsam zum Monitor. In dieser Zeit fällt der sedierte Patient vom Untersuchungstisch. Meldung durch die Endoskopieschwester.

Konsequenz: Diese Komplikation erforderte nach Meinung des QMB eine sofortige Konsequenz.

Neue Leitlinie: Bei technischen Defekten oder auch aus jedem anderen Grund dürfen Arzt und Assistenz nie gemeinsam die unmittelbare Position zum sedierten Patienten verlassen. Bei technischen Defekten erfolgt zunächst eine Absprache, wer beim Patienten verbleibt, evtl. in Abhängigkeit davon, wer die Defektbehebung am besten beherrscht.

Durchleuchtung bei Bougierung: Ein Patient mit Ösophaguskarzinom wird bougiert. Der Tumor ist nicht passierbar, aber das Lumen gut einsehbar. Der Leitdraht lässt sich ohne Mühe in den Magen vorschieben. Nach der Untersuchung hat der Patient Bauchschmerzen und freie Luft im Abdomen. Intraoperativ lässt sich kein Defekt der Magenwand feststellen. Der Leitdraht hat offensichtlich eine kleinste Perforation verursacht.

Neue Leitlinie: Bougierungen finden immer unter Röntgenbereitschaft statt. Röntgen ist einzusetzen, wenn der Tumor endoskopisch nicht passierbar ist.

Dyspnoe und Endoskopie: Eine ältere Patientin kommt mit relevanter unterer GI-Blutung und gleichzeitiger deutlicher Dyspnoe neu zur Aufnahme. Bei der Notfallrektoskopie verschlechtert die Luftinsufflation die pulmonale Situation so sehr, dass notfallmäßig intubiert werden muss.

Neue Leitlinie: Ein Patient mit manifester deutlicher Dyspnoe darf auch ohne Sedierung nicht endoskopiert werden.

Anderes

Verbesserung der Koloskopievorbereitung: Nach einem Jahr Kontrolle der Güte der Koloskopievorbereitung mit gutem Ergebnis kam es plötzlich zu einer deutlichen Verschlechterung der Koloskopievorbereitung.

Zwischenschritt: Die Güte der Koloskopievorbereitung wurde nicht mehr global ausgewertet, sondern nach der Herkunft der Patienten (Stationen, ambulant) differenziert. Dabei stellte sich heraus, dass besonders die ambulanten Patienten und die Patienten einer bestimmten Station schlecht vorbereitet waren.

Problemlösung: Die Ursache für die Probleme ambulanter Patienten konnte nicht geklärt werden. Eine Patienten-Informationsbroschüre zum Vorgehen bei der ambulanten Vorbereitung und eine Veränderung des Vorbereitungsregimes führten sehr schnell wieder zu einer qualitätsgerechten Vorbereitung. Bei der einzelnen Station stellte sich heraus, dass durch Personalwechsel vom vorgegebenen Standard ohne Rücksprache willkürlich abgewichen worden war.

Messkriterium: Monatliche Auswertung der Güte der Koloskopievorbereitung

Komplettheit aller Schlingen-Polypektomien: Geplant ist die Ermittlung der Rate der Komplettheit aller Schlingen-Polypektomien (ohne Piecemeal- und größere Mukosektomien).

Ziel: >85% im Gesunden, >10% wahrscheinlich im Gesunden, <5% nicht im Gesunden entfernt; Zweit-/Dritteingriffe inklusive (schwierige Polypen).

Messkriterium: Histologischer Befund

Geplant sind weiterhin die Ermittlung der Erfolgsrate aller operativen Endoskopien und ein Vergleich mit den Literaturdaten.

Anhang

1 Klassifikationen in der Endoskopie (überwiegend nach DGVS-Nomenklatur)

Reflux-Ösophagitis

A: Klassifikation nach Savary und Miller

Grad	Kriterien
I	vereinzelte Erosionen
II	konfluierende Erosionen
III	zirkuläre Erosionen
IV	Komplikationen: Stenose, Ulkus

B: Klassifikation nach Armstrong (MUSE-Klassifikation)

Grad	Metaplasie M	Ulkus U	Striktur S	Erosion E
0	keine	kein	keine	keine
1	ein Streifen	an normaler Z-Linie	Restlumen > 9 mm	auf 1 Faltenkuppe
2	> ein Streifen	im Barrett-Segment	Restlumen ≤ = 9 mm	auf ≥ = 2 Faltenkuppen
3	zirkulär	im und außerhalb des Barrett-Segmentes	Striktur u. Barrett-Segment	zirkulär

Verätzung des Ösophagus

Klassifikation nach Di Costanzo

Grad	Kriterien
I	Erythem, Ödem, Hämorrhagie
II	Ulzeration, Blasen, Pseudomembranen
III	tiefe Ulzerationen, schwarze Nekrosen, Perforation

Ösophagusvarizen

A. Klassifikation nach Paquet (nicht international einheitlich verwandt)	
Grad	**Kriterien**
I	Varizen knapp über das Schleimhautniveau ragend
II	Varizen ragen auch bei Luftinsufflation bis 1/3 des Lumendurchmessers vor
III	Varizen ragen bis 50% ins Lumen vor oder berühren sich

B. Amerikanische Einteilung (z.B. Stiegmann and Goff)	
Grad	**Kriterien**
I	< 3 mm
II	4–6 mm
III	7–10 mm
IV	> 10 mm oder das Lumen füllend

Magenvarizen

Klassifikation nach Sarin	
Grad	**Kriterien**
Gastroösophageale Varizen Typ I	Fortsetzung von Ösophagusvarizen zur kleinen Magenkurvatur über die Cardia hinaus, gestreckter Verlauf
Gastroösophageale Varizen Typ II	Fortsetzung von Ösophagusvarizen über die Cardia zur großen Kurvatur, meist gewundener traubenartiger Verlauf
Isolierte gastrische Varizen Typ I	Magenfundus- oder Cardiavarizen ohne Ösophagusvarizen
Isolierte gastrische Varizen Typ II	ektope Magenvarizen andernorts als Typ I

Blutende Magen- und Duodenalulcera

Klassifikation nach Forrest	
Grad	**Kriterien**
Ia	arteriell spritzende Blutung
Ib	Sickerblutung
IIa	Ulkus ohne aktive Blutung, mit Gefäßstumpf
IIb	Ulkus ohne aktive Blutung, mit haftendem Koagel
IIc	Ulkus mit Hämatin bedeckt
III	Ulkus mit klinischen, aber nicht endoskopischen Zeichen einer stattgehabten Blutung

Magenfrühkarzinom

Japanische Klassifikation	
Grad	**Kriterien**
Typ I	erhaben, polypoid
Typ IIA	flach erhaben
Typ IIB	flach im Niveau
Typ IIC	flach eingesenkt
Typ III	exkaviert

Kongenitale Gallengangszysten

Klassifikation nach Todani	
Grad	**Kriterien**
I	teilweise/vollständiger Ersatz des DHC durch Zyste
II	Gallengangsdivertikel am DHC
III	Choledochozele (distale Aussackung)
IVA	zystische Erweiterung des DHC und der Ductus hepatici/intrahepatisch
IVB	multiple Zysten am DHC
V	intrahepatische Gallengangszyste(n)

Abnorme biliopankreatische Verbindung

Klassifikation nach Kimura	
Typ	**Kriterien**
Typ I	pankreato-biliäre Verbindung mit dominantem Gallengangsteil
Typ II	choledocho-pankreatische Verbindung mit dominantem Gallengangsteil

Chronische Pankreatitis

Cambridge-Klassifikation	
Grad	**Kriterien**
I	Veränderungen auf Seitenäste beschränkt
II	Hauptgang und Seitenäste verändert
III	Zusätzlich: • Zysten-Nekrosenhöhlen • Gangstenose • Gangabbruch • Füllungsdefektausgeprägte • Gangerweiterung

Klatskin-Tumor der Gallengänge

Klassifikation nach Bismuth	
Typ	**Kriterien**
Bismuth I	Befall des Hepatocholedochus, aber freie Hepatikusgabel
Bismuth II	Befall des Hepatocholedochus bis zur Hepatikusgabel
Bismuth III	Befall des Hepatocholedochus und eines Ductus hepaticus
Bismuth IV	Befall der Hepatikusgabel mit beiden Dd. hepatici

2 Komplikationsraten bei Endoskopien laut Literatur

Gastroskopie	
Komplikation	**Häufigkeit**
Verletzung/Perforation	0,03–0,1% [3]
Blutung nach Biopsie	0,03% [3]
Aspiration	selten
Übertragung von Infektionen, einschließlich HIV	sehr selten, Einzelfallberichte in der Literatur
Letalität (meist durch Atemstillstand oder Aspiration)	0,01% [4]
Gesamtkomplikationsrate	**0,02% [4]**

Endoskopische Mukosaresektion (s.a. Kap. 9.9)	
Komplikation	**Häufigkeit (Quelle)**
Blutung	10–60% [6, 11]
Perforation	0,5% [2]
Bauchschmerzen	32% [11]
Letalität	0%
Gesamtkomplikationsrate	**5–15%**
Mögliche Folgeeingriffe	
• Blutstillung • Operation • Transfusion 1,4% [2] • Blutung	

Endoskopische Blutstillung mit Fibrinkleber	
Komplikation	**Häufigkeit (Quelle)**
HIV-Übertragung	bisher kein Fall bekannt

PEG	
Komplikation	**Häufigkeit (Quelle)**
Morbidität	8–25% [4]
schwere Komplikationen	1–3% [4]
Perforation, Blutung, Sepsis, Peritonitis	jeweils < 1% [4]
Schmerzen, lokal und diffus	5–10% [4]
Lokalinfekt	5–10% [4]
Atemstillstand durch Prämedikation	0,3% [4]
Letalität	< 1% [4]
Gesamtkomplikationsrate	**8–25% [4]**

Erhöhte Risiken bei

- Z.n. Magenteilresektionen (erhöhte Fistelgefahr, Möglichkeit der frustranen Endoskopie)
- direkter Dünndarmpunktion (direkte PEJ)

Mögliche Folgeeingriffe

- PEG-Entfernung
- Operation (sehr selten) < 1% [4]
- Nahrungskarenz und Antibiose
- Transfusion bei Blutung (sehr selten)

Tumordestruktion im Ösophagus	
Komplikation	**Häufigkeit (Quelle)**
Gesamtkomplikationsrate darunter	**5% [4]**

- Perforation
- Fistel ins Mediastinum oder Tracheobronchialsystem

Mögliche Folgeeingriffe

- Tubage/Stenting bei kleinen Perforationen
- Nahrungskarenz, Antibiose, Magensonde bei sehr kleinen Perforationen

Ballondilatationen des Ösophagus	
Komplikation	**Häufigkeit (Quelle)**
Perforation	0,4–0,9% [4]
Blutung	3,6% [6]

Mögliche Folgeeingriffe

- Tubage/Stenting bei kleinen Perforationen
- Nahrungskarenz, Antibiose, Magensonde bei sehr kleinen Perforationen
- Operation bei großen Perforationen

Cardiasprengung bei Achalasie	
Komplikation	**Häufigkeit (Quelle)**
Perforation	1% [4]

Mögliche Folgeeingriffe

- zwischenzeitlich Tubage/Stenting bei kleinen Perforationen
- Nahrungskarenz, Antibiose, Magensonde bei sehr kleinen Perforationen
- Operation bei großen Perforationen, dann möglichst in den ersten 6 Stunden

Bougierung von Ösophagusstenosen	
Komplikation	**Häufigkeit (Quelle)**
Perforation	0,5–5% [3]
Letalität	< 1% [6]

Ösophagus-Stentimplantation	
Komplikation	**Häufigkeit (Quelle)**
Bronchial-Trachealobstruktion, besonders bei hohen Stenosen und Tuben mit Coughs	selten
Schmerzen, Fremdkörpergefühl in den ersten Tagen	20–55% [1]
Schmerzen, Fremdkörpergefühl, anhaltend	selten

Mögliche Folgeeingriffe

Stenting der Trachea

Ösophagusvarizensklerosierung (Polidocanol)	
Komplikation	**Häufigkeit (Quelle)**
Morbidität	20–40% [4]
Sklersosierungsulzera	30% [4]
Sklersosierungsulzera mit Folgeblutung	5–10% [4]
Ösophagusstenose	5–10% [4]
Perforation	1–3% [4]
Fieberreaktion	10% [4]
Pleuraergüsse, Aspirationspneumonien	5% [4]
Schmerzen über 1 bis mehrere Tage	gelegentlich
Letalität	2–3% [4]

Varizensklerosierung mit Histoacryl	
Komplikation	**Häufigkeit (Quelle)**
Lungenembolie	Einzelfallberichte
apoplektischer Insult	Einzelfallberichte

Ösophagusvarizenbanding	
Komplikation	**Häufigkeit (Quelle)**
blutende Ulzera	1–2% [4]
Ösophagusstenosen	2% [4]
pulmonale Komplikationen	2% [4]
Letalität	0–1% [4]

Polypektomie im Magen/Duodenum	
Komplikation	**Häufigkeit (Quelle)**
Morbidität (Blutung, Perforation)	< 5% [4]
Mögliche Folgeeingriffe	
• Transfusion • Re-Endoskopie mit Blutstillung • Operation evtl. mit Resektion	

Zystogastrostomie	
Komplikation	**Häufigkeit (Quelle)**
Letalität	< 1% [5]
Blutung	3–12%[7, 8]
Zysteninfektion	8–10% [7, 8]
Rezidiv	ca. 10% [7]

Mögliche Folgeeingriffe

- Nahrungskarenz und Antibiose
- Transfusion
- Operation evtl. mit Resektion

Koloskopie	
Komplikation	**Häufigkeit (Quelle)**
Perforation	0,18% [4]
Blutung	0,02% [4]
Letalität (meist Folge einer Operation nach Perforation mit Peritonitis)	0,015% [4]
Gesamtkomplikationsrate	**0,2% [4]**

Mögliche Folgeeingriffe

- Operation
- Anus praeter

Polypektomie im Kolon	
Komplikation	**Häufigkeit (Quelle)**
Postpolypektomie-Syndrom (Schmerzen ohne Perforation/Fieberschub)	1% [10]
Blutung	2% [4]
Perforation	0,32% [4], 0,46% [6]
Letalität	0,06% [4]

Mögliche Folgeeingriffe

- Re-Endoskopie mit Blutstillung
- Operation
- Anus praeter
- Transfusion

Diagnostische ERCP	
Komplikation	**Häufigkeit**
Pankreatitis	1% [4]
eitrige Cholangitis	0,3–0,8% [4]
bakterielle Infektion von Pankreaszysten	0,3% [4
Perforation	0,2% [4]
Letalität	0,2% [4]
KM-Allergie	sehr selten
Gesamtkomplikationsrate	**3% [4]**

Papillotomie	
Komplikation	**Häufigkeit (Quelle)**
Blutung	2–9 % [4]
Pankreatitis	1,5% [4], 5–7,6% [9]
Cholangitis	0,5–1,3% [4]
Perforation	1% [4]
Letalität:	0,6–1% [4]
Gesamtkomplikationsrate	**4,5–8% [4]**

Mögliche Folgeeingriffe

- Bei Blutung: Re-Endoskopie mit Unterspritzung
  - Transfusion
  - Operation (ca. jede 250. EPT nach DGVS)
- Bei Perforation:
  - Re-Endoskopie mit nasobiliärer Sonde (oder im selben Eingriff)
  - Operation in 25% aller Perforationen

PTC/D	
Komplikation	**Häufigkeit (Quelle)**
Bilom	3% [6]
Letalität	0,1–0,6% [3]
Gesamtkomplikationsrate darunter	**5% [4]**
• Cholangitis/cholangioläre Sepsis	
• Galleleck mit evtl. galliger Peritonitis	
• gallige Pleuritis	
• Blutung, Hämobilie	
• Verletzung anderer Organe mit Pneumothorax, intestinaler Perforation	
• Galleleckage nach extern	
• KM-Allergie	
Mögliche Folgeeingriffe	
• Operation • Bülau-Drainage • Antibiotika-Therapie • Transfusionen	

Laparoskopie	
Komplikation	**Häufigkeit (Quelle)**
gallige Peritonitis	< 0,1% [4]
resp. Insuffizienz	sehr selten
Darmverletzung	meist harmlos, mit Antibiotika therapierbar
Blutung durch Verletzung eines Bauchdecken- oder Lebergefäßes	0,05% [4]
Komplikation mit erforderlicher chirurgischer Intervention	0,1% [4]
Letalität	0,038% [4]
Mögliche Folgeeingriffe	
• Operation • Transfusion	

Perkutane Leberbiopsie	
Komplikation	**Häufigkeit (Quelle)**
Blutung, gallige Peritonitis, Pneumothorax, Pleuraerguss, Hämatothorax, Gallenblasenverletzungen, Hämobilie, Sepsis	alles sehr selten
Letalität	0,009–0,017% [4]
Gesamtkomplikationsrate	**0,2–0,3% [4]**
Mögliche Folgeeingriffe	
• Operation • Transfusion	

Endosonographie	
Komplikation	**Häufigkeit (Quelle)**
schwer wiegende Komplikationen, bes. Perforation eines stenosierenden Ösophaguskarzinoms	0,05% [4]
Mortalität	0,003% [4]

Literatur:

[1] Ell C, May A, Hahn EG (1995), Selbstexpandierende Metallprothesen zur Palliation stenosierender Tumoren im oberen Gastrointestinaltrakt. Dtsch Med Wschr 1995, 120, 1343–1348

[2] Kojima T, Parra-Blanco A, Takahashi A, Fujita R (1998), Outcome of endoscopic mucosal resection of early cancer: Review of the Japanese literature. Gastrointest Endosc 1998, 48, 550–555

[3] Oelkers M, Wurbs D (1999), Leitlinien gastroenterologischer Diagnostik. 2. Auflage, Schnetztor, Konstanz

[4] Sauerbruch T, Scheurlen Ch (Hrsg.) (1997), Leitlinien der Deutschen Gesellschaft für Verdauungs- und Stoffwechselkrankheiten (DGVS). 2. Auflage, Demeter, Balingen

[5] Sahel J (1991), Endoscopic drainage of pancreatic cysts. Endoscopy 23, 181–184

[6] Schmeck-Lindenau HJ, Daten aus der unveröffentlichten Komplikationsstatistik des ZKR an 16 970 Endoskopien (1995–2001)

[7] Sharma SS, Bhargawa N, Govil A (2002), Endoscopic management of pancreatic pseudocysts: a long-term follow up. Endoscopy 34, 203–207

[8] Smits ME, Rauws EA, Tytgat GN, Huibregtse K (1995), The efficacy of endoscopic treatment of pancreatic pseudocysts. Gastrointest Endosc, 42, 202–207

[9] Tittobello A (1997), Diagnosis and prevention of post-ERCP pancreatitis. Endoscopy 1997, 29, 285–287

[10] Waye JD, Lewis BS, Yessayan S (1992), Colonoscopy: a prospective report of complications. J Clin Gas-troenterol (1992), 15, 347–351

[11] Wehrmann T, Lange P, Nakamura M, Riphaus A, Sterigiou N (2001), Endoskopische Mukosaresektion von (prä-)malignen Veränderungen im oberen Gastrointestinaltrakt. Z Gastroenterologie 2001, 39, 919–928

3 Notfallausrüstung in der Endoskopie

I. Instrumentar		
Anzahl	**Bezeichnung**	**Spezifikation**
	Laryngoskop	Spatelgröße 3 und 4
	McGill-Zange	lang
	Kiefersperrer	
	Gummikeil	
	Blockerklemme	
	Magensonde	doppelläufig
	Linton-Nachlas-Sonde	
	Senkstaken-Sonde	
	Tracheal-Tuben	McGill (6,5/7/7,5/8)
	Wendel-Tuben	Ch 26, 28, 30
	Guedel-Tuben	(1, 3, 5)
	Ambu-Beutel mit 1 Maske (Größe 5) und Tubus-Adapter	
II. Infusionen		
	Plasmaexpander, z.B. Plasmasteril	500 ml
	NaCl	0,9% 500 ml
	Natriumhydrogencarbonat	8,4% 100 ml
	Kritalloidlösungen, z.B. Sterofundin	500 ml
III. Im Endo-Kühlschrank befinden sich:		
mind. 2	Glycylpressin Amp.	1 mg
mind. 3	Histoacryl-Kleber Fl.	
	Lipiodol-Ampullen	
mind. 3	Fibrinkleber Pack.	

IV. Medikamente

Adalat Kps.	5 mg
Alupent Amp.	
Anexate Amp.	0,5 mg
Atropin Amp.	0,5 mg
Bricanyl Amp.	0,5 mg
Bronchoparat Amp.	200 mg
Bronchospray	
Nitrospray	
Diazepam Amp.	10 mg
Furosemid Amp.	20 mg
Glukose Amp.	40%
GlucaGen Amp.	
Hypnomidate Amp.	20 mg
NaCl Amp.	0,9%
Naloxon/Narcanti Amp.	0,4 mg
Paspertin Amp.	10 mg
Solu-Decortin Amp.	250 mg
Suprarenin Amp.	1:1000
Tavegil Amp.	2 mg
Xylocain Amp.	100 mg
Xylocain/Gelicain-Gel (für Intubation)	

V. Sonstiges	
Absauggerät	
Sauerstoffanschluss + Zubehör	
Infusionsständer	
Venenverweilkanülen	rosa, blau, grau
Kanülen	1⊕ 12⊕
Spritzen	2 ml, 5 ml, 10 ml, 20 ml
Blockerspritze/10er-Spritze	
3-Wegehähne	
Braunülenstöpsel	
Infusionsbestecke, u.U. Blut-Transfusionsbestecke	
Hautdesinfektion	
RR-Gerät	
Druckmanschette für Blutkonserven	
Schere	
Mullbinden	
Streifenpflaster, z.B. Leukoplast	1,25 und 2,5 cm
Porofix	
Tupfer	
Handschuhe	steril 7,0 und 8,0

Stichwortverzeichnis

I

K

L

M

N

O

P